醉人植物
博覽會

香蕉、椰棗、蘆薈、番紅花……如何成為製酒原料, 釀造啜飲歷史

THE DRUNKEN BOTANIST
The plants that create the world's great drinks

著———艾米·史都華 ● Amy Stewart

周沛郁｜譯

各界推薦

「『何以解憂，唯有杜康。』酒，一直是人類文化上最特別的存在，可以
　解憂、可以助興。不過，所有的酒，都仰賴植物釀造。不論科技如何發
　達，植物都是不可替代的。《醉人植物博覽會》是市面上罕見，解析各
　種酒類背後的植物，還有加入酒中的香料。就像其書名，令人陶醉。」

—— **胖胖樹王瑞閔**

「這本酒書極富創意與幽默感，就算偽裝成植物詞典，醉人魅力不減！想
　要喝成植物學家，就讀這一本！」

—— **酒類專家王鵬**

「邊看邊讓人垂涎的一本書！集結上千年來各地用植物釀酒的神祕配方，
　就算你不喝酒，也會對人與大自然激盪出的創造力感到驚奇不已！」

—— **生活品植「主筆」彭瑜景**

「她深切了解，只要有熱情，司空見慣的事物也可以當成主題寫出一本好
　書。她就是有辦法讓人對園藝世界感到熱血澎湃，即使那可能有點危
　險。」

—— **《紐約時報》（*The New York Times*）**

「市面上出版了許多令人陶醉的書籍，到處都是關於苦艾酒、烈酒和浴缸
　琴酒的有趣故事。讓史都華的書與眾不同的是，她以充滿感染力的熱
　情，探索植物的用途、歷史以及訪問在地球上漫遊的植物學家。最終成

果令人沉醉，但是以新鮮、快樂、健康的方式。」

——《今日美國》（*USA Today*）

「一邊啜飲晚間雞尾酒，一邊翻閱這本精美的書籍，我發現史都華女士深
　諳如何將普通雞尾酒變成有趣的雞尾酒。」

——《華爾街日報》（*The Wall Street Journal*）

「園藝可能是一種令人陶醉的愛好，特別是植物學與酒有關。」

——《美國聯合通訊社》（*The Associated Press*）

「對寫作主題的著迷很有感染力。」

——《舊金山紀事報》（*San Francisco Chronicle*）

「結合了學者對知識的好奇，和不怕弄髒手的園藝家的洞察力。」

——《普羅維登斯紀事報》（*The Providence Journal*）

「一本讓熟悉的飲品煥然一新的書……透過園藝鏡頭，混合飲品變成了植
　物的聚寶盆。」

——《NPR 早晨版》（*NPR's Morning Edition*）

CONTENTS

CONTENTS

CONTENTS

CONTENTS

CONTENTS

開胃酒

這本書的靈感，來自於奧勒岡州（Oregon）波特蘭（Portland）園藝作家交流會的一次巧遇。當時我和來自土桑市（Fucson）的龍舌蘭與仙人掌專家史考特·卡宏（Scott Calhoun）坐在某間旅館的大廳。他剛拿到一瓶當地生產的上好琴酒「飛行」（Aviation）。「我不大愛喝琴酒，實在不知道它有什麼用途。」他這麼說。

但我知道。

我說：「我有份酒譜，你試過後一定會愛上琴酒。」他露出半信半疑的表情，而我繼續說下去，「我們需要新鮮的墨西哥辣椒，一點胡荽葉（cilantro），幾顆櫻桃番茄……」

「好了，就這樣，算我一份。」只要是土桑市來的人，都無法抗拒加了墨西哥辣椒的調酒。

那個下午，我們在波特蘭市裡跑來跑去，收集調酒的材料。一路上我大發議論，告訴史考特不少琴酒的好處。「即使對植物學只有三分鐘熱度的人，也該對這東西著迷吧？」我說。「瞧瞧它的成分，杜松，是針葉樹！還有胡荽子，是香菜的種子。此外，琴酒裡都會加進柑橘類的果皮，這一瓶裡面還有薰衣草花苞。琴酒不過是世界各地那些神奇植物的酒精萃取——有樹皮、葉子、種子、花和果實。」這時我們來到了酒品專賣店，我揮手指著周圍的酒架。「這些都是園藝！都裝在這些罐子裡！」

我找到我需要的原料——不錯的通寧水（是用金雞納〔cinchona〕樹皮做的，還有真的甘蔗〔*Saccharum officinarum*〕，而不是人造的垃圾），

史考特則瀏覽店裡精選的瓶裝龍舌蘭。他經常大老遠跑到墨西哥尋找稀有的龍舌蘭和仙人掌，見識過許多從瓦哈卡（Oaxaca）的手工蒸餾器取出的珍貴樣品。

離開之前，我們在店門口站了一下，環顧四周。店裡所有的酒都是能標上植物學名的。波本酒？來自一種會快速生長的禾本科植物：玉米。苦艾酒？來自苦艾（*Artemisia absinthium*）這種大多數人都不了解的地中海草本植物。波蘭伏特加？原料是茄科的馬鈴薯（*Solanum tuberosum*），茄科可是世上最古怪的一科。啤酒呢？加了啤酒花（*Humulus lupulus*）這種帶有黏膠感的爬藤植物，和大麻恰好有親戚關係。突然之間，我們彷彿不是置身在賣酒的商店，而是在一間奇妙溫室，它是世界上最奇特的植物園，裡面植物種類的奇異和蔓生的程度只可能出現在我們夢中。

我們調出的雞尾酒（馬曼尼琴通寧，304頁），大受園藝作家們的讚賞。那一晚，我和史考特在我們出版社的攤位簽書，輪流放下我們的筆來切墨西哥辣椒、搗碎胡荽葉。這本書的大致輪廓，就是當時喝著兩、三種充滿植物學概念的雞尾酒所發想出來的成果。這本書應該獻給送史考特那瓶「飛行」的人，可惜我們倆都不記得當事人是誰了。

十七世紀的英國科學家羅伯特・波以耳（Robert Boyle）是現代化學的奠基者之一，他發表了《自然哲學研究》（*Philosophical Works*），在這三卷論文中探討了物理學、化學、醫藥和博物學。他完全明白酒和植物學之間的關聯，而這種關聯令我十分著迷。以下簡短摘錄他對這題目的想法：

對此，加勒比群島的居民給了我們很好的例子，讓我們看到樹薯有毒的根可以變成麵包和飲料——嚼過、吐進水裡之後，樹薯的毒性就淨化了。在我們美國的農場很難用玉米製成品質良好的麥芽，於是先將玉米做

成麵包，之後再用玉米麵包釀出非常棒的酒。中國人用大麥釀酒；中國的北方地區則用米和蘋果。日本人用米釀一種烈酒。我們在英國也用櫻桃、蘋果、梨子等等作為原料，成果不輸給外國作物釀成的酒類。巴西和其他地方會用水和甘蔗釀出烈酒；巴貝多（Barbados）有許多我們不知道的酒類。土耳其禁止飲用葡萄酒，於是猶太人和基督徒就在酒館裡賣一種發酵葡萄乾做的酒。西印度群島的「蘇拉」（Sura）這種酒是用可可樹的汁液釀的，到那裡的水手常因為蔬果汁做成的發酵汁而喝醉。

這類例子層出不窮。看來這世界上沒有哪種樹木、灌木或美味的野花不曾被人類採收，然後釀成酒裝進瓶子。植物學研究或園藝學的所有進展，都伴隨著酒精飲料的品質進步。植物學家醉了嗎？他們對世上最美妙的飲料貢獻良多，如果還有哪位植物學家是完全清醒的，那也太不可思議了。

我希望在本書中以理解植物的角度來看酒類，加上一點歷史典故、一點園藝知識，甚至想要自己種植的人也可以得到農藝的建議。首先，將介紹我們拿來釀酒的植物，例如葡萄和蘋果、大麥和米、甘蔗和玉米。這些植物都能藉由酵母的幫助，轉換為無毒的乙醇分子。但這只是開始。上好的琴酒和法國酒都添加了許多香草、種子和果實，有些是在蒸餾過程中加入，有些是在裝瓶之前加入。一瓶酒來到酒吧之後，又有一批植物加進杯裡——像薄荷、檸檬這些調配物。還有，如果派對是在我家舉行，就會有新鮮的墨西哥辣椒。這本書的架構是按著糖化槽、蒸餾器、酒瓶到酒杯的旅程，每章的植物都以俗名的字母順序排列。

要把所有曾經加進酒裡的植物都列出來是不可能的。不過我確信，在布魯克林，此時此刻有個老練的釀酒師正拔起人行道裂縫裡的一株雜草，想像這株草能不能替新開發的苦啤酒增添好風味。阿爾薩斯（Alsace）的白蘭地釀酒師馬克・烏赫（Marc Wucher）曾對一名記者說：「除了岳母之

外，我們什麼都能蒸餾。」如果你去過阿爾薩斯，就知道他沒誇大其辭。

於是我被迫從世上的植物恩賜中篩選。雖然我從我們喝下的植物之中盡可能收錄特別古怪、有異國情調而且被遺忘的植物，並且介紹一些必須環遊世界才能喝到的奇妙酒飲。不過，本書列出的大部分都還是歐美飲酒者熟悉的植物。全書共介紹一百六十種植物，其實還可以輕易再添數百種。許多都有植物學、醫藥和烹飪方面的豐富歷史，寥寥幾頁不足以涵蓋。其中有些種類，例如奎寧、甘蔗、蘋果、葡萄和玉米，都已經廣受關注，有專書介紹它們了。我希望在本書中，讀者可以一嚐吧台後瓶子裡那些植物本身令人痴醉的豐富、複雜、有趣生命。

然而我要先聲明幾件事。飲酒的歷史充滿傳說、扭曲、半真半假的故事和完全的謊言。我並不認為有哪個研究領域的神話和謬誤比得上植物學，但在我開始研究調酒之後，我才發現我錯了。喝過了幾輪，真相就開始扭曲。而酒商並沒有義務實話實說，這麼一來，他們的祕密配方可以不用公開。就連蒸餾器附近放置粗麻布袋裝的香草，也可能只是增添氣氛的擺設，甚至是為了誤導別人。如果我坦白地說某種酒含有某種特別的香草，那是因為製造商或是對製造過程有第一手消息的人這麼說。有時祕密成分只能用猜的，如果我也是用猜的，我會說明清楚。如果某種酒類的起源聽起來可疑，或者只能藉著一張泛黃的剪報證實，我也會據實以告。

對蒸餾酒或調酒不只三分鐘熱度的讀者，希望你們用未知植物做實驗時務必多加留意。如果把不該加入的植物丟進蒸餾器或瓶子裡萃取活性成分，可能以後再也沒機會做其他異想天開的事了。我寫過《邪惡植物博覽會》這本介紹有毒植物的書，聽我的準沒錯。別忘了，植物為了防止你摘它、吃它，本身經常含有效力強大的化學物質。開始搜尋材料之前，請務必找一本評價優良的植物圖鑑，小心參照。

另外別忘了，蒸餾師能用精密的設備萃取植物、葉子中的香氣，同時去除有害成分。但外行人拿一把葉子泡在伏特加裡，則無法控制萃取了什麼物質。本書提到的植物有些帶有毒性，有些是違法或受到嚴格管制的。蒸餾師可以妥善處理，不代表你也能照做，有些事還是留給專家就好。

最後，事關藥用植物更是千萬要小心。本書中許多香草、香料植物和果實的歷史正是藥物的歷史，其中許多是傳統治療各式病痛的藥物，現今仍在使用。我對於那樣的歷史沿革非常感興趣，在此分享了一些，但我不可能藉此提供醫療建議。有的義大利餐後酒或許能舒緩胃痛或心煩，可是我也無法下定論。

所有美味的飲料都源自一株植物。如果你熱愛園藝，希望你看完這本書會想辦一場雞尾酒派對。如果你是酒保，希望我能說服你搭個溫室，或至少在窗邊放個花箱。另外，我希望經過植物園或爬過山脊的人，看到的不只是綠色植物，而是植物世界賜予我們的萬靈丹。我總覺得園藝這個主題令人愉快陶醉，假使你們也樂在其中就太好了。乾杯！

酒譜使用說明

本書中採用簡單、經典的酒譜，最能表現特定植物如何用於酒類。收錄的幾個原創酒譜也是經典酒譜的改良版。如果這是你第一次接觸調酒，請看以下的說明。

分量：

　　調酒的分量不宜多。現在的馬丁尼杯是龐然大物，斟滿時容量有 8 盎司。這等於四、五口的分量，沒辦法一飲而盡。還沒喝完，酒就溫了。

　　一份純酒是 1 又 ½ 盎司，剛好是量酒器大端的分量（小端稱為 pony，容量為 ¾ 盎司）。加入香甜酒（liqueur，也稱為利口酒）或香艾酒，一杯分量不太多的調酒中，可能含有 2 盎司的烈酒。

　　本書裡的酒譜遵循這樣的標準。趁冰涼啜飲比例完美的調酒是一大享受，再來一杯無妨，不過最好養成好習慣，一次只調製優雅的一小杯。因此每次倒酒都別忘了測分量，而你那個巨無霸級的雞尾酒杯就丟了吧（或是拿來盛裝以果汁為主的飲料），投資一組分量比較剛好的高腳杯。對了，說到酒杯，本書酒譜適合用香檳杯、紅酒杯和下列的杯具裝盛：

- **古典杯：**矮而胖，約 6〜8 盎司的平底玻璃杯。
- **高球杯：**較高的杯子，容量 12 盎司左右。標準的 16 盎司酒杯或是廣口玻璃瓶也行。
- **雞尾酒杯：**圓錐狀或是碗狀的杯身，有杯腳，是基本的馬丁尼杯。

其他名詞、材料、觀念解釋

冰：別怕在調酒裡加入冰塊或一點水。適量的水或冰塊不會稀釋調酒，反而會使之更出色。水會釋放和酒精結合的分子，因此不會讓味道變淡，而是讓風味更明顯。

搗碎：在搖酒杯裡搗碎香草或水果。使用的工具通常是鈍頭的木製攪拌棒，要是沒有攪拌棒，可用木湯匙。如果雞尾酒中的材料需要搗碎，就要過濾，以免壓碎的植物殘渣進入杯子裡。

簡易糖漿：混合等比例的水和糖，加熱到沸騰，讓糖溶解，放置冷卻。糖水會滋生細菌，因此不要一次調配一大鍋——保存不了那麼久。需要的時候調配一點就好。時間有限的話，微波爐和冷凍庫可以大幅減少加熱和冷卻所需的時間。

蛋白使用警告：有些酒譜會用到生蛋白。如果擔心吃生蛋可能有礙健康，可以避開加生蛋的調酒。

通寧水：別讓使用人工香料和高果糖玉米糖漿的劣質通寧水毀了上好的酒。選購用天然原料製成的優質品牌，例如 Fever-Tree 或 Q Tonic。

其他酒譜和調酒技術
請參考 DRUNKENBOTANIST.COM

PART

I

**發酵、蒸餾這兩個鍊金步驟相輔相成，
創造了葡萄酒、啤酒和烈酒**

植物世界產生不少酒精。精準一點的說法是：植物產
生糖，糖遇到酵母就會產生酒精。植物吸收二氧化碳
和陽光，轉換成糖，釋出氧氣。如果要說為我們產生
白蘭地和啤酒原料的過程正是維持地球生命的過程，
一點也不為過。

認識主要釀酒原料：
經典成分

首先介紹酒裡的經典成分

也就是最常用來釀酒的原料

按字母排列

從龍舌蘭到小麥

AGAVE
龍舌蘭

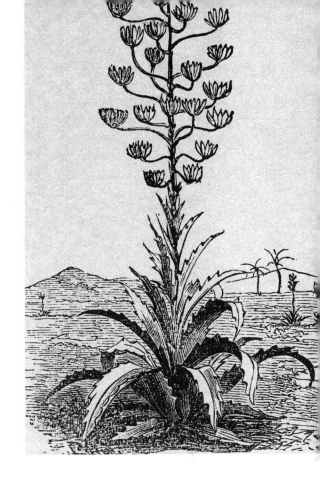

龍舌蘭草　*Agave tequilana*

龍舌蘭科　Agavaceae

世人對龍舌蘭草的誤解大於了解。有些人以為龍舌蘭草是某種仙人掌，但龍舌蘭草其實是天門冬目（Asparagales）的植物，所以跟蘆筍的關係還比較接近。龍舌蘭草還有幾種你想不到的親戚：喜歡陰暗的觀葉植物──玉簪花；藍花的球根植物──風信子；還有刺刺的沙漠植物──王蘭。

　　另一個誤解是龍舌蘭草被稱為「百年草」，彷彿一百年才開花一次。其實許多龍舌蘭草八到十年就會開一次花，只是「十年草」聽起來沒那麼浪漫。不過萬眾期盼的花開可重要了，這種喜愛溫暖的古怪多肉植物正是因此才被作為原料，蒸餾或發酵製成龍舌蘭酒、梅茲卡爾（mezcal）和其他數十種飲料。

普逵酒

　　最早用龍舌蘭草製成的酒是普逵酒（Pulque），是以龍舌蘭植物的汁液（西班牙文稱 aguamiel，即「蜜水」之意）輕微發酵製成的酒精飲料。我們從考古學挖掘到的遺跡得知，八千年前就有人栽植龍舌蘭草（在墨西哥稱為 maguey），並且拿來烤了吃。當時的人應該也喝了香甜的汁液。西元200年在墨西哥喬魯拉（Cholula）的壁畫裡，就畫了喝普逵酒的人。阿茲提克的法雅瓦利—梅爾抄本（Codex Fejérváry-Mayer），是少數沒有被西班牙人摧毀的前哥倫布時期書籍。書中描寫龍舌蘭女神瑪雅胡兒（Mayahuel）餵乳給她的兔孩子，她餵的應該不是奶，是普逵酒吧。她有四百個孩子，稱為「四百隻兔子」（納瓦爾語是 Centzon Totochtin），他們是普逵酒神和酒醉的兔子神。

　　普逵酒古老起源最奇妙的證據來自植物學家艾瑞克‧卡倫（Eric Callen），他在 1950 年代是分析糞化石的先趨，研究的是考古遺跡發現的人類排泄物。他的同事都取笑他的專長，但他對古人的飲食的確有些驚人的發現。他聲稱自己光聞到實驗室中再水合的樣本，就能證實兩千年前的糞便中含有「龍舌蘭啤酒」──由此可知不是他的鼻子太靈，就是陳年老普逵酒的香氣太強烈了。

　　製造普逵酒，要在龍舌蘭草的花梗剛開始形成時就剪下。龍舌蘭草等了一輩子就為了這一刻，儲備了至少十年的糖分，才能形成這麼一個附屬物。剪下花梗後，花梗基部不再長高，而開始膨大。切口處會覆蓋起來，靜置數個月，讓汁液累積，然後再度割破，讓鱗莖腐爛。挖除腐爛的內部，並且持續刮撓內部的空洞，刺激植物，使之流出大量汁液。汁液開始流出之後，每天用橡膠管抽取，從前則是用葫蘆做的吸量管抽取。有興趣的話可以自己種葫蘆（Lagenaria vulgaris），葫蘆也可用於製造碗和樂器，而吸量管通常是用瘦長的弧段做成。

　　一株龍舌蘭草每天可以產生一加侖的汁液，如此持續數個月，總共生

產超過兩百五十加侖，遠遠超過一株植物在任何時候能容納的汁液量。最後汁液會流光，而龍舌蘭草會枯死（龍舌蘭草是單次結實植物，開過一次花之後就會死亡，它的生命並不像乍看起來那麼悲慘。）

汁液發酵的時間不到二十四小時，傳統用來儲藏發酵的容器是木桶、豬皮袋或山羊皮袋，之後就可飲用了。前一批發酵的產物稱為母液，通常會加入汁液，啟動發酵的程序。龍舌蘭草和其他像是甘蔗、棕櫚、可可等用來釀酒的熱帶植物上，有一種特有的細菌：運動發酵單胞菌（Zymomonas mobilis）。多虧了這種細菌，汁液能夠很快發酵（這種細菌產生酒精的速度非常快，因此現在被用於製造生物燃料）。不過發酵以外的釀造過程要是出現這種微生物就不好了，因為運動發酵單胞菌會造成「蘋果酒病」，產生二次發酵，毀了一大桶蘋果酒。運動發酵單胞菌會使得受汙染的酒裡，出現一股噁心的硫磺味，不過這種細菌仍然是讓龍舌蘭汁液發酵成普逵酒的理想催化劑。幫助發酵的還有啤酒酵母菌（Saccharomyces cerevisiae），以及腸膜明串珠菌（Leuconostoc mesenteroides），這種細菌長在蔬菜上，也能幫助泡菜和醃甘藍菜發酵。

以上三種和其他多種微生物促使龍舌蘭草快速發酵，產生許多氣泡。普逵酒的酒精濃度很低，只有4～6%，還帶了過熟的梨或香蕉那種淡淡的酸味，這種口味比較需要學著去喜歡。十六世紀的西班牙歷史學家弗朗西斯科·洛佩斯·德哥馬拉（Francisco López de Gómara）寫過，「聞到（普逵酒的）味道，大家逃得比有死狗或炸彈還要快。」德哥馬拉可能比較喜歡普逵調酒（pulque curado），這種普逵酒散發著椰子、草莓、羅望子、開心果或其他果實的風味。

普逵酒不添加任何防腐劑，所以必須趁新鮮飲用。酒裡的酵母菌和細菌會持續活躍，幾天內就會走味。雖然可以買到低溫殺菌的罐裝普逵酒，但微生物死了，滋味也劣化，畢竟普逵酒正是因為活躍的混合菌種而勝過優酪乳和啤酒。普逵酒含有健康的維生素B、鐵質、抗壞血酸，其實可以視為健康食品。啤酒雖然是墨西哥數十年來的主要飲料，但普逵酒仍漸漸

重回舞臺，而且不只在墨西哥，還有美墨邊界附近的城市，如聖地牙哥。

梅茲卡爾和龍舌蘭酒

　　有些介紹龍舌蘭酒和梅茲卡爾的書，聲稱西班牙人來到墨西哥的時候，需要烈酒振奮精神，以面對接下來的漫長血戰，於是使用蒸餾的技術來提高普逵酒的酒精濃度。其實釀製龍舌蘭酒和梅茲卡爾的原料與普逵酒用的是完全不同種的植物，收成植物和釀酒的方式也截然不同。

　　其實，把普逵酒放進蒸餾器也很難製成烈酒。龍舌蘭草蜜汁裡複雜的糖分子在發酵過程中無法完全分解，而蒸餾的熱度會造成不良的化學反應，產生如硫或橡膠燃燒等難聞的氣味。用蒸餾法萃取龍舌蘭草中的糖需要不同的技術，早在西班牙人來美洲之前，那種技術已經純熟了。

　　艾瑞克・卡倫以及其他人進行前述所提的糞化石分析得出的考古證據，證明了西班牙入侵前住在墨西哥的人會烤食龍舌蘭心（鱗莖），這是很久遠的傳統。這理論透過陶器碎片、早期的工具、繪畫和消化的龍舌蘭草殘餘物等證據得到支持，無庸置疑。烤龍舌蘭是老饕級的美食體驗；就像烤朝鮮薊的心，只不過更肥厚、更濃郁。這道菜本身就是很體面的一餐。

　　而烤過的龍舌蘭草心也能做烈酒。烤熟的過程中，糖會以不同方式分解，產生美妙的焦糖香，能釀成味道濃郁而帶煙燻味的酒。西班牙人來到墨西哥的時候，觀察了當地人如何照料龍舌蘭田，仔細監控植物，並在生長過程的精準時間點收成──就在花芽即將從基部冒出，準備形成花梗之際。製作普逵酒則不需要挖出中心部分去迫使植物分泌汁液，此時是砍去龍舌蘭草葉，露出中間堅實的一團，那稱為鱗莖或是心（piña），很像鳳梨或朝鮮薊的心。採收之後放入砌在地下的磚爐或石爐裡烤，然後覆蓋住，讓龍舌蘭草心悶燒幾天。

是梅茲卡爾還是梅斯卡爾？

美國人和歐洲人可能比較喜歡拼成梅斯卡爾（mescal），但墨西哥人一向把他們的酒拼成梅茲卡爾（mezcal），這是墨西哥的法定名稱。

在當時，原住民顯然已經發展出種植、烘烤龍舌蘭草的理想辦法，墨西哥和美國西南部都可以找到前哥倫布時期為此所建造的石造烤爐。今日，有些考古學家提出，由粗製蒸餾器的遺跡可知，從前的人可能不只把龍舌蘭草烤來當作食物——在尚未和歐洲人接觸時，他們可能已經發展出蒸餾技術了。

這個想法在學術界引起熱烈的爭論。我們能確定的是西班牙人引入了新技術，墨西哥許多早期的蒸餾器衍生自菲律賓製的蒸餾器，這種設備簡單到令人驚訝，而且完全以當地材料製造龍舌蘭酒——主要材料本身也是植物。西班牙人唯一的功勞是藉著馬尼拉到阿卡普爾科這條航線的商船，把菲律賓的技術帶到墨西哥。這些船利用順風的優勢載運龍舌蘭酒，短短四個月就直接從菲律賓航行到阿卡普爾科。1565 到 1815 年的兩百五十年之間，商船把香料、絲綢和其他奢侈品從亞洲帶到了新世界，並且運回墨西哥的銀礦，製成貨幣。墨西哥和菲律賓兩種文化相互的影響延續至今，菲律賓製的蒸餾器只是這兩個地區長久連結的一個例子。

這個簡單的蒸餾器是由一截空樹幹（通常是象耳豆〔Enterolobium cyclocarpum〕，這是一種豆科樹木，又稱瓜納卡斯特〔guanacaste〕）架在鋪著磚頭的地爐上。發酵的混合液會放在樹幹裡加熱到沸騰。樹幹上擺著一個淺銅盆，液體沸騰後上升到銅盆裡，很像鍋蓋上布滿凝結的水蒸氣。接著，蒸餾的這種液體會滴到銅盆下的一個木槽，藉由竹管或捲起的龍舌蘭草葉自蒸餾器流出。比較傳統的銅製西班牙蒸餾器叫作阿拉伯蒸餾器，早期也曾引入。

統合派、分割派和霍華・史考特・詹崔

　　或許你從不曾帶著圖鑑去墨西哥的沙漠，努力辨識生長在那裡的野生龍舌蘭草。這種活動不像賞鳥之類的娛樂那麼容易有成就感，許多龍舌蘭草幾乎難以分辨，看起來不同的龍舌蘭草在生物學上可能並沒有那麼大的差異，可能只是品種不同，因此沒被分成相異種。就像番茄：櫻桃番茄和牛番茄看起來、吃起來都不一樣，但它們都屬於同一種番茄：Solanum lycopersicum。

　　龍舌蘭草也一樣。霍華・史考特・詹崔（Howard Scott Gentry, 1903-1993）是國際上的龍舌蘭草研究權威。他是美國農業部的植物探險家，負責收集植物樣本，足跡遍及全球二十四個國家。他認為分類學家（有時稱為「統合者」和「分割者」，因為他們容易把太多物種統合在一起，或是把太多品種分成相異的種）在為龍舌蘭草分類時，分割得太細了。他認為 A. tequilana 和其他種龍舌蘭草的差異過小，因此 A. tequilana 或許根本不是相異的種。他採取用花朵特徵來區分龍舌蘭草的方式，雖然這世界讓植物學家等了長達三十年，才看到一個樣本開花而能好好辨識。

　　詹崔過世之後，他的同事安娜・瓦倫祖拉・薩帕塔（Ana Valenzuela-Zapata）和蓋瑞・保羅・納布罕（Gary Paul Nabhan）接手他的工作。他們也曾爭論過，以科學的角度，有些種的龍舌蘭草（包括 A. tequilana）應該納入狹葉龍舌蘭（A. angustifolia）這個更廣義的物種。

　　不過他們認為墨西哥酒類法規的歷史、文化和法律編纂會使讓這樣的理想很難達成。有時傳統還是會給植物學家重重一擊——尤其是在墨西哥沙漠。

那梅斯卡林呢？

梅茲卡爾有時會和梅斯卡林（mescaline）混淆。梅斯卡林是烏羽玉（Lophophora williamsii，俗稱皮約特仙人掌〔peyote cactus〕）的活性成分。梅茲卡爾和梅斯卡林其實完全無關，只是因為烏羽玉在十九世紀買賣的名稱是「梅斯卡林釦子」（muscale buttons），使得語言上的誤解影響至今。

不論拉丁美洲什麼時候開始蒸餾，這裡的蒸餾法在1621年都已經建立完備了，當時哈利斯科（Jalisco）的一位教士多明哥·拉薩羅·阿雷吉（Domingo Lázaro de Arregui）寫道，烤過的龍舌蘭心可以製成「一種蒸餾之後比水還清澈、比甘蔗酒更烈的酒，正合他們的胃口」。

過去幾個世紀以來，大約直到上一個十年為止，龍舌蘭草釀的酒類都被視為粗製品，完全比不上上好的蘇格蘭威士忌和白蘭地。1897年，一位美國《科學人》（*Scientific American*）雜誌的記者寫道，「梅茲卡爾的味道據說像汽油、琴酒和電加在一起。龍舌蘭酒更糟，據說會煽動謀殺、暴動和革命。」

琴酒和電聽起來像調酒的絕佳材料，但這樣的形容其實並不是讚美。不過，今日在哈利斯科和瓦哈卡的蒸餾酒廠結合古老和現代的技術，已生產出絕頂順口的優質酒。

最理想的梅茲卡爾，是在墨西哥村落中用古代的技術和各種野生龍舌蘭草製成的細緻手工酒，每一批產量都非常少。龍舌蘭心仍然割下來，在低於地面的爐上慢慢烤幾天，滲入當地橡木、牧豆樹或其他木柴的燻煙。接著龍舌蘭心用一種叫tahona的石輪碾碎。石輪在圓洞裡滾動，從前用驢子拉，現在有時會用更複雜的機器（這種石輪和從前歐洲用來碾蘋果做蘋

經典瑪格麗特

- 龍舌蘭酒 ⋯⋯ 1½ 盎司
- 現榨萊姆汁 ⋯⋯ ½ 盎司
- 君度或其他品質好的柑橘香甜酒 ⋯⋯ ½ 盎司
- 龍舌蘭糖漿或簡易糖漿 ⋯⋯ 數滴
- 萊姆切片

務必使用 100％龍舌蘭製的龍舌蘭酒。白龍舌蘭酒是經典選擇，也可以隨意實驗，使用陳釀龍舌蘭。將萊姆片之外的所有材料加冰搖勻後去冰，倒入雞尾酒杯，或加冰置於古典杯，最後用萊姆片裝飾。

果酒的磨石異常相似。西班牙人是否把石輪引入墨西哥，是考古學家和歷史學家歷來爭論不休的問題）。

烤過的龍舌蘭心碾碎，汁液用虹吸管收集，加入水和野生酵母之後發酵產生味道比較清淡的梅茲卡爾。或是連著碾碎的龍舌蘭殘渣一起發酵，釀成的梅茲卡爾味道濃郁，帶著煙燻味，蘇格蘭威士忌的愛好者應該會喜歡。一些村落裡，用來蒸餾的是傳統的陶土與竹製蒸餾器。有些蒸餾酒製造者會用比較現代的銅罐式蒸餾器，很接近製造上好威士忌和白蘭地用的工具蒸餾器。許多梅茲卡爾會重複蒸餾兩、三次，讓風味更加完美。

有些蒸餾酒製造者對過程一絲不苟，如果參觀的人使用了摻香水的肥皂，就不准接近蒸餾器，以免一點點香氣分子汙染他們的產品。高級的梅茲卡爾會像上好的法國葡萄酒一樣，標上龍舌蘭草的種類和製造的村名。現在按墨西哥的法律，只有瓦哈卡和鄰近的格雷羅州（Guerrero），以及

北方的杜蘭戈（Durango）、聖路易斯坡托西（San Luis Potosí）和薩卡特卡斯（Zacatecas）才能製造名稱中有「梅茲卡爾」的酒。

梅茲卡爾之所以有別於威士忌和白蘭地，是因為其中的成分——雞肉。這是梅茲卡爾別具風味的關鍵。梅茲卡爾在蒸餾時加入當地的野生水果，增添一絲甜味，並加上一隻雞的整塊生雞胸肉。雞肉要事先剝皮、清洗，掛在蒸餾器內，讓蒸氣流過。加雞肉應該是為了平衡水果的甜味，但不論使用雞肉的目的是什麼，最後都成功了。如果有機會品嚐這種梅茲卡爾，萬萬別錯過。

龍舌蘭酒為什麼與眾不同？幾世紀來，「梅茲卡爾」幾乎用於稱呼烤龍舌蘭心製作的所有墨西哥酒類。而十九世紀時，「龍舌蘭酒」只用於哈利斯科的龍舌蘭酒城附近生產的梅茲卡爾酒，可能會用不同種的龍舌蘭草製成，但製作方式大致相同。

二十世紀時，龍舌蘭酒逐漸定型為今日的模樣：只在哈利斯科附近限定區域生產，原料則是龍舌蘭草的栽培種藍色龍舌蘭（Weber Blue），這種龍舌蘭草通常不是野生，而是栽種於廣大的龍舌蘭草田。採收後的龍舌蘭草不再用低於地面的烤爐緩慢烤熟，而是在窯中加熱、蒸熟（二十噸的壓力鍋在今日的龍舌蘭酒酒廠已經不罕見了）。可惜龍舌蘭酒這種酒的定義也變得寬鬆，現在包括了混製酒，也就是混合龍舌蘭草和其他糖分之後蒸餾的產物，可能有高達49％的發酵來自非龍舌蘭草的糖分。美國人喝瑪格麗特時，喝下的大部分都是混製酒。想要訂購100％純龍舌蘭草製的龍舌蘭酒，有一點難度，不過純龍舌蘭蒸餾的龍舌蘭酒很值得一試。有些甜如陳年蘭姆酒，或煙燻味、木質味濃得像上好的威士忌，有些意外帶著花香，像法國的香甜酒一樣。純龍舌蘭草製作的酒單喝就很棒，用不著加入萊姆汁和鹽，以免破壞了手工製優質龍舌蘭酒的風味。

梅茲卡爾和龍舌蘭酒現在已有各自的名稱（標示為DO或Denominación de Origen in Mexico，即「原產地名稱保護制度」），其他含龍舌蘭草的酒也各有一片天。巴亞爾塔港（Puerto Vallarta）附近有瑞希拉

酒（Raicilla），索諾拉（Sonora）有巴卡諾拉酒（Bacanora），還有奇瓦瓦（Chihuahua）地方用龍舌蘭草的親戚「沙漠湯匙」（Dasylirion wheeleri）製成的索托酒（Sotol）。

植物保育

　　這些酒類愈來愈受歡迎，墨西哥的酒廠於是遇到了新問題：如何保護土地和這種植物。許多非龍舌蘭酒的酒類是用野生龍舌蘭草做的，這些酒的製造者覺得野生植物的族群數量無限多，取之不盡。不幸地，正是這樣的誤解導致紅杉和其他野生植物群落被毀。雖然有些龍舌蘭草會無性生殖，產生稱為「萌蘗」的這種分株，在採收之後可以重新生長，但採收的過程會讓它們無法開花。阻礙龍舌蘭草開花、結果、產生種子，會嚴重衝擊龍舌蘭草的基因歧異度。龍舌蘭草無法自然開花，也使得替龍舌蘭草授粉的野生蝙蝠族群數量大幅消減。

　　龍舌蘭酒的狀況比較糟糕，因為這種酒一般來自種植的植株，而不是採收野生植株。只有A. tequilana這個種類可以用於製造這種酒，A. tequilana於是變成像北加州的葡萄一樣單一栽植。大衛‧蘇羅‧皮涅拉（David Suro-Piñera）是「藍色收成龍舌蘭」（Siembra Azul tequila）的經營者，提倡保育龍舌蘭酒的歷史、永續經營這個工業。他說：「我們一直濫用這幾種植物。我們不讓植物在野外繁殖，龍舌蘭草其實已經枯竭，非常容易受病害侵襲，我很擔心。」他認為殺蟲劑、殺真菌劑和殺草劑的用量增加，導致植物的生存問題。另外，水也是龍舌蘭酒和其他酒類的重要成分，化學物質的用量增加、土壤劣化也會汙染水源。

　　人工栽植的龍舌蘭草已經飽受嚴重的病害侵襲，和愛爾蘭慘烈的馬鈴薯饑荒或是摧毀歐洲葡萄園的根瘤芽蟲（phylloxera）蟲害狀況相似。龍舌蘭草遇到的問題是龍舌蘭象鼻蟲（agave snout weevil, Scyphophorus acupunctatus）帶來細菌，產下蟲卵，孵出的微小幼蟲會吃龍舌蘭草，讓

龍舌蘭酒和梅茲卡爾的入門指南

別只喝普普通通的龍舌蘭酒。鑽到吧台前，讀酒標，然後點個好酒。以下是墨西哥法定的龍舌蘭酒標示：

◆ **100%龍舌蘭╱100%AGAVE**：原料必須完全都是藍色龍舌蘭（A. tequilana 'Weber Blue'），生產於法定產區（Denominación de Origen, DO），不添加糖分。必須由墨西哥生產商裝瓶。標示也可能寫成「100% de agave」、「100% puro de agave」等等。如果是梅茲卡爾，也必須生產於法定產區，至少使用被認可的龍舌蘭品種中的其中一種製成，不添加糖分。

◆ **龍舌蘭酒╱TEQUILA**：瓶上只寫著「Tequila」的是混製酒，表示釀酒的原料可能高達49%是非龍舌蘭的糖分。在特定條件下，可以在原產地之外的地方裝瓶。為了你自己好，別碰混製酒。

◆ **銀（白或銀）╱SILVER（BLANCO or PLATA）**：未熟成。

◆ **金（年輕或金色）╱GOLD（JOVEN or ORO）**：未熟成。可能添加焦糖色素、天然橡木萃取物、甘酒、糖漿以增添風味或改變顏色。

◆ **陳釀（熟成）╱AGED（REPOSADO）**：置於法國橡木桶或白橡木桶中熟成至少兩個月。

◆ **特級陳釀（熟成）╱EXTRA AGED（AÑEJO）**：置於六百公升或容量更小的法國橡木桶或白橡木桶中熟成至少一年。

◆ **超級陳釀（超級熟成）╱ULTRA AGED（EXTRA AÑEJO）**：置入容量小於六百公升的法國橡木桶或白橡木桶中熟成至少三年。

誰把韋伯放進
藍色龍舌蘭（Weber Blue）的名稱裡？

　　如果讀過介紹龍舌蘭的書（或是瀏覽過網路上龍舌蘭草的相關資料），或許會曉得 *A. tequilana* 的命名者是一位德國植物學家法蘭茲‧韋伯（Franz Weber），他在 1890 年代曾經造訪墨西哥。不過，植物學文獻卻有不同的說法。

　　對於某種植物該放在它族譜中的什麼位置、該叫什麼名字，植物學家或許有歧見，不過他們對一件事通常有共識：最先命名或描述某種植物的是誰。國際植物名稱索引（The International Plant Names Index〔IPNI〕）是由全球植物學家針對世上所有已命名的植物共同發表的標準資訊。每一種植物都附上學名，而記錄下該植物的植物學家姓名簡寫，則在學名後方括弧註明。

　　多虧了 IPNI，我們才知道 *A. tequilana*（F.A.C. Weber）首次登場是在 1902 年，由弗雷德列克‧艾伯特‧康斯坦丁‧韋伯（Frédéric Albert Constantin Weber）在巴黎一本自然史期刊裡撰文記述。1903 年他過世時，從他的訃聞中，我們因此知道他出生於阿爾薩斯，在 1852 年完成他的醫學博士學業，發表了關於腦出血的學位論文，之後立刻加入法軍，發揮所長。法國在拿破崙三世的命令下，與英國、西班牙一同侵略墨西哥，索回欠繳的債款，他就是在當時被派去墨西哥。奧匈帝國來的墨西哥皇帝馬克西米連一世（Maximilian I）終結短命執政，被行刑隊槍決後，韋伯醫生就沒什麼時間沉溺於他收集植物的嗜好。但他仍然設法取得、記述了幾種仙人掌和龍舌蘭草，

並在回巴黎之後分類發布於植物學期刊。晚年他成為自然保育協會（Société Nationale d'Acclimatation de France）的主席。他的同事在 1900 年代以他的名字替韋伯式龍舌蘭草（A. weberi）命名來紀念他的時候，更詳細敘述了他在墨西哥度過的時光，確認他是在 1866 與 1867 年以官方身分前往該地，在閒暇時間收集植物。

那麼法蘭茲‧韋伯呢？即使 1890 年代有位名叫法蘭茲‧韋伯的德國植物學家在墨西哥做研究，他的名字也不曾在科學文獻上和任何植物連在一起，他當然不是替 A. tequilana 命名的人。

法式武裝干預

大部分的梅茲卡爾蒸餾酒廠雖然不願讓他們的酒加入調酒裡，美國的酒保卻忍不住實驗。其實在需要威士忌、裸麥或波本酒的調酒中加入龍舌蘭酒和梅茲卡爾，表現都不俗。這個酒譜結合了法國和墨西哥的原料，名稱是為了紀念 1862 年法國入侵墨西哥，使得韋伯醫生被派往當地，而他正是為 A. tequilana 命名的學者。

- 龍舌蘭酒或梅茲卡爾 …… 1½ 盎司
- 白麗葉酒（Lillet blanc） …… ¾ 盎司
- 夏翠絲綠寶香甜酒（green Chartreuse） …… 數滴
- 葡萄柚皮裝飾

將葡萄柚皮之外的所有材料加冰搖勻，去冰倒入雞尾酒杯，最後再以葡萄柚皮裝飾。

龍舌蘭酒和龍舌蘭為原料的酒類

　　龍舌蘭生來不平等。有些汁液比較多，適合製造普逹酒，有些則有味道濃郁、纖維豐富的心，適合炙烤、蒸餾。許多的龍舌蘭種因為含有毒素和皂素而完全不用來釀酒（皂素是帶著泡泡的化合物，擁有類固醇和荷爾蒙的特性，誤食可能造成危險）。以下列出一部分可釀酒的種類，有些已經有數千年的歷史。

AGAVA	*A. tequilana*（南非製）
BACANORA 狹葉龍舌蘭	*A. angustifolia*
100% 藍色龍舌蘭酒	*A. tequilana*（美國製）
LICOR DE COCUY 暗綠龍舌蘭	*A. cocui*（委內瑞拉製）
梅茲卡爾	法律規定梅茲卡爾的原料僅限於下列幾種龍舌蘭： 狹葉龍舌蘭（maguey espadín, *A. angustifolia*）、糙葉龍舌蘭（maguey de cerro, bruto o cenizo, *A. asperrima*）、韋伯氏龍舌蘭（maguey de mezcal, *A. weberi*）、戟葉龍舌蘭（Tobalá, *A. potatorum*，或稱雷神龍舌蘭、稜葉龍舌蘭或吉祥冠龍舌蘭）、刺芽龍舌蘭（maguey verde o mezcalero, *A. salmiana*）。亦可使用其他未於同一州列入別種酒精飲料「原產地名稱保護制度」的龍舌蘭。

普逵酒	刺芽龍舌蘭（syn. A. quiotifera, A. salmiana）、黃邊龍舌蘭（A. americana）、韋伯氏龍舌蘭（A. weberi）、細莖龍舌蘭（A. complicate）、A. gracilipes、A. melliflua、A. crassispina、深綠龍舌蘭（A. atrovirens）、大刺龍舌蘭（A. ferox）、A. mapisaga、A. hookeri。
瑞希拉酒	小萵苣龍舌蘭（A. lechuguilla）、不規則葉龍舌蘭（A. inaequidens）、狹葉龍舌蘭（A. angustifolia）。
索托酒	D. wheeleri（龍舌蘭的親戚，俗稱沙漠湯匙）。
龍舌蘭酒	法律規定龍舌蘭酒的原料僅限於 A. tequilana 的栽培種藍色龍舌蘭（Weber Blue）。

龍舌蘭草從內部腐爛。象鼻蟲藏在植物體內，因此殺蟲劑通常無效。

　　想要提高作物的抗性、保存野生龍舌蘭草，則需要間作（把龍舌蘭草和其他植物交錯種植），保護荒地以提高基因歧異度，減少化學物質使用，採取行動恢復土壤的健康，別再讓土壤繼續耗竭。

如何品味龍舌蘭

品質優良的龍舌蘭酒或梅茲卡爾應該用古典杯單獨品味，或許加些許水或一塊冰塊，就像喝上好的威士忌一樣。沒必要加萊姆或鹽，通常加這些只是為了掩蓋劣質酒的味道。

酒裡的蟲：那蟲呢？

梅茲卡爾酒瓶裡有時可以看到蟲（gusano），這種蟲是龍舌蘭象鼻蟲（agave snout weevil, *Scyphophorus acupunctatus*）或龍舌蘭蛾（agave moth, *Comadia redtenbacheri*）的幼蟲——通常不是酒類文獻中寫的龍舌蘭蠹蛾（Hypopta agavis），這種蟲雖然也會吃龍舌蘭草，但造成的傷害比較小。

加入這些蟲子只是商業噱頭，並不是傳統的原料。通常會如此添加的都是廉價的梅茲卡爾，顯示目標顧客是見識有限的人。品質優良的梅茲卡爾製造商曾經提出遊說，希望完全禁止添加蟲子，覺得這樣有損所有龍舌蘭的信譽。蟲子或許對梅茲卡爾的滋味沒什麼影響，但2010 年的研究顯示，瓶中含有幼蟲的梅茲卡爾能驗出幼蟲的 DNA，表示加蟲的梅茲卡爾（mezcal con gusano）每一口的確都會讓你喝下一點蟲。

另一個不幸的行銷計畫是在梅茲卡爾瓶中加入除掉螫針的蠍子。幸好龍舌蘭酒的監督管理委員會不允許瓶裡裝進那種鬼東西。

APPLE
蘋果

蘋果　*Malus domestica*

薔薇科　Rosaceae

最適合做西打酒和白蘭地的蘋果，我們通常稱之為澀蘋果──這樣的水果又苦又澀，一入口，直覺反應是會吐出來，找甜的東西潤潤舌頭──麥根沙士、杯子蛋糕……什麼都好。想像一下咬一口淡綠的胡桃、還沒熟的柿子，或是一把削鉛筆屑的感覺。那就是最糟糕的澀味。那怎麼會有人發現這種東西能變身口味酸香、色澤透亮的西打酒，或溫潤順口的卡瓦多斯（Calvados）呢？

答案在於蘋果樹的遺傳學。蘋果的DNA比人類的複雜，近期替金冠蘋果（Golden Delicious）的基因組排序，可發現五萬七千個基因，比人類的兩萬到兩萬五千個基因要多出不止一倍。我們的基因歧異度確保我們的孩子有些獨特之處──絕不是和父母同個模子印出來的，但和家族中的其

他人仍有些相似之處。然而蘋果呈現的是「極端的異質性」，也就是它們產生的後代和雙親完全不同。種下蘋果籽，等個數十年，那棵樹結的果實外貌和滋味會與親代完全不同。其實以遺傳學而言，同一棵樹苗長的果實也會和世界上古往今來任何一顆蘋果都不一樣。

講到這裡，請想一想蘋果這個物種已經存在了五千萬到六千五百萬年，蘋果出現時正逢恐龍絕種，靈長類首次現身。數百萬年來，蘋果樹繁衍時完全不受人類干預，將這些極度複雜的基因結合再結合，就像賭徒擲骰子一樣。靈長類（以及之後早期的人類）遇到新的蘋果樹，咬一口它的果實，他們從不知道自己會吃到什麼。幸好我們的祖先發現，即使難吃的蘋果也能釀出美味的酒。

西打酒

蘋果最先做出的酒類調配物是西打酒。蘋果西打（Apple Cider）一詞在美國是指未過濾的蘋果汁，通常會加入肉桂棒溫熱飲用。不過這個詞在世上其他地方都是指更美妙的東西：像香檳一樣不甜而帶氣泡，像啤酒一樣冰涼又令人神清氣爽。在北美喝這種東西時，稱之為硬西打（Hard Cider），以便區別酒類和無酒精的蘋果汁，但是在其他地方不這樣區分。

希臘、羅馬人精於釀製西打酒。羅馬人在西元前55年左右侵略英格蘭的時候，發現當地人已經在飲用西打酒了。蘋果樹發源自哈薩克附近的森林，當時早已遍布歐亞兩洲。將蘋果發酵以及後來的蒸餾技術，就在南英格蘭、法國和西班牙逐漸純熟。今日的歐洲鄉間還能找到這種古老技術的證據，碾磨蘋果的巨大圓磨石仍然半埋在土中。

最老的苗圃都是種子園——表示所有樹都是從種子開始種植，造成前所未見的新蘋果大混合——早期的西打酒應該是用果園裡甜度不足、不適合食用的蘋果釀造。如果一個蘋果的品種很受歡迎，唯一的繁殖辦法是將之嫁接到另一棵樹的砧木上，人類早在西元前50年就已開始使用這種技

自己動手種

蘋果

全日照
頻繁的深層灌溉
耐寒至 −32°C／−25°F

◆ **選一棵樹：**好的果樹苗圃會長出一系列的「西打酒蘋果」，會建議如何針對氣候選擇理想的蘋果。不同的蘋果品種需要不同的「冷激時間」（十一月到二月之中，溫度低於7°C／45°F的時段）以打破種子休眠，因此需要挑選能應對當地天氣狀況的蘋果樹來種植。苗圃也會知道某種蘋果樹需不需要周圍有其他蘋果樹交叉授粉，有些品種不需要。

◆ **砧木：**蘋果樹會嫁接到砧木，以便控制蘋果樹生長、調節產量、增加抗病能力。M9是很常使用的矮化砧木，能讓蘋果樹只長到大約三公尺高，若採用EMLA 7則會長到四‧五公尺。

◆ **疏伐及修枝：**西打酒蘋果如果沒有疏伐容易變成隔年結果（兩年結一次果實）。大型果園會等大部分蘋果花都開了之後，在花上噴灑化學物質，殺死已經綻放的花，大量減少結果的數量。業餘的園藝家只要等蘋果長到葡萄大的時候，在每一簇選幾顆蘋果留下就好。可以向苗圃或地方農會請教修枝和疏伐的建議，他們也可能開設工作坊，提供教學。

◆ **殺蟲劑：**西打酒蘋果的一個優勢是這類蘋果樹天生能抗蟲害。且因為果實之後還是要榨成汁，如果昆蟲真的造成了一點危害，影響也比較小。

術。果農靠著嫁接，開始替蘋果進行無性繁殖。而受歡迎的變種終究需要名字，十六世紀末，諾曼第至少有六十五種有名有姓的蘋果。幾世紀來，許多最適合做西打酒的蘋果都來自這個地區，特性是產量多，以及酸度、澀味、香氣與甜度均衡。

保存西打酒蘋果的遺產

保留住世上最棒的西打酒品種，並不簡單。第一次世界大戰期間，德軍和協約國軍隊的作戰前線正好穿過西蒙·路易·弗赫（Simon Louis-Frère）在法國梅斯附近著名的蘋果苗圃。1943 年的庫斯科戰役讓莫斯科以南繁榮的苗圃和果園陷入危機。今日康乃爾大學的果樹栽培專家，正在紐約上州的果園保存蘋果品系，參與拯救古老蘋果品種並加以編目的全球運動。

美國的遺傳之骰繼續投下，十九世紀初，約翰·查普曼（John Chapman，大家較熟悉的名字是「蘋果種子強尼」〔Johnny Appleseed〕）在西部邊疆建立了蘋果苗圃。他認為用嫁接的型態種樹很不應該，因此他總是從種子開始種植，這是最自然的方式。因此早期的拓荒者無論種植或做西打酒的都是獨一無二的美國蘋果，而不是與大西洋接壤的各地長久以來種植的英格蘭與法國栽培種。

歷史學家總愛炫耀二十世紀前西打酒的消耗量，顯示我們的祖先多麼奢侈。在蘋果的種植帶，人們每天會喝下至少一品脫的蘋果酒——但他們沒什麼別的選擇，當時，水並不是可信賴的飲料——水裡帶著霍亂、傷寒、痢疾、大腸桿菌和一堆其他惡毒的寄生蟲與病源，那時的人們對許多疾病了解有限，但他們認為疾病顯然源自於水。西打酒這種含有微量酒精的飲料不適於病菌生存，可以儲藏一小段時間，喝起來安全又愉快，甚至

可以在早餐飲用。大家都喝蘋果酒，小孩也不例外。

西打酒的酒精含量都不高，因為蘋果本身的含糖量很低。即使甜度最高的蘋果，其中糖分也比葡萄少。西打酒桶裡，酵母菌吸收裡面的糖分，轉換成酒精和二氧化碳，但糖分一旦用完，酵母就會缺乏食物而死，留下的發酵西打酒只含 4～6% 的酒精。

時至今日，有些西打酒商會把他們的產品裝瓶，然後再加一次糖和酵母，讓二氧化碳在瓶中聚積，像香檳一樣產生泡泡。另外有截然不同的蘋果酒，也就是所謂的量產西打酒，可能含有糖精或阿斯巴甜之類的人工甘味劑，為蘋果酒增添符合市場需求的甜味。

西打杯

中世紀的人做出一種粗製的發酵飲料「Dépense」，作法是把蘋果和其他水果浸入水中，讓果汁自然發酵。這裡提供的是改良版，清淡而適合在夏天喝上整個下午。

- 西打酒 …… 2 份
- 蘋果、柳橙、西瓜或其他季節水果切片
- 冷凍覆盆子、草莓或葡萄
- 無酒精的薑汁啤酒或薑汁麥酒 …… 1 份

將西打酒和切片水果裝入大水瓶混合，靜置浸泡三至六小時，再濾掉切片水果。在高球杯裝滿冰塊和冷凍莓果，西打酒加到杯子的四分之三滿，最後加上適量薑汁啤酒。

> ## 西打酒釀製用蘋果分類
>
> ◆ 甜：澀味輕、酸度低（金冠、紅色比奈〔Binet Rouge〕、威克森〔Wickson〕）
> ◆ 尖酸：澀味輕、酸度高（史密斯奶奶青蘋〔Granny Smith〕、布朗〔Brown's〕、金黃哈維〔Golden Harvey〕）
> ◆ 苦酸：澀味重、酸度更高（金斯頓黑蘋果〔Kingston Black〕、紅彩〔Stoke Red〕、幼狐〔Foxwhelp〕）
> ◆ 苦甜：澀味重、酸度低（皇家澤西〔Royal Jersey〕、達賓內特〔Dabinett〕、迪耶普之密斯卡黛〔Muscadet de Dieppe〕）

卡瓦多斯和APPLEJACK

　　不過蘋果能做的不只是西打酒。西元 1555 年，法國人吉耶・古貝維爾（Gilles de Gouberville）在他的日記裡寫著，一位訪客建議用西打酒製造高酒精濃度的清澈飲料。他解釋道，發酵之後將西打酒加熱，讓酒精和蒸氣一同上升，用銅壺收集，然後裝瓶。裝在橡木桶裡一段時間可以進一步提升風味。這種酒的名字最初或許是蘋果蒸餾酒（eau-de-vie de cidre，直譯為生命之水，是蒸餾酒早期的通稱），但不久之後就贏得了「卡瓦多斯」這個名字。卡瓦多斯也就是諾曼第區中產製這種酒的地區。

　　美國人緊追在後，也做出美國版本的卡瓦多斯。紐澤西的萊德蒸餾酒廠（Laird & Company Distillery）以擁有美國第一的執照自豪，這是 1780 年美國頒發的第一張蒸餾酒廠執照。根據家族紀錄，亞歷山大・萊德（Alexander Laird）在 1698 年從蘇格蘭來到當地，開始種植蘋果，並且為朋友和鄰居製造蘋果酒，也就是 applejack。羅勃特・萊德（Robert

各式蘋果酒

◆ **蘋果白蘭地／APPLE BRANDY**：發酵蘋果汁或蘋果泥蒸餾產物的通稱，在酒精濃度至少40%的時候裝瓶。通常會裝進橡木桶熟成。

◆ **APPLEJACK**：蘋果白蘭地在美國的別名。「調和applejack」含有至少20%的applejack，其餘是中性烈酒。

◆ **蘋果利口酒／APPLE LIQUEUR**：有幾種方式可以用蘋果製出味道較甜的低酒精濃度開胃酒（酒精含量通常約20%）。其中一種方式是在發酵西打酒中的酵母耗盡所有糖分之前，加入蘋果白蘭地。高濃度的酒精殺死酵母，停止發酵過程，產生帶甜味的飲料，像極了帶著清新蘋果香的甜酒。蘋果利口酒可能入橡木桶中熟成後再裝瓶。

◆ **蘋果酒／APPLE WINE**：蘋果酒是西打酒的舊稱，不過現在蘋果酒是指西打酒另外加入糖和酵母菌，以提高酒精濃度，通常至少可達7%。蘋果酒多半無添加碳酸。

◆ **卡瓦多斯／CALVADOS**：這種蘋果白蘭地製造於法國北部的特定地區，使用的蘋果來自指定的果園，至少含有20%的當地品種，至少70%的苦或苦甜品種，還有少於15%的尖酸品種。酒裝瓶的時候，酒精濃度不少於40%。

◆ **敦方特卡瓦多斯／CALVADOS DOMFRONTAIS**：必須至少含有30%的西洋梨，其他規定與卡瓦多斯相同。在柱式蒸餾器一次蒸餾，裝入橡木桶中熟成至少三年。

◆ **昂日卡瓦多斯／CALVADOS PAYS D'AUGE**：生產於昂日地區。除了卡瓦多斯的其他規定之外，必須用傳統的銅蒸餾器二次蒸餾，並在橡木桶中熟成至少兩年。

◆ **蒸餾酒／EAU-DE-VIE**：清澈的酒，以發酵蘋果製成，未在橡木桶中熟成，裝瓶時酒精濃度至少 40％。這是蘋果酒版本的「白威士忌」。

◆ **蘋果甜酒／POMMEAU**：順口的法國酒，混合未發酵的蘋果汁和蘋果白蘭地，在酒精濃度 16～18％時裝瓶。

Laird）在喬治・華盛頓(Geogre Washington)的指揮下參戰時，家族以applejack贈予軍隊。萊德家聲稱華盛頓非常喜歡，請他們透露配方，並且開始在他自己的農場生產。不過維農山莊（華盛頓故居）並沒有applejack蒸餾的紀錄，但的確時常釀造西打酒，供華盛頓家族、僕役和奴隸飲用。

　　缺乏技術而無法做出銅製蒸餾器的殖民地居民找到另一個辦法——他們在冬天把一桶西打酒留在室外，讓酒中的水凍結，然後吸出尚未結凍的酒精。這種「冰凍蒸餾法（freeze distillation）」很危險，一般蒸餾過程中通常能除去有毒物質，但冰凍蒸餾法無法除去，因此酒裡有毒物質的含量過高，足以毒害肝臟，或造成視覺喪失。這種狀況或許為applejack冠上了莫須有的壞名聲，幸虧比較理想的蒸餾法後來還是占了上風。

　　蘋果也能做出上好的蒸餾酒。有別於讓發酵過的蘋果汁通過蒸餾器，蘋果蒸餾酒通常是將整顆蘋果壓成泥、發酵，再蒸餾出高酒精濃度而清澄的酒。根據康乃爾的果樹栽培專家伊恩・默文（Ian Merwin）所言，將整顆蘋果壓成泥，會產生更優於用蘋果汁釀造的芳香物質，使蘋果酒擁有獨特風味。「利用蘋果泥發酵的上好蒸餾酒，嚐起來遠比卡瓦多斯更像在吃蘋果。」他說。加上蘋果泥通常用比較複雜的分餾柱式蒸餾器，因此更能精確地留住芳香物質。法國法律規定，卡瓦多斯蒸餾時必須用較老式的罐式蒸餾器，這種蒸餾法雖然較為傳統，但較不嚴謹。

　　蒸餾酒不會過桶，因此風味不受橡木影響，是純粹的水果香。默文說：「喝卡瓦多斯時，其實只是在喝以蘋果製造的乙醇。而乙醇是溶劑，放進橡木桶裡會萃取出橡木的氣味，就這種方式本身而言還不錯，但離開酒桶之後，剩下的蘋果香就不多了。」

　　不過，這種話可別告訴卡瓦多斯的熱愛者。經過理想熟成的卡瓦多斯擁有金黃如陽光的色澤，這種顏色完全來自蘋果。最好不摻水直接飲用，適當的飲用時機是餐前或餐後，甚至是用餐中。在諾曼第地方，「諾曼第人的洞」（trou normand）是指兩道菜之間送上來的那杯卡瓦多斯能在開胃菜之間挖個洞，挪出空間給那一餐的其他食物。

瓦維洛夫韻事

俄國植物學家尼古拉·瓦維洛夫（Nikolai Vavilov）為了保存蘋果樹的野生祖先不遺餘力。二十世紀初，他走遍世界各地，想辨識蘋果、小麥、玉米和其他穀類等重要作物的地理起源，收集幾十萬株植物的種子以建立種子資料庫，讓遺傳學的研究更進一步。他的目標是增進俄國農民的作物收穫，但史達林視他為國家的敵人。史達林對科學的看法很可笑——他認為一個人的行為可以改變他們的遺傳組成，所以人一生中學到的習慣會經由 DNA 傳給下一代。抱持不同看法的科學家都成了階下囚。

瓦維洛夫在 1940 年因為他的信念而被捕。他最後的日子都在幫其他囚犯上遺傳學的課，很多囚犯恐怕很希望史達林逮捕的不是植物學家，而是鎖匠或炸藥專家。

這個版本的古典雞尾酒混合了同等分量的 applejack 和波本酒，結合蘋果、玉米和穀類，向瓦維洛夫致意。

- 西打酒 …… 2 份
- 方糖 …… 1 顆
- 安格斯圖拉苦酒（Angostura Bitter） …… 少許
- Applejack …… ¾ 盎司
- 波本酒 …… ¾ 盎司
- 口味較酸的蘋果（如史密斯奶奶或富士蘋果） …… 2 片

將西打酒和蘋果片裝入大水瓶混合，靜置浸泡三至六小時。濾掉切片蘋果，在高球杯裝滿冰塊和冷凍莓果，西打酒加到杯子的四分之三滿，最後加上適量薑汁啤酒。

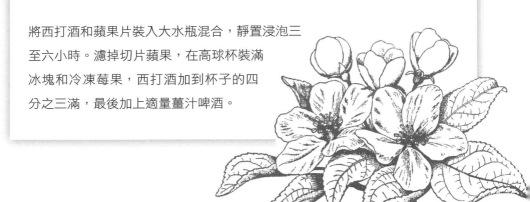

愛的故事

YEAST

酵母菌

酵母屬　*Saccharomycetales* spp.

最早被人類馴養的生物不是雞或馬，也不是玉米或小麥，而是野生的無性單細胞生物，可以保存食物，讓麵包膨脹，還能讓飲料發酵。這種單細胞生物就是酵母菌。

酵母菌無所不在，既懸浮在空氣中，也住在我們皮膚上和體內，還會包覆在水果外，從中獲取一點糖分。用不著去尋找野生的酵母菌——把一碗麵粉和水留在廚房的檯面上，酵母菌就會找到這碗東西。不過有幾種特別的酵母菌（尤其是酵母屬的菌種）發酵的效率最好，因此人類學會養殖它們，並大量繁殖，最後賣給釀酒師和蒸餾酒製造業者。世界各地都有實驗室在小心培育自己專屬的酵母菌品系。酒莊、釀酒廠和蒸餾酒廠常常不希望修改、搬遷或移動設備，擔心毀了環境中留存下來且在酒中增添獨特特性的原生酵母。以同一批蘋果汁做實驗，顯示酵母菌可能大幅影響風味，讓產出的酒得到特別的花果香調。

發酵的科學其實簡單得很奇妙。酵母吃糖，然後留下兩種代謝物廢物：乙醇和二氧化碳。說實在的，以化學角度而言，酒品專賣店賣的幾乎

只是一瓶瓶數以百萬計的馴化酵母菌個體，把這些微生物包在漂亮的瓶子裡，貼上美麗的酒標而已。

　　但以代謝物廢物的角度來看，這些酵母菌永遠很有用。我們會先除去二氧化碳，如果發酵程序是在酒桶中進行，二氧化碳會直接散逸。啤酒釀造者會留下一些二氧化碳，讓啤酒起泡，他們喜歡在裝瓶階段加一點二氧化碳回去。若是氣泡酒，則會在瓶中加入額外的酵母菌，讓酒進行二次發酵，產生二氧化碳，增加瓶塞下的壓力（麵包師傅和釀酒師有許多共同點——讓麵糰發起來的正是二氧化碳）。

　　不過另一個代謝廢物，也就是乙醇呢？乙醇正是我們說的純酒精。經過一些修飾，乙醇會成為很棒的飲料——然而酵母菌可不這麼覺得。酵母菌產生乙醇，等於自掘墳墓。酵母菌無法在高濃度的代謝廢物中生存，當酒精濃度升到15％左右，酵母菌就會死亡。因此在蒸餾技術發明前，人類無法享用比啤酒或葡萄酒更烈的飲料。

　　酵母菌的命運就是如此，不是吃完糖類而餓死，就是被吃了太多糖所產生的酒精害死。不論如何，它們都是在做自己最擅長的事情而死去：為我們產生飲料。

- -

　　如果酵母菌在糖類發酵的桶內只產生乙醇，世上的白蘭地製造商和伏特加蒸餾業者就輕鬆了。他們只要把乙醇稀釋、調味、裝瓶就好了。但酵母菌是活的生物體，終究不完美，而含有酵母菌的壓碎葡萄或壓成泥的蘋果本身也複雜且不完美。一桶葡萄裡不只有糖，還充滿了單寧、芳香化合物、酸類物質和酵母無法分解的各種型態糖類（亦稱非發酵醣〔non-fermenting sugar〕）。發酵槽裡發生那麼多事，總會出錯。

　　許多「錯誤」都發生於酵母菌細胞裡的酵素試圖做好工作，也就是調節化學反應。想像酵素是一把尋找鑰匙的鎖。分子在發酵槽裡蹦來跳去

時，可能試圖和某個酵素「結合」，只是結果不大吻合。這些不完美的耦合造成不完美的化合物，發酵飲料因此變得複雜難解，有時會產生危險。

這些意外的副產物稱為同系物（congener）──就像先天性（congenital）這個詞，代表這些化合物是從發酵飲料產生時就存在了。有些毒性很強，需要在蒸餾時小心地除去。

如果這些有毒物質是在發酵時產生的，為什麼啤酒或葡萄酒喝了不會死呢？首先，釀酒師可以藉著選擇設備、使用特定品系的菌種、調節發酵發生的溫度，來控制發酵過程。儲藏發酵飲料，或是像製酒廠一樣裝在橡木桶裡熟成，都可能使某些化合物分解。

有些同系物最終留了下來，但含量相對而言非常少，所以我們的肝臟通常能及時分解。喝太多酒的人都會宿醉，原因就是這些有毒物質累積後，身體無法及時排除。

因此，蒸餾所要面對的挑戰，就是要從類似啤酒或葡萄酒的發酵糊狀物中萃取出乙醇，形成酒精含量高的酒，而且不能讓人喝下濃縮劑量的同系物。幸好這些化合物都有不同的沸點，因此祕訣是加熱混合物，在不想要的分子汽化時將它們去除。

在一桶啤酒或葡萄酒下面生火，有毒的雜醇油會率先汽化。蒸餾酒製造者稱之為蒸餾的「酒頭」，聞起來像指甲油的去光水。普利茅茲的琴酒蒸餾酒廠會回收這部分的副產物，作為工業清潔劑。接下來，隨著溫度持續攀升，得到的是「中段」，也就是乙醇，是蒸餾的目標產物。蒸餾的尾聲會出現更重的分子，當中含有其他有毒物質，但也有一些更富風味的分子，這些分子賦予了威士忌和白蘭地絕佳的風味，這部分稱為「酒尾」，也必須去除。但蒸餾酒製造者可能會留下一點酒尾，讓他們的酒風味更豐富。

能抓準去頭截尾的時機，才是優秀的蒸餾酒製造者。自家釀的私酒、私釀的杜松子酒，還有其他這類業餘的蒸餾成品都可能鬧出人命，因為不一定能妥善去除這些危險的化合物。大量生產的廉價酒類如果未妥善分離

或濾除這些有毒物質，也可能造成嚴重宿醉。有些酒經過二次或三次蒸餾，會在中段導回蒸餾器，除去更多酒頭或酒尾。可是有些酒（例如伏特加）會藉由木炭，濾除最細的雜質，只留下清澈而幾乎無嗅無味，盡可能接近純酒精的酒。

酒裡的蟲：
六隻腳的酵母菌散布系統

　　酒裡有蟲？這是老問題了。發酵必須在打開的發酵槽裡進行，否則二氧化碳的壓力會累積到有危險的程度。但一桶果汁或醪放在老穀倉或倉庫裡釀造時，昆蟲絕對會想辦法進桶子裡。有時不一定是壞事──布魯塞爾的蘭比克（Lambic）天然發酵啤酒的釀酒師發現，他們最棒的一些酵母菌品系，來自從屋椽掉進去的昆蟲。其實酵母菌會產生酯類以吸引昆蟲，好讓它們沾染酵母菌，把酵母菌帶到各處。昆蟲因此而為糖和酵母菌之舞的不知情共犯。

瓶子裡怎麼會有梨

PEAR
西洋梨

西洋梨	*Pyrus communis*
薔薇科	*Rosaceae*

如果能夠弄到手，西洋梨西打酒（或稱梨酒），是一款十分討喜的酒。適合加入西打酒的西洋梨（稱為梨酒西洋梨）通常個頭較小、較苦而不甜，澀味比甜點用的西洋梨重。西洋梨西打酒比較少見，一方面是因為西洋梨樹很容易受細菌感染，得到梨火傷病（fire blight），這種感染很難控制，已經摧毀了許多果園。而且西洋梨樹生長緩慢，較晚結果，因此是長期投資，而非速生作物，所以農夫才會說：「為子孫種梨。」

另一方面是因為西洋梨採收之後必須立刻發酵，不像西打酒蘋果一樣能夠儲存。而且西洋梨含有一種非發酵醣類「山梨醇」（sorbitol），雖然能增添甜味，但也有缺點：對消化系統敏感的人有輕度促瀉的效果。有一種熱門的英國西洋梨品種，布萊克尼紅西洋梨（Blakeney Red）又稱為閃電梨，因為吃下之後會火速通過消化系統。這種古怪特性成就了西洋梨西打酒的另一個傳說：梨酒喝下時像絲絨，消化時像雷鳴，排出時如閃電。

雖然如此，比起只是添加梨子風味的西打酒，真正的西洋梨西打酒還是很值得尋找嘗試。這種酒甜而不膩，而且少了一些西打酒的尖銳和酸味。

　　西洋梨白蘭地和西洋梨蒸餾酒及蘋果白蘭地的作法差不多，將發酵的西洋梨泥或西洋梨汁蒸餾而得，是很受歡迎的法國白蘭地，原料是威廉斯梨，這種梨在美國稱為巴特利西洋梨（Bartlett）。大約三十磅的梨才能製作一瓶梨子白蘭地——若覺得這樣還不夠費工，有些梨子白蘭地在販售時瓶中還有梨子。那是趁梨子還小的時候將梨子小心地放入瓶裡，掛在枝條上。梨子在瓶內掛在樹上成熟時，這時期的果園特別難以管理。

BARLEY
大麥

大麥　*Hordeum vulgare*

禾本科　Poaceae

想像一個世界如果沒有啤酒、威士忌、伏特加或琴酒，會是什麼樣子？那可不成！而少了大麥，這些酒都不會存在。這可沒有誇大其詞。所有穀物之中，大麥特別適合發酵，甚至有助於其他穀物發酵——因此可以用最不可能的原料來釀酒。

大麥所能發揮的力量近乎奇蹟，主要是因為穀類作物（大麥、裸麥、小麥、稻米等等）不像蘋果或葡萄一樣含有滿滿的可發酵醣類。穀物中大多都是澱粉，這種系統讓植物儲存光合作用製造的醣類，留待日後使用。想用穀物釀酒，必須先把澱粉轉換回醣類。

幸好只要有水就能促使植物進行這種轉換。每顆穀物終究都是種子，種子發芽時需要食物維持生命，直到生長至可以長出根、展開葉片，產生

所需的正餐。儲存的醣類就是這種用途。釀酒師只要把穀物弄濕就好──
這個程序稱為發麥芽（malting），發芽的過程由此開始，會促使穀物裡的
酵素將澱粉分解成醣類，餵養細小的幼苗。接著只要加入酵母菌讓它們吃
下醣類，分泌酒精就好。聽起來很簡單吧？其實不盡然。

　　蒸餾師屢經挫折，才知道不是所有穀類都會輕易釋出醣類。這時候大
麥就派上用場了──大麥中轉換澱粉為醣類的酵素濃度特別高，可以和小
麥或稻米等其他穀物混合，幫助這些穀物啟動轉換的過程。因此大麥麥芽
是釀酒師最好的朋友，且人類利用大麥釀酒已有至少一萬年的歷史。

啤酒植物學

　　大麥是一種高大而且非常強韌的禾本科植物，耐寒冷、乾旱或貧瘠的
土壤，因此能適應世界各地的環境。野地裡，大麥的小穗狀麥穗只要準備
好發芽，就會散落，不過早期某些有研究精神的人類發現大麥的穀粒並不
容易脫落。這是很普通的基因突變，對植物可能沒什麼好處，不過人類倒
是很喜歡──穀物留在莖桿上，比較容易收成。

　　大麥的馴化就這麼發生了。人類選擇擁有優良特徵的種子，而這些種
子散布到世界各地。大麥源自於中東，在西元前5000年傳至西班牙，西
元前3000年傳至中國，成為歐洲的主要穀物。哥倫布在第二次出航時把
大麥帶去了美洲，但直到十五世紀末至十六世紀初，西班牙探險者把大麥
帶到拉丁美洲，而英格蘭和荷蘭的拓荒者把大麥帶到北美，大麥才在新世
界落地生根。

　　不難想像古早年代發生了什麼快樂的意外，促成啤酒的發明。想像一
桶大麥為了軟化硬皮而浸泡隔夜，野生酵母菌想必溜進了桶子裡，影響桶
裡的醣類，造成冒泡的古怪混合物。而有人嚐了嚐，就這樣，人類發現了
啤酒！發酵起泡，令人微醺的啤酒！石器時代末期的人類社會為了大量重
製這種美妙的意外，他們的優先順序想必經歷快速的變化。（難怪接下來

就是可以做出更大的金屬槽的青銅器時代，不是嗎？）

　　由考古學的標準來看，複雜的啤酒製造過程發展十分迅速。賓州大學博物館的派屈克‧麥高文（Patrick McGovern）是研究發酵與蒸餾歷史的考古學家，他分析了伊朗西部勾丁帖琵（Godin Tepe）遺址的陶器碎片殘留物，偵測到飲料容器上殘留了大麥啤酒，並且確認年代介於西元前3400年至3000年間。他認為當時的啤酒和我們今日喝的啤酒相差無幾，只不過當時的啤酒恐怕未經仔細過濾。洞穴壁畫和陶器上的圖案都曾描繪人們坐在一大缸啤酒旁，用長長的麥稈飲用。麥稈插在酒的中央，因此能避開沉在缸底或浮在表面的殘渣。

　　羅馬時代，啤酒的製造過程變得更加繁複。羅馬歷史學家塔西佗（Tacitus）描述日耳曼的部族時寫道：「他們喝一種大麥或小麥製成，發酵之後有點類似酒類的飲料。」那之後不久，或許早在西元600年，大麥種植區的人就發現啤酒和葡萄酒或西打酒一樣，也能蒸餾成更烈的酒精飲料。到了十五世紀晚期，不列顛群島已經做出威士忌（當時稱為aqua vitae，也就是生命之水，是蒸餾酒的通稱）。

種植完美的大麥

　　是誰發明威士忌的這個問題，愛爾蘭人和蘇格蘭人可能永遠爭論不休，不過威士忌誕生在那個地區，正是因為當地的氣候和土壤太適合種植大麥了。史都華‧史雲頓（Stuart Swanston）是蘇格蘭作物研究中心（Scottish Crops Research Institute）的大麥研究者，他認為蘇格蘭的寒冷氣候正適合種植當地最著名的作物。他指出，「我們蘇格蘭東岸地帶的優勢是靠近北海，有著氣候溫和的冬天和沒啥用處的夏天，形成一段漫長偏涼又潮濕的生長季。這使得穀粒含有大量澱粉，非常適合釀製高濃度的酒精。」不過如果天氣不佳，穀粒裡的澱粉形成得不夠完美，生產的大麥就會用來餵食牲畜，而蘇格蘭最好的蒸餾師就會往法國或丹麥尋找他們需要

啤酒和威士忌為什麼是那種顏色？

　　威士忌從酒桶取出時未必是深琥珀色，而啤酒在發酵槽裡的顏色也未必和瓶裡一樣深。有些啤酒和酒類會使用焦糖色素，確保每一瓶酒的顏色一致。酒的顏色也會用作一批裝瓶酒的年份指標──八年和二十年的蘇格蘭威士忌從酒桶取出時的顏色也許不同，年份較久的蘇格蘭威士忌可能染上更深的顏色，顯示熟成的過程較長。至於啤酒呢，啤酒的顏色和品牌有極大的關連──一般會預期琥珀啤酒帶紅色，烈性黑啤酒則應該是深褐色的。

　　純正主義者認為焦糖是多餘的添加物，應該廢除這道程序。所謂的啤酒焦糖，就是第三類150c焦糖（Class III 150c caramel），是以銨化合物製成，因為可能含有致癌物質，而和另一種焦糖（第四類的「汽水焦糖」也含有銨化合物）一同受到消費者團體批評。

　　威士忌通常是用「酒用焦糖」，即第一類150a焦糖（Class I 150a caramel）染色，這種焦糖不是用銨化合物製成。雖然一般認為這種焦糖無害，顯然不會改變威士忌的風味，但一些威士忌的純粹主義者提倡不要額外染色，回歸「真正的威士忌」。蘇格蘭高原騎士威士忌（Highland Park Scotch）宣稱他們的酒未經染色，許多小規模的手工精釀蒸餾酒廠也避免焦糖染色。美國只允許調合威士忌加入焦糖，「純威士忌」（straight whiskey）或「純波本」（straight bourbon）則不可添加。

的優質大麥。

　　哪種大麥最適合釀造、蒸餾？答案其實有點爭議。大麥有二稜和六稜兩種，二稜的大麥在種子頭兩側各有一道穀粒，六稜的大麥則每側各有三道。六稜的大麥是在新石器時代很常見的基因突變產物，這樣一來，種植的每一畝大麥會產生更多穀粒，而且蛋白質的含量較高。二稜大麥則蛋白質含量低，但含有較多的澱粉可以轉換成醣類，儘管沒那麼適合當食物，卻是釀酒和蒸餾的完美原料。雖然在傳統上，歐洲釀酒師和蒸餾師使用的是二稜大麥，許多美國人卻偏好六稜的品種。六稜大麥在全國各地能適應的氣候範圍也比較廣，更容易大規模種植。

　　大麥可以進一步按生長季分為春大麥和冬大麥。冬大麥可在秋天播種，春天收成；春大麥則是春天播種，夏天收成。釀酒的傳統是使用春大麥，不過現代遺傳學研究顯示兩者之間的差異可能微乎其微。

　　重要的是氣候和土壤。田裡施用的肥料也可能造成影響──土壤中的氮太多，會使得穀粒含太多氮，增加蛋白質含量，壓低澱粉含量。「釀製傳統的麥酒和威士忌時，太多蛋白質恐怕不大好。」史雲頓說。「不過如果只是要製造發芽大麥來加入其他穀物，其實愈多蛋白質愈好。這麼一來，就有更多酵素幫忙分解其他穀物中的澱粉。」

發麥芽這回事

　　蘇格蘭威士忌與眾不同的特性也來自另一個天然因素：泥煤。這是植物殘骸在數千年緩慢分解造成的沼澤。從沼澤裡整整齊齊挖起的泥煤塊，數世紀以來都被用作緩慢燃燒的燃料──也在發麥芽以供蒸餾的過程中扮演了關鍵的角色。

　　傳統上，潮濕的大麥穀粒會在麥芽廠的地上攤開，給予四天的時間萌芽。這段時間裡，穀粒裡的酵素會大量吸收氧氣，幫助穀粒分解醣類，並以二氧化碳的形式釋出醣類儲存的一些碳。穀粒的溫度在這過程中自然升

威士忌該拼成 Whiskey 還是 Whisky？
如何把調酒作家逼瘋？

威士忌這個詞最早來自於蓋爾語的「uisgebeatha」，意思是「生命之水」。之後演變成接近「whiskybae」的拼法，十八世紀初使用較簡短的版本，像 whiskie 和更歡樂的 whiskee。到了十九世紀，蘇格蘭和不列顛的拼法變為 whisky，愛爾蘭和美國則偏好拼成 whiskey（不過美國的酒牌規例中只有一個例外，其餘都拼成「whisky」）。加拿大、日本和印度也用 whisky 的拼法。

有些作家會依據他們提到的酒類，辛苦地替換使用兩種拼法，甚至兩種拼法會出現在同個句子中。也有作家堅守自己國家採用的拼法，就像美國人即使寫到英國地毯的顏色，也絕對拼成 color 而不是 colour，或是描述在倫敦吃的茄子時，特別用茄子的英式稱呼 aubergine，而不是美式的 eggplant。本書原文寫到威士忌時，僅用 whisky 指稱避用 e 的國家蒸餾出的這種酒。

高，因此工人必須用耙子翻動攪拌，加以冷卻，並且避免新生的根交纏。這階段的大麥稱為綠麥芽。

大麥潤濕、發芽之後，必須加熱以中止發芽程序，其實也就是殺死幼苗，以取得剛釋出的糖分。泥煤塊生的火會在大約八小時之中溫和地讓穀粒乾燥，泥煤塊燃燒的煙則會讓穀粒染上美妙濃郁的土味，這正是上好蘇格蘭威士忌特有的風味。至少傳統的方式是這樣。現在只有少數蒸餾酒廠，包括拉弗格（Laphroaig）、雲頂（Springbank）和齊侯門

自己動手種

大麥

全日照

低水量

耐寒至 −23℃／−10℉

　　即使是最熱血的釀酒師恐怕也不會特地自己種大麥,不過自己種大麥的確可行。九平方公尺的田地可以收成大約四‧五公斤的大麥,已經夠釀出一批次五加侖(約十九公升)的手工釀造啤酒。

　　要在花園準備一小塊地種植穀物,最好是秋天開始。清除那塊地上的雜草,不過別埋進土裡。在土表交疊蓋上幾層厚紙板或報紙(用一整張報紙,至少重疊二十層);澆大量的水,讓紙濕透而不會被吹走;在紙上覆蓋肥料、堆肥、草莖、乾葉子、稻桿或袋裝的混合土壤。把土堆做到至少三十公分高。整個冬天裡,土堆的高度會大幅降低。

　　春天時栽植床上可能長出雜草,去除雜草並覆上薄薄一層堆肥。找地面乾燥的一天播種,輕輕將種子用耙子蓋進土裡,之後澆水(需要約三百四十公克的種子)。持續澆水至夏末,直到植株轉為金褐色。

　　穀粒變到褐色且堅硬即可收割,將麥桿收成束。完全乾燥之後放在乾淨的地面,用木質的鈍器敲打脫粒(也可以使用掃帚柄)。清潔穀粒的傳統方式是揚穀,在風大的日子到戶外,將穀粒從一個桶子倒進另一桶,讓風吹走乾麥桿。

（Kilchoman）會自己發麥芽、燻泥煤，這種方式稱為「傳統地板發芽」。時至今日，大部分的蘇格蘭威士忌蒸餾酒廠都從大型的商業麥芽廠訂購大麥，這些麥芽廠會依蒸餾酒廠要求的程度讓泥煤煙通過穀粒。這種方式可以減少使用的泥煤，有助於保存沼澤。全球的威士忌酒廠如果想得到特殊的風味，都必須從蘇格蘭訂購泥煤燻蒸過的大麥。

大麥發芽、乾燥後，通常需放置熟成一個月左右，再和水、酵母混合為麥芽漿。發酵兩日後，像啤酒的液體（稱為酒醪）和發酵完的穀粒分離，進入蒸餾器時的酒精濃度約為 8％，之後就蒸餾成威士忌。

改良大麥

世界各地都有植物學家致力培育出更適合釀製啤酒、威士忌或麥芽精的新品種大麥。蘇格蘭的作物研究中心正設法解決真菌病害的問題，例如鐮胞菌（fusarium），也就是讓玫瑰產生黑斑的病源。歐洲農人用於噴灑作物的化學物質特別受限制，抗真菌的大麥一定非常實用。明尼蘇達大學的植物學家為了處理鐮胞菌的問題，將新品種的大麥引介給美國釀酒師。全美國生產的啤酒中，已有三分之二使用明尼蘇達大學提供的大麥品系。

今日大麥育種的問題不過是延續過去一萬年來人類對大麥的干預。史都華・史雲頓表示，「大麥種植的區域自北斯堪的納維亞到喜馬拉雅山腳下，從加拿大到安地斯山。大麥發源自肥沃月灣，經歷了不起的旅程，藉著驚人的適應力散布到全世界。」

鏽釘

蘇格蘭金盃（Drambuie）是蘇格蘭威士忌、蜂蜜、番紅花、肉豆蔻和其他神祕香料做成的美味利口酒。像許多類似的調合酒類一樣，金盃多此一舉地擔負了只有行銷經理才會喜歡的傳說：1745年，查爾斯．愛德華．斯圖亞特（Charles Edward Stuart），也就是小王子查理（Bonnie Prince Charlie），在父親被對手驅逐之後試圖奪回王位。斯開島（Isle of Skye）庇護了他，故事裡說他為了表達感激，將他珍藏的酒譜送給他的庇護者。酒譜幾度易手，最後成為今日的商業產品。

別管廢黜的王子了，金盃單喝、搖到冰透作為餐後酒就很出色，也可調配成世上最簡單、最美味的調酒。如果還沒準備好接受蘇格蘭威士忌那種令人心曠神怡的木質風味，鏽釘是非常好的入門。（愛爾蘭人不肯讓蘇格蘭專美於前，他們也有自己的威士忌。愛爾蘭之霧〔Irish Mist〕背後的故事甚至比蘇格蘭金盃的故事更神祕，據說有份古老的手稿被一個神祕的旅人帶到愛爾蘭，流傳了好幾代。這種酒也是又甜又辛香，雖然不像金盃那麼廣為人知，但熱愛愛爾蘭威士忌的人都該嚐嚐。）

這份酒譜結合了蘇格蘭威士忌和蘇格蘭威士忌為基底的酒，因此也展現了聰明的調酒技巧：盡可能混合同樣基底的酒類。

- 蘇格蘭金盃 ⋯⋯ 1盎司
- 蘇格蘭威士忌 ⋯⋯ 1盎司

在古典杯中加入半杯冰塊，再加入材料並攪拌。鏽釘的愛爾蘭版本是黑釘子（Black Nail），以愛爾蘭之霧和愛爾蘭威士忌調配而成。

蘇格蘭威士忌、水和冷凝過濾的爭議

　　喝威士忌（以及其他烈酒）的最佳方式，是灑入少許的水。蘇格蘭威士忌的鑑賞家建議每盎司的威士忌加五到六滴水。這樣並不會稀釋風味，反而會讓風味更鮮明。

　　事情是這樣的：最有風味的分子（蒸餾接近尾聲時得到的大分子脂肪酸）在有水存在的時候容易脫離乙醇，形成懸浮狀態。因此一滴水可以使一點威士忌變得渾濁──而懸浮狀態中群聚的分子帶來最濃郁的味道（將冰水滴進艾碧斯〔absinthe〕也會因為類似的原因造成渾濁，不過這狀況之後再解釋）。

　　即使低溫存放威士忌，也會使威士忌變得渾濁。威士忌通常不會以原桶的濃度出售；酒桶中威士忌的酒精濃度較高，裝瓶之前再稀釋成酒精濃度40%左右。摻水之後，脂肪酸分子在低溫更容易釋出，在瓶中形成渾濁的懸浮狀態，蒸餾師稱之為「冷凝渾濁」。

　　為了避免這種狀況，許多威士忌製造業者會讓他們的酒經過一道冷凝過濾（chill filtration）的程序，刻意降低溫度，迫使這些脂肪酸凝聚，用金屬過濾器濾出。這樣雖然能防止酒變得渾濁，有些威士忌熱愛者卻覺得冷凝過濾就像焦糖染色，又是干擾風味的多餘手段，應該廢除。雅柏（Ardbeg）這種艾雷島威士忌（Islay Scotch）就在酒標上聲明產品未經冷凝過濾處理，而原品博士波本威士忌（Booker's Bourbon）也宣稱他們的酒未經過濾。

　　下次坐在酒吧裡，就表現一下你的化學涵養吧。在酒裡加點水，確認長鏈脂肪酸分子存不存在，然後舉杯享受！

酒裡的蟲：土裡的蚯蚓

蘇格蘭威士忌的愛好者在評論威士忌時，偶爾會遇到一個古怪的名詞。特別辛辣、厚重、有麥芽味的酒可能被形容成有一種特殊的蟲味。由於蘇格蘭威士忌帶土味的泥煤煙味是很突出的風味，不難想像可能有些蚯蚓混入了泥煤之中。

不過對於蒸餾師而言，所謂的「蟲」，其實是浸在水裡的一種線圈形銅管冷凝器。這種特別的濃縮技巧可以巧妙地藉著蒸餾器的形狀，改變酒的風味，以及風味被萃取的方式。有些蒸餾師聲稱利用「蟲形冷凝器」的確能讓最終產物有更厚實的味道——不過製造威士忌的過程中，沒有真正的蟲受傷。

但這不表示製造摻了酒的補藥從來沒用過蟲。這份 1850 年代的外用藥方來自肯塔基州農夫約翰・B・克拉克（John B. Clark），據說可以治療「eyaw」（應該是熱帶莓疹〔yaw，亦稱雅司病〕，是皮膚和關節被細菌感染的一種難纏病症），酒中不只要加入蚯蚓，還需要其他恐怖的材料。能不能治好人不曉得，只怕還會讓他們在病床上多躺個幾天。

雅司病的配方：

- 豬油 …… 1 品脫
- 蚯蚓 …… 1 把
- 菸草 …… 1 把
- 紅胡椒 …… 4 條
- 黑胡椒 …… 1 匙
- 薑 …… 1 根

將上述材料一起燉煮，使用時摻入一些白蘭地。

CORN
玉米

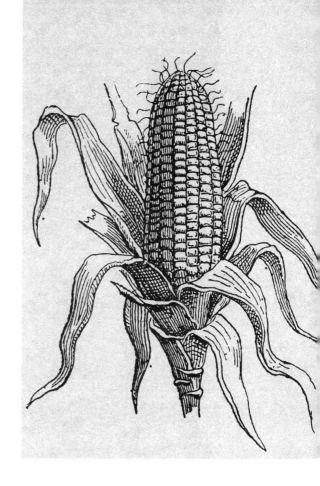

玉米　*Zea mays*

禾本科　Poaceae

　　早期詹姆斯鎮的殖民地沒什麼好消息。拓荒者經歷了饑荒、疾病、乾旱和可怕的意外。作物歉收，來自英格蘭的補給運送速度緩慢，因此建立開拓地的籌畫人之一，約翰·史密斯（John Smith）一定很高興收到拓荒者喬治·索普（George Thorpe）在 1620 年寄來的一封信，信中的內容令人欣喜，「我們找到辦法可以用印地安人的玉米做出非常美味的酒了，有好幾次我為了喝那種酒而捨棄高濃度的上好英格蘭啤酒。」顯然他們貧乏的物資剛好夠做出一組蒸餾器。玉米威士忌是維吉尼亞殖民地最早的創新產物之一。

　　哥倫布將玉米命名為玉蜀黍（maize），可能是因為聽過加勒比（Caribbean）海的泰諾族（Taíno）這麼稱呼玉米。這對歐洲人而言是

個新發現，當時「corn」這個字可以指任何種類的穀物，因此歐洲人用 Indian corn（印地安穀類），以區分玉米和小麥、雜穀、裸麥、大麥，以及其他穀物。哥倫布航行到美洲之後，把玉米帶回了歐洲，於是玉米迅速成為歐洲、非洲和亞洲的作物。玉米容易生長、馴化，最棒的是，玉米粒可以儲存過冬。此外，索普發現得好，玉米還可以做成不錯的飲料。

奇恰酒和玉米桿酒

墨西哥的考古證據指出，玉米早在西元前 8000 年就已經是主食了。玉米分布的範圍擴張到中美和南美的部分地區，而每個文化都找出了利用這種植物的不同方式。西班牙人來的時候，有兩種發酵飲料流傳很廣：用成熟的黃色玉米粒製成的玉米啤酒，還有以玉米桿的香甜汁液做的玉米桿酒。然而考古學家至今仍然無法回答這些傳統究竟是何時開始的，以及當時用的是哪種野生玉蜀黍屬（*Zea* spp.）植物。

玉米馴化了這麼久，因此玉米的祖先已經不存在了。植物學家猜測，早期的玉米穗軸比現在小很多，可能只有手指那麼大。當時的玉米可能很像玉蜀黍屬的其他親戚，那些植物有許多外觀像普通的長草，種子頭平凡無奇。這些雜草親戚稱為「大芻草（teosinte）」，和現代的玉米毫無相像之處，中央不會長出結實的穗桿，看起來反而像蓬亂的一大叢草。種子頭有五到十顆小種子排成一列，而不是幾百顆一起繞在玉米桿上。

現在，英屬哥倫比亞大學以麥克・布雷克（Michael Blake）為首的一群考古學者認為，早期的玉米被選出、馴化，可能不是因為穀粒，而是因為汁液。考古遺跡找到玉米桿渣（就是一小塊可以嚼食之後吐出的植物纖維），年代追溯至西元前 5000 年，證實人類由於玉米的甜味而重視這種植物。而這些遺跡裡的人類遺骸分析結果，顯示他們飲食中吃進玉米糖分，但吃的玉米粒並不多。

漫長的歲月中，經過一些人擇、偶然的雜交和突變的組合，玉米終於

看起來像我們今日認識的植物。哥倫布第一次看到玉米的時候，玉米穗應該比較小，不過玉米的真正價值應該在於玉米粒，並非玉米桿所含的糖分。哥倫布將甘蔗這種新的甜味劑引入美洲，從此以後，玉米桿糖的重要性就不如從前了。

不過玉米桿酒並沒有完全消失——幾個世紀後，班傑明・富蘭克林（Benjamin Franklin）寫道，「玉米桿像甘蔗一樣榨汁，會產生一種甜美的汁液，發酵蒸餾而產生絕佳的烈酒。」由此可知，當時仍然有這種作法。即使到了今天，有些部落（例如墨西哥西北部的塔拉烏馬拉〔Tarahumara〕）仍然維持傳統，製作玉米桿酒。將玉米桿在石頭上砸碎，萃取汁液，摻入水和其他植物，然後自然發酵，在幾天內飲用完畢。

玉米啤酒又稱奇恰酒（chicha），這是歐洲人見識到的另一種玉米飲料。實際的起源難以確認，不過西班牙人來到美洲時，釀造的複雜程序已經有幾世紀的歷史，而釀造的傳統沿續至今。像其他穀物一樣，玉米裡的澱粉必須轉換為可發酵醣類，才能讓酵母菌利用。祕魯和周圍地區的製造方式是把磨成粉的生玉米嚼過吐出來，然後把嚼過的玉米糰和水混合。唾液裡的消化酵素能有效地把澱粉轉換成醣類，因此唾液是釀造過程中不可或缺的成分。

賓州大學考古學家派屈克・麥高文專精研究酒精飲料在古代的起源，他和德拉瓦（Delaware）的角鯊頭釀酒廠（Dogfish Head brewery）合作，用傳統方式釀造一批酒。這個實驗聽起來像老笑話的架構：兩位考古學家、一位釀酒師，還有一位《紐約時報》的記者一起走進一間酒吧。但接下來發生的事可不是玩笑，吧台後有一批磨成粉的祕魯紫玉米，他們準備嚼過之後吐出來，和大麥、黃玉米和草莓這些傳統配方混合。不過嚼玉米實在難受，記者說口感很像沒煮過的燕麥，而他們吐出的玉米糰「很像養貓人士熟悉的東西，只不過這貓砂是紫色的」。實驗得到非常少量的一批酒，此外就沒了。有了滿是現代設備的釀酒廠，顯然不值得這麼辛苦地嚼生玉米。

很明顯的，角鯊頭釀酒廠不是唯一得到這種結論的釀酒廠。今日拉丁美洲市面上的奇恰酒釀造方式很接近現代的啤酒釀造。奇恰酒就像龍舌蘭做的啤酒，普逵酒只會小規模製作，趁新鮮供應，時常加入水果和其他甜味劑。

波本酒的誕生

從玉米啤酒到玉米威士忌，只是小小的一步。早期的拓荒者發現，他們身處的陌生地域裡，最容易種植的穀類就是玉米。所幸他們可以向有經驗的當地印地安農夫學習。整地時只用手製的工具，十分辛苦，因此當他們發現玉米可以播種在樹根之間時，一定鬆了一口氣。把作物運到市場也很困難，農夫必須就近找到利用玉米的辦法。在早期，製造玉米啤酒就是

玉米的性生活

下次當你一邊啃著新鮮玉米，一邊抽出齒間的玉米鬚時，別忘了你吐出來的其實是輸卵管。玉米的解剖學很有趣——植物頂上的穗是雄花，成熟的時候會產生兩百萬到五百萬粒的花粉。而風會帶著這些花粉粒，到處散布。

一根玉米其實是雌花的大集合。幼嫩的玉米穗有大約一千個胚珠，每個都會成為一顆玉米粒。這些胚珠會產生「玉米鬚」，長到玉米穗的上端。如果其中有一粒捕捉到一粒花粉，花粉就會發芽，產生花粉管，沿著玉米鬚降到玉米粒。卵細胞和花粉粒終於在那裡相會。受精之後，卵細胞會膨大成圓潤的玉米粒，代表的是下一代——依觀點不同，也可能是一瓶波本酒。

一種很普遍的解決辦法，或許在釀造時還加入了加勒比海進口的糖蜜。那之後生產出一種十分粗糙的威士忌，再過一段時間，就誕生了波本酒。

玉米太容易種植，因此種玉米田成了拓荒者主張土地屬於他們的標準作法。有些早期的土地許可（尤其在肯塔基州），要求條件是拓荒者要建造永久的建築或種植玉米。這一點歷史因素促成了肯塔基和波本酒的迷思。蒸餾師和波本酒愛好者喜歡宣稱，美國第三任總統湯瑪斯‧傑佛遜（Thomas Jefferson）擔任維吉尼亞州州長時，提供六十英畝（將近兩百四十三平方公尺）的地給任何願意種植玉米的人。其實，維吉尼亞州的土地法早在傑佛遜上任前就已經制定，提供四百英畝（將近一千六百二十平方公尺）的地給可以證明土地屬於自己的人，而種植玉米只是可以證明他們在那塊土地上定居的方式之一。話說回來，如果美國開國元勳真的親自下令使肯塔基州成為今日波本酒興盛之地，不啻是一段佳話。

肯塔基除了有很多玉米，還有些其他相關的優勢。這一州有許多早期移民來自蘇格蘭和愛爾蘭，他們對蒸餾器十分熟悉（資訊交換是雙向進行的，到了 1860 年代，玉米也成為蘇格蘭蒸餾酒廠使用的穀物）。肯塔基州有另一種可用於製作威士忌的自然資源——豐富的石灰石沉積，因此有了清澈冰涼的泉水。拓荒者很可能在泉水附近建立營地，也難怪早期的蒸餾酒廠就建在那裡。「石灰石水」有許多好處，尤其是泉水流出時大約 10°C／50°F，在沒有冰箱的年代，這是冷卻和冷凝程序的理想溫度。泉水的 pH 值較高，因此不含有會讓威士忌帶苦味的鐵。鈣、鎂和磷酸鹽的濃度較高，或許有助於乳酸菌的生長，這種細菌也參與了發酵過程。雖然玉米一直在美國各地被拿來釀造粗製的私酒，但肯塔基州擅用本身的自然資源，開始建立優良的威士忌工業。

肯塔基州生產的波本酒，占全球波本酒產量的九成。近年波本酒受歡迎的程度攀升，外銷市場日益興盛，蒸餾酒廠全力生產，肯塔基波本酒廠

玉米的種類

◆ **馬齒玉米／DENT**（*Zea mays var. indenata*）：硬粒玉米和粉質玉米的雜交種，這種玉米比較軟，玉米粒的兩側都有凹痕。馬齒玉米又稱飼料玉米，是美國最廣泛種植的玉米。

◆ **硬粒玉米／FLINT**（*Zea mays var. indurata*）：這種玉米有著堅硬的外層和柔軟的胚乳，產量較小，但比其他品種較快成熟。

◆ **粉質玉米／FLOUR**（*Zea mays var. Amylacea*）：較軟，主要磨成粉使用。

◆ **有稃玉米／POD**（*Zea mays var. tunicata*）：祕魯的老品種，玉米粒由自身的外殼保護。

◆ **爆裂玉米／POP**（*Zea mays var. everta*）：這種玉米的胚乳較大，加熱時爆裂，使得整顆玉米粒的內部翻出來，透明的殼被包在裡面。（譯註：就是爆米花使用的玉米，又稱「蝴蝶型玉米」。）

◆ **甜質玉米／SWEET**（*Zea mays var. saccharata*，或*Zea mays var. rugosa*）：含糖量高的嫩玉米，用途是製成玉米罐頭或新鮮食用。

◆ **糯玉米／WAXY**（*Zea mays var. ceratina*）：1908年發現於中國的品種，內含不同的澱粉。用於製作黏合劑，並在食物加工過程中作為增稠劑和穩定劑。

之旅（Kentucky Bourbon Trail）也吸引遊客來到這一州。肯塔基州仍然以當地的水質為傲，但今日不是所有波本酒都是以天然泉水製造——大部分蒸餾酒廠使用的其實是過濾的河水。肯塔基大學的水文地質學家艾倫‧弗萊爾（Alan Fryer）分析水在波本酒中扮演的角色，他認為石灰石水的水質優良，有其科學根據，尤其是能防止水中含鐵。但石灰石水許多的優點不勝枚舉，「一定是風土的關係。」他說。「我們用這種水栽種玉米、冷卻，加入酒醪。藉由水改變風味的成效不知凡幾，水實在太重要了。」蒸餾師總是善加利用肯塔基的好水，曾有人引述波本酒工業的專家詹姆斯‧歐里爾（James O'Rear）說過的話，「波本酒裡的石灰石能讓你隔天早上人模人樣地醒來。」

古典雞尾酒

中世紀的人做出一種粗製的發酵飲料「Dépense」，作法是把蘋果和其他水果浸入水中，讓果汁自然發酵。這裡提供的是改良版，清淡而適合在夏天喝上整個下午。

- 波本酒 ⋯⋯ 1½ 盎司
- 方糖 ⋯⋯ 1 顆
- 安格斯圖拉苦酒或柑橘苦酒 ⋯⋯ 2～3 毫升
- 馬拉斯奇諾酒漬櫻桃（Maraschino cherry）或橙皮（可省略）

將方糖放在古典杯的杯底，加入幾次少量的苦酒。灑入少許的水，用攪拌棒把材料一起壓碎。搖動杯裡的混合物，加入波本酒和冰，攪拌。雖然有些人認為在這份酒裡加入水果太過分了，但正牌的義大利馬拉斯奇諾酒漬櫻桃可以完美地陪襯波本自然的甜味。

來杯好玉米

◆ **調合威士忌／BLENDED WHISKEY**：世界各地的定義不同，不過調合威士忌裡可能含有一些玉米。例如三得利的「響」（Hibiki）和「洛雅」（Royal）就有玉米和其他穀類。

◆ **波本酒／BOURBON**：美國製的威士忌，以玉米為原料，在新焦化的橡木桶裡熟成。必須含有至少51％的玉米。未添加色素、調味劑或其他酒類的純波本酒至少熟成兩年。調和波本必須至少含有51％的純波本酒，不過也可添加色素、調味劑或其他酒類。

◆ **奇恰酒／CHICHA DE JORA**：南美的發酵玉米啤酒。紫玉米汁（Chicha morada）是不含酒精的版本。

◆ **玉米啤酒／CORN BEER**：有些啤酒裡的玉米是副成分，在酒醪中只占10～20％。例如中國的哈爾濱啤酒、墨西哥的可樂娜特級啤酒（Corona Extra）、肯塔基州大眾啤酒（Kentucky Common Beer）都含有玉米，其中肯塔基州的大眾啤酒含有大約25％的玉米，今日仍然有特定的釀酒師在釀造。

◆ **玉米伏特加／CORN VODKA**：手工精釀的蒸餾師開始以玉米製造上好的伏特加。美國德州奧斯丁的提托手工釀造伏特加（Tito's Handmade Vodka）就是很好的例子。

◆ **玉米威士忌／CORN WHISKEY**：類似波本酒，不過須含有至少80％的玉米。可以不熟成，也可以在舊橡木桶或未焦化的新橡木桶裡熟成。

◆ 新酒／MOONSHINE or WHITE DOG：未熟成的威士忌通稱，傳統上用玉米製成，現在時常也以玉米為原料。

◆ 帕西基酒／PACIKI：墨西哥的玉米桿啤酒。

◆ 斷骨酒／QUEBRANTAHUESOS：西班牙文的意思是「斷骨者」。玉米桿汁液、烤過的玉米和祕魯胡椒木（Peruvian pepper tree, Schinus molle）發酵製成的墨西哥飲料。

◆ 特哈特酒／TEJATE：玉米、可可和其他幾種材料製成的非酒精飲料，產地是墨西哥瓦哈卡（Oaxaca）附近地區。

◆ 特胡依諾／TEJUINO：發酵的墨西哥冷飲（含有非常微量的酒精），原料是玉米麵糰，現在許多地方都買得到。

◆ 泰斯基諾／TESGÜINO：北墨西哥的傳統玉米啤酒。

◆ 提斯溫／TISWIN：早期美國西南部原住民部落所製造的普韋布洛啤酒（pueblo beer）。以玉米製成，有時加入仙人掌果實、烤龍舌蘭汁或其他原料。

◆ 烏昆波地／UMQOMBOTHI：以玉米和高粱製成的南非啤酒。

選擇完美的玉米

　　葡萄酒主要是以釀造時使用的葡萄品種聞名。但玉米多半仍被視為一般農產品，直到近年，蒸餾酒廠才開始嘗試採用傳統玉米的特殊品系。威士忌通常是以一級或二級的黃色馬齒玉米製造，這種標準命名只考量顏色和穀粒的「完整性」，也就是一批玉米之中未受損、未受感染，沒有碎屑的玉米粒有多少。不過為何不用傳統種植、祖傳的玉米品種製造波本酒呢？渥福（Woodford Reserve）的波本酒品質優異，獲獎無數，蒸餾大師克里斯・莫利斯（Chris Morris）是幕後的功臣，他說過，「我們只用顆粒大、乾淨、乾燥的玉米。重要的是其中所含的澱粉。玉米幾乎只是用來製造酒精的工具。我們用許多種玉米蒸餾過，基本上玉米就是玉米。我們甚至拿有機玉米實驗，結果完全分不出差異。」

　　但來自紐約州加德納（Gardiner）圖西爾鎮酒廠（Tuthilltown Spirits）的喬爾・艾爾德（Joel Elder）思考的角度則不同。「大家總會說手藝是在蒸餾，但我一點也不同意。我認為蒸餾是最簡單的部分。程序中愈往前追溯——甚至到發酵、穀粒處理和儲藏、穀物種植——酒就會變得愈精製。看看葡萄酒就知道了。說到葡萄酒，我們談的幾乎都是葡萄。但沒人這樣看待波本酒。」他實驗過幾種不同的祖傳玉米，包括威普西谷玉米（Wapsie Valley），這種玉米以紅色的玉米粒聞名。威普西谷玉米背後有個傳說：在剝玉米殼時，發現紅玉米粒的人可以親吻他選中的女孩，而威普西谷玉米可以讓一個無害的聚會變成一場混戰。喬爾・艾爾德也種植明尼蘇達十三號玉米（Minnesota 13），這種馬齒玉米在禁酒時代廣泛用於釀製私酒。喬爾・艾爾德表示，「我們用這做出有強烈奶油爆米花風味的酒。玉米的品種有影響嗎？我可以將這兩個不同品種分別蒸餾，讓所有人都相信玉米的品種能造成影響。」

栓皮櫟

原生於葡萄牙的栓皮櫟（Cork Oak, *Quercus suber*）提供了酒類的一種基本材料——軟木塞。這些樹的生命能超過兩百年，生長到大約四十年的時候，它們產生的海棉狀厚樹皮已經足以製作四千個軟木塞了。由於這些樹的樹皮會長回來，因此剝除樹皮不會傷害樹木。軟木塞種植者主張，就是因為收成樹皮產生的經濟報酬，才得以維持大面積的老櫟樹林。

栓皮櫟樹林大多位於葡萄牙、西班牙和北非，而旋轉瓶蓋和合成瓶塞的用量增加，危及了這些地方的軟木塞工業。種植者強調，天然的軟木塞不只更可靠、對酒比較好，而且比起人造的替代品，也對環境更友善。

- -

什麼是「天使來分一杯羹」？

儲藏時會有少量的酒精揮發，散逸出桶外。蒸餾師稱這些散失的酒精為「天使的份」。威士忌和白蘭地製造者估計，「天使」每年大約能得到一桶酒的2%，不過實際的量會依溫度、濕度而異。實際上，他們是能承受這些損失的，畢竟大部分烈酒熟成時的酒精濃度都會高於最後裝瓶的濃度。（散失一些水分，也有助於整體的酒精濃度不會下降太多。）

酒精緩慢散逸的結果，讓蒸餾酒廠聚集了一種在別的地方很罕見的特別生物。有一種黑色的真菌 Baudoinia compniacensis 靠吸收乙醇為生，形成存放蘇格蘭威士忌和干邑白蘭地的洞穴壁、倉庫牆上的黑色汙漬。歐洲蒸餾師特別不以為奇，認為這種黴菌是友善的同伴，也是值得信賴的象徵。

- -

OAK
橡樹／櫟樹

櫟樹屬　*Quercus* spp.

殼斗科　Fagaceae

沒什麼比橡樹更能馴服粗烈的酒精。讓威士忌或葡萄酒在木桶裡熟成的作法，最早可能是為了解決儲藏問題，但不久就發現酒精和木頭接觸時發生了某種美妙的事，橡木的效果特別好。

橡樹已經存在長達六千萬年。恐龍絕種後不久，這一屬獨特的植物就出現了。關於這個屬中有幾種植物，分類學家還沒有共識，數目從六十七種到六百種都有可能，端看你問的是什麼人。不過我們關心的只有製酒桶業者使用的幾種歐美和日本樹種。

由考古證據推測，人類使用木桶已經有至少四千年的歷史，而橡木大概從一開始就是很自然的選擇。橡木的木質堅硬、密度高，但仍然夠強韌，能微微彎曲。橡木用於造船，而最早運上船的貨物之中，當然有用木桶盛裝以供船員飲用的酒了。

不過最初的製桶業者可能不知道，橡木的組織不只完全適合盛裝桶裡的液體，還能增添風味。橡樹是「環孔材」，意思是樹裡將水往上傳導的導管出現在生長輪外側。隨著樹木成熟，老舊的導管中填滿了晶狀結構的填充細胞，因此樹木的中心（心材）其實完全無法傳導水分，正適合做防水木桶。相較之下，美國橡木比歐洲橡木更富含填充細胞。其實歐洲的橡

木為了避免導管破損使桶子漏水，必須沿著紋理小心劈開，不能用鋸的。

橡樹恰好也能產生一系列風味化合物，有酒精時，這些芳香化合物會從木頭上析出。歐洲橡木（尤其是夏櫟〔Quercus robur〕）的丹寧含量高，讓酒有某種圓潤和濃郁的特性。美國白橡則會釋出香草、椰子、桃子、杏仁和丁香裡含有的某些芳香分子（其實人造香草就是用一種木屑衍生物提煉的，其中含有高濃度的香草醛）。香甜的風味或許不是製酒師要的，卻是波本酒中的魔法。

影響橡木桶中熟成的烈酒最大的問題或許不是木頭，而是製桶師，也就是桶匠。桶匠發現，要將桶板彎成弧狀需要兩個因素：時間和熱度。剛切割的橡木需要時間乾燥，乾燥之後不只更容易處理，也能濃縮重要的風味。桶板會需要稍微煮過，才能在塑形時展現更佳的強韌度。而火會讓一些風味變得焦糖化，因此產生焦糖、奶油糖、杏仁、烘焙，還有溫暖、木質、煙燻的香氣。

有些威士忌酒桶內側完全是焦黑的。誰也不知道這種作法起於何時。可能有個桶匠偶然生了比較旺的火，雖然發生失誤，仍決定使用那個桶子。也或許是節省的蒸餾師把存放醃魚或醃肉的舊桶子內側火烤過以去除氣味，之後再裝進威士忌。不論如何，那層木炭過濾了威士忌，也為威士忌增添了風味，尤其是在木頭依據天氣而膨脹、收縮的過程。林肯郡過濾法（Lincoln County process）因為傑克‧丹尼威士忌（Jack Daniel's）而廣受歡迎。這種過濾法更進一步烤焦糖楓的木頭，將威士忌用三公尺厚的木炭過濾，之後再裝桶。

桶匠還有另一個貢獻。禁酒時期之後，酒類工業恢復合法，需要制定新法管制。當時就是桶匠協助確保 1936 年 7 月 1 日起，波本酒（和其他威士忌）必須裝在新焦化的橡木容器中，才允許冠上這個名稱。新成立的聯邦酒類管理局（Federal Alcohol Administration）認定，這樣才能區分「美式威士忌」和加拿大的產品。加拿大威士忌的風味較淡，因為蒸餾時的酒精濃度較高，而且儲存於重複使用的木桶裡。雖然法規幾經修訂，受到一些挑戰，但每批波本酒都要用新桶的規定依然不改，只在 1941 至 1945 年由於戰時資源短缺而暫緩實行。

這個古怪的美國法規有個結果，就是留下了許多用過的波本酒桶要出售。蘇格蘭威士忌的蒸餾師很愛這種酒桶，他們混合使用二手的波本、波特和雪莉酒桶，給予他們精緻的酒一種美好複雜的風味。拉弗格蒸餾酒廠（Laphroaig distillery）說他們完全使用美格酒廠（Maker's Mark）的酒桶。其實蘭姆和其他調和威士忌熟成的時候，也會利用二手的波本酒桶。

橡木吸收、釋出酒精的特殊方式，促成了不少實驗。桶匠可使用以特定氣候或土壤型種植的樹木做木桶，這些因素會影響質地的緊密程度、丹寧的含量和香味分子。他們甚至可以不用密度高、吸收力差的心材製桶，而是用邊材製作。蒸餾師開始銷售在不同樹木部位製成的木桶裡熟成的威士忌，他們知道行家一定會一飲而盡。

橡木指南

◆ 美國白橡／Q. ALBA：生長於美國東部，用於製作威士忌和葡萄酒桶。

◆ 太平洋桿櫟／Q. GARRYANA：有些太平洋西北部的酒莊和蒸餾師會使用。比較類似法國橡木。

◆ 柞樹／Q. MONGOLICA：日本橡木，深受日本蒸餾師愛用。

◆ 無梗花櫟／Q. PETRAEA：或稱法國橡樹，生長於孚日（Vosges）和阿利耶（Allier）。製酒廠較喜愛。

◆ 庇里牛斯櫟／Q. PYRENAICA：葡萄牙橡木，常用於波特酒、馬德拉酒（Madeira）和雪莉酒。

◆ 夏櫟／Q. ROBUR：歐洲橡木，生長於法國的利穆贊（Limosin）。干邑白蘭地和亞馬邑白蘭地偏好用這種木桶。

酒裡的蟲：胭脂珠蚧 *Kermes vermilio*

　　介殼蟲是一種細小的昆蟲，會緊攀在枝條上，藏在有保護功能的外殼之下。這種昆蟲以地中海地區的橡樹，胭脂蟲櫟（*Q. Coccifera*）為食。雌蟲吸食樹汁，直到牠們像蜱蝨一樣又大又圓，同時會分泌一種深紅的黏性滲出物。在某個時候，想必有人在把介殼蟲從樹上刮下的過程中，發現紅色色素會沾染衣物和手上。希臘醫生迪奧科里斯（Dioscorides）肯定很了解，他在《藥物論》（*De Materia Medica*, 50-70）寫了一段古怪的文字，描述一種小蟲長在櫟樹上，「和小蝸牛的形狀相仿，當時是女性以嘴巴收集」。迪奧科里斯一向會搞錯一些事，女性其實不大可能用嘴挑掉蟲，因為用樹枝挑蟲就可以了。即使用樹枝也有點麻煩：移除這種蟲的時候必須盡可能維持蟲體完整，之後再殺死（通常是用蒸氣燻蒸，或是丟進醋裡），乾燥之後帶去市場，作為布料染劑販售。

　　像自然世界裡大部分奇妙不尋常的事物一樣，這種紅色色素最後跑進了義大利的利口酒裡。配方可以追溯回十八世紀的一種藥酒：胭脂糖劑（confectio alchermes），作法是拿一段用這種蟲染紅的絲，泡在蘋果汁和玫瑰水裡，萃取染劑，加進十分稀少的香料，包括龍涎香、金箔、珍珠粉、蘆薈和肉桂。配方在兩百多年間經過演變，加入更多的調味，包括丁香、肉豆蔻、香草和柑橘類，還有來自胭脂蟲的紅色染劑——這是一種剛從美洲引入的昆蟲染劑，顏色較鮮豔，也比較容易採取。

　　到了十九世紀，已經有幾家義大利蒸餾師生產胭脂紅利口酒（alkermes or alchermes），這種鮮紅色的利口酒被當成餐後酒，不再作為藥用。這種酒也可以為英式甜湯（zuppa inglese）這種以海綿蛋糕層層堆疊所做成的點心增添風味。義大利今日還買得到這種利口酒的現代版，可以在義式食品專賣店裡找到。佛羅倫斯的老店聖瑪利亞諾維拉藥局有私房配方。可惜用真正的胭脂珠蚧做的胭脂紅利口酒已成為過去式，歐盟現在唯一允許的食用色素是E120，也就是胭脂蟲。

GRAPES
葡萄

釀酒葡萄　*Vitis vinifera*

葡萄科　Vitaceae

快問快答：說出一種釀酒用的水果。你最先想到的是什麼？應該是葡萄吧？不過，信不信由你，葡萄現在其實是僥倖存在。化石資料顯示，五千萬年前葡萄就已經生長在亞洲、歐洲和美洲。但更新世的最後一次冰河時期開始於兩百五十萬年前，當時葡萄的生長區大部分都覆蓋在大片的冰層下，幾乎使葡萄絕種。早期人類看到的葡萄藤，是只在世界上未凍結的角落存活下來的極小部分。在冰河期之前生長繁盛的葡萄，很可能遠比我們今日栽種的葡萄更多樣化。

　　葡萄之所以是那麼不可思議的作物，也是因為早期的葡萄藤絕不可能長出像今日結實纍纍、玻璃珠大小的香甜果實。從冰河時期存活下來的葡萄藤是雌雄異株，也就是每株植物只能是雄的或是雌的。葡萄藤仰賴昆蟲

貴腐酒

灰黴病菌（*Botrytis cinerea*，俗稱貴腐黴菌）這種真菌會讓葡萄感染一種叫作灰黴病（botrytis bunch rot）的麻煩病害。如果在早春罹病，會使葉子枯萎，花朵脫落。剛長出而未成熟的果實如果感染，會形成難看的褐色損傷，變黑之後讓果實裂開。腐爛的葡萄粒中滿是這種真菌，掉落之後靜待時機，重新感染植株。植物學家稱受感染而死去的種子為乾屍。

但有時候，在適當的氣候下，灰黴菌較晚侵襲，會造成美妙的意外。如果溫度維持在20°–25.5℃／68°–78℉之間，濕度很高，加上葡萄夠成熟，受真菌感染的葡萄就不會毀掉。感染後，如果相對濕度掉到60%以下，魔法才會發生。換言之，葡萄成熟的過程需要溫度偏涼的天氣，下雨，然後等雨停。

假使一切時機恰當，真菌會讓葡萄脫水，濃縮其中的糖分，但不會腐壞。這種現象稱為貴腐，世上一部分最棒的貴腐酒就是這麼來的。波爾多（Bordeaux）一個特定地區用榭密雍（Sémillon）、白蘇維翁（Sauvignon Blanc）和蜜斯卡岱（muscadelle）製成的蘇玳（Sauternes），就是貴腐黴菌影響葡萄的最佳表現。這樣的酒雖然甜，但帶著微微的香料味，有明顯的蜂蜜和葡萄乾風味。這種酒價格可能很高，因為貴腐酒難以預測，每顆葡萄必須用手分別採集，而整一整株葡萄藤只能產生大約一杯的葡萄酒。德國、義大利、匈牙利和世界各地其他葡萄酒產區也生產貴腐酒，可是這種真菌無法掌控，而且具危險性，因此很少製酒廠願意承受風險，讓貴腐黴菌長到他們的葡萄藤上。

傳播花粉，如果雌株和雄株距離太遠，就不可能授粉。配種形成的果實也不可預期。葡萄藤就像蘋果一樣，後代結的果實可能和親族截然不同。有些葡萄又小又苦，滿是討厭的葡萄籽。

所以該怎麼改善葡萄的前景呢？原來是某種突變改變了葡萄的性取向。雌雄異株的植物之中，雌株之所以為雌株，是因為有基因壓抑了雄性解剖特徵的表現；反之亦然。不過有時候這些基因會失效，自然因此產生雌雄同株的植物。這樣突變過後的葡萄藤在同一個植株上同時存在雄性和雌性的解剖構造。而以前的農人或許不了解為什麼某些葡萄藤比較容易繁殖，但他們選擇在自己的屯墾地上種植這些葡萄藤。人擇的過程大約開始於八千年前，從此以後，只要選擇比較美味的果實，嫁接後得到一個遺傳的複製體就好。幸好，大約同時也發明了陶器，因此有了愉快的結果：壓碎的葡萄用容器儲存得夠久，被野生的酵母菌發現了。

也多虧了另一個幸運的突破，人類才能釀造葡萄酒。有一種特別的野生酵母菌，專門以橡樹皮的分泌物為食，在大約五千年前意外跑進早期的葡萄酒裡，發酵的成果十分理想。葡萄皮上應該有其他天然生長的酵母菌，適合的程度卻遠遠不如前者。總之，橡木酵母設法跑進了葡萄泥之中。

事情是怎麼發生的呢？科學家有幾種理論。可能是葡萄藤偶然爬上一棵橡樹，感染了酵母菌。也可能有人同時採集橡實和葡萄，兩種果實上的微生物混在一起，或是昆蟲沾到橡樹上的酵母菌，又受到葡萄的大量糖分吸引，而把酵母菌帶到葡萄藤上。不論事情經過為何，啤酒酵母（Saccharomyces cerevisiae）最後跑進了葡萄酒裡。在現代，這種酵母菌已經完全馴化，很少野生，而特定的品系被廣為培養，在世界各地讓麵包、葡萄酒和啤酒發酵。

警告：別加水

禁酒時期，精明的加州葡萄農維持生計的方式就是販賣「水果磚」——將一塊塊乾燥壓實的葡萄磚和釀酒的酵母包裝在一起。包裝上有標籤，警告消費者不要把水果磚溶在溫水裡、加入那一小包酵母，否則會導致發酵，產生當時違法的酒精。

最早的葡萄酒

考古學家派屈克・麥高文曾經分析世界各地的陶器碎片，發現葡萄酒的釀造史在中東地區可以追溯到六千年前。加州大學洛杉磯分校的研究團隊在亞美尼亞發現一組完整的製酒設備，年代也是同個時期。麥高文也在西元前 7000 年的中國陶器碎片上發現疑似葡萄殘留物的物質。只有美洲原住民沒用當地葡萄發展出明確的釀酒傳統——即使有這項傳統，他們也隱藏得很好。南美原住民特別會利用玉米、龍舌蘭、火龍果、莢果和樹皮釀酒，但即使他們曾經把葡萄丟進混合物中，也不是常事。

埃及、希臘和羅馬人，逐漸成為世上釀造最程序最繁複的釀酒人。許多早期的科學進展在中世紀遭人遺忘，但釀酒技術有賴僧侶的努力和葡萄酒與宗教的連結而存活了下來。十六世紀初，葡萄園開始從教堂的事業轉變為私人經營，而經營者通常是貴族。接下來的幾個世紀裡，英國盡量設法忘記他們正和法國交戰，收購了敵人大量的美酒。殖民者開始到達新世界的時候，歐洲繁盛的葡萄酒市場顯然已經蓄勢待發了。

發明白蘭地

當時也開始有了把葡萄酒蒸餾成白蘭地的傳統。十三世紀西班牙和義大利的手稿顯示他們將葡萄酒煮滾，做成某種濃烈的酒精。荷蘭人稱之為

苦艾雞尾酒

這種經典的調酒是實驗香料酒的樣板。例如混合潘脫米（Punt e Mes）和龍膽奎寧酒（Bonal Gentiane Quina），就能得到美妙透頂的飲料。而利萊白開胃酒幾乎搭配什麼酒都很合適。

- 不甜的白香艾酒 …… 1盎司
- 甜味紅香艾酒 …… 1盎司
- 安格斯圖拉苦酒 …… 少許
- 柑橘苦酒 …… 少許
- 檸檬皮
- 蘇打水（可省略）

將白、紅香艾酒和兩種苦酒加入冰塊搖勻，過濾倒入雞尾酒杯，或倒在冰塊上，再加入蘇打水。用檸檬皮裝飾。

「brandewijn」，也就是「燒製過的酒」，之後簡稱為白蘭地「brandy」。港口有人釀葡萄酒，荷蘭商人就在那裡興建蒸餾器，尤其是酒的品質普普通通，做成白蘭地後利潤比較高的時候。其中一個地方就在法國的干邑區。那地方的白酒並不糟，只是平凡無奇。荷蘭人希望把酒蒸餾成高酒精濃度的烈酒，之後再摻水做成葡萄酒的代替品，減少船運的開銷。有時候，遇到商港的混亂與混淆，這些烈酒會在酒桶裡待上比預期更久的時間。結果呢？就成了豐富、複雜均衡、熟成過的干邑白蘭地。之後才了解，即使是葡萄園的廢料也能發酵——葡萄皮、葡萄的莖和葡萄籽都能丟回發酵槽裡，做出像渣釀白蘭地（grappa）一樣的烈酒。

烈酒葡萄酒指南

加烈葡萄酒是在葡萄酒裡加入酒精濃度較高的酒。
最著名的是：

◆ 馬德拉酒／MADEIRA：以風味較淡的葡萄蒸餾酒加烈的氧化葡
  萄酒。

◆ 瑪薩拉／MARSALA：加烈的義大利酒，生產於瑪薩拉地區。

◆ 麝香葡萄酒／MUSCATEL or MOSCATEL：加烈的甜麝香葡萄
  酒，大多生產於葡萄牙。

◆ 波特酒／PORT：葡萄牙酒，發酵程序結束之前用葡萄烈酒加
  烈，在調合酒之中留下殘餘的糖分。（在美國，世界各地的這
  種酒都叫波特酒，但只有葡萄牙生產的可以貼上「Porto」的標
  籤。）

◆ 雪莉酒／SHERRY：西班牙白酒，發酵完成後摻入白蘭地。

◆ 天然甜葡萄酒／VINS DOUX NATUREL：加烈的甜法國酒，經常
  是用麝香葡萄做成。

葡萄白蘭地和生命之水在歐洲開始獨當一面，西班牙和葡萄牙的製酒廠注意到英國對白蘭地加烈的甜酒情有獨鍾。在葡萄酒裡加入額外的酒精，能輕鬆阻止發酵程序（因為酵母菌在酒精濃度高的溶液中無法存活），但也促進另一種不同的酵母菌生存。在西班牙南部的赫雷斯（Jerez）地區，白酒傳統上是在半滿的大酒桶裡熟成。大酒桶裡住了一種特別品系的啤酒酵母菌，在酒上面形成厚厚的一層膜，西班牙人稱之為酒花（flor），科學家稱之為菌膜（velum）。和其他的酵母菌品系不同，酒花在較高的酒精濃度（大約15％）存活得更好，因此製酒廠會把酒加烈，讓酵母菌存活。

　　英國人稱這種酒為雪莉酒（sherry），大概是從赫雷斯的原文「Jerez」轉換而成。而這些酒在存放時被酵母菌改變了風味，也就是所謂的生物熟成。此外，熟成時使用了索雷拉疊桶法（solera system），更讓雪莉酒增添複雜度。酒桶堆到四層高，只有最底層已經過桶的雪莉酒可以倒出部分裝瓶，再把上一層桶裡部分的酒倒入最底層的桶中。有些疊桶法已經持續運作了兩百年以上，最後得到的酒有一種美妙的深度和風味。

　　其他地區也發展出他們自己的加烈酒。葡萄牙製酒廠將白蘭地加入半發酵的葡萄酒裡，防止酵母菌繼續消耗糖分。在酒槽或酒桶裡儲藏幾年後，得到甜如葡萄乾的波特酒（Port）。馬德拉酒（Madeira）同樣來自葡萄牙，這種酒也以類似的方法製造，通常使用白酒葡萄，曝露在空氣中，經過像早期酒桶在漫長的航程中會經歷的極端溫度。這樣刻意地激烈處理會讓酒產生一種氧化的、不甜的水果風味，表示熟成得很好，開瓶一年之後還能飲用。義大利的瑪薩拉（Marsala）經過類似的加烈和熟成程序——世界各地的葡萄酒產區也是類似的情形。

　　另一個已流傳數世紀的歐洲釀酒傳統，是用芳香植物和水果替葡萄酒加味，而這項傳統使得苦艾酒和餐前酒被發明出來，也稱為香料酒或加烈酒。這類酒最初可能作為藥用——在葡萄酒中加入苦艾、奎寧、龍膽或古柯葉，可能分別是為了治療腸道寄生蟲、瘧疾、消化不良、倦怠的問題

——不過到了十九世紀末，這些酒本身已經成為正式的飲料。苦艾酒是白酒做成的，以白蘭地或生命之水稍微加烈，讓酒精濃度升高到大約16%（不過紅香艾酒〔red vermouth〕不是用紅酒做的，而是在白酒裡加入焦糖，增添甜味和顏色）。

美國人的實驗

　　歐洲有那麼優良又多樣的釀酒傳統，想到要航向可能不適合種植葡萄的新大陸，一定不容易。早期的葡萄園都失敗了，所以美國的開國元勛才輸入葡萄酒，或喝自家以穀類、玉米、蘋果和糖蜜釀造的酒。湯瑪斯・傑佛遜對法國葡萄酒出手特別大方，並且試圖尋找適合釀酒的美國葡萄藤，栽種到他在蒙地塞羅（Monticello）的園子裡。然而他種下的葡萄藤無論是原生種或歐洲品種，都不曾產生半滴像樣的葡萄酒。

古怪的親戚

卡蘿・P・梅芮迪（Carole P. Meredith）是位於戴維斯的加州大學農業與生態系榮譽教授，她分析了一些最受歡迎的釀酒葡萄的基因，判斷它們的家系。結果呢？原來卡本內蘇維濃（Cabernet Sauvignon）是卡本內弗朗（Cabernet Franc）和白蘇維濃（Sauvignon Blanc）的孩子。塔明娜（Traminer）這個古老的品種衍生出黑皮諾（Pinot Noir），而黑皮諾又和白高維斯（Gouais Blanc）這種鄉下人的古老葡萄配種，得到夏多內（Chardonnay）。這些配種大概是十七世紀法國葡萄園發生的意外，因為那時還沒有釀酒人使用現在的植物育種技術。

究竟是怎麼回事？原生品種的葡萄就是不適合釀酒——這點之後再談。歐洲葡萄藤為什麼失敗，在當時是個謎。然而傑佛遜不知道（在十九世紀末之前都沒人知道）強韌的美國葡萄藤對一種類似蚜蟲的細小寄生蟲，葡萄根瘤蚜（phylloxera, Daktulosphaira vitifoliae）有抗性，這也是北美原生的昆蟲。歐洲葡萄沒有這種抗性，所以進口葡萄藤種在北美土壤才會枯萎。

不過大家還沒了解這個原因，美國就把原生的葡萄藤當成禮物送給了法國。不幸的是，這些葡萄藤帶有葡萄根瘤蚜，這些根瘤蚜於是侵襲了法國的葡萄園。這種細小的美洲寄生蟲在十九世紀仍然繼續蹂躪法國的葡萄酒工業。

起初誰也不知道葡萄藤是怎麼死的。人們過了數十年才終於了解這種生物，但還找不到殺死牠們的辦法。當時的科學家從沒見過葡萄根瘤蚜這樣的生活史。首先，孵化的一代雌葡萄根瘤蚜從來不曾交配，連一次約會都沒有，但仍然能生下後代。下一代和第一代相同，再下一代也是，如此產下一代代的雌根瘤蚜。每年只會出生一批雄根瘤蚜。牠們生下來除了交配，就是死亡。這些可憐的傢伙甚至沒有消化道。雄根瘤蚜在牠們只有性愛的短暫一生裡，只能享受一餐。牠們的使命達成之後，雌根瘤蚜會在沒有雄根瘤蚜的環境中繼續繁殖幾代。牠們的棲息處也會改變：生活史的一個階段裡，牠們會使葉片形成蟲癭（galls，就是保護蟲子的植物增生物），另一個階段卻又消失在地下，侵害葡萄的根。

當人類終於完全了解葡萄根瘤蚜時，法國的葡萄酒工業已經快被摧毀殆盡了。沒想到，救星居然是最初引來禍害的植物——有抗性的美洲葡萄藤。將優良的歐洲老藤嫁接到雜亂無章的美洲砧木上，使得製酒廠終於能重新種植葡萄藤，救回他們的產業，不過他們擔心酒的風味可能受影響。大部分的葡萄酒鑑賞家會同意，法國葡萄酒經歷挫折之後仍然表現優異，但他們仍然會尋找「根瘤蚜前的葡萄酒」，也就是靠著自己的根活下來的歐洲葡萄藤生產的酒。例如智利就有這樣的酒，因為西班牙傳教士將葡萄

香料酒揭密

即使最大膽的葡萄酒飲用者也可能不曾嘗試過香料酒的奇妙世界。這些酒加入了芳香植物、水果或其他風味，可能也額外加入酒精去加烈。苦艾酒是最著名的香料酒，如果不相信一杯純的苦艾酒本身就可以很美味，不如試試再說。別忘了，香料酒和其他酒一樣，很快就會劣化，開封之後就要冷藏。添加的酒精成分使香料酒可以放得比葡萄酒久一點，但還是要在大約一個月內飲用完畢。

◆ **蜜甜兒／MISTELLE**：混合了未發酵或部分發酵的葡萄汁和酒精，有時用作香料酒的基酒。試試這些：

- **龍膽奎寧酒／Bonal Gentiane Quina**　以蜜甜兒為基底，並用龍膽和奎寧調味。單獨喝就很美味，也可以在調酒時取代紅香艾酒。
- **夏朗德比諾甜酒／Pineau des Charentes**　過桶的非香料蜜甜兒摻入干邑白蘭地，產自法國西南部。令人難以忘懷。

◆ **奎寧酒／QUINQUINA**：加烈的葡萄酒，添加奎寧和其他調味。以下是不錯的兩種奎寧酒：

- **哥奇美國佬／Cocchi Americano**　義大利的加烈酒，加入奎寧、芳香植物和柑橘調味，用於經典的調酒，但單獨喝也很完美。
- **利萊酒／Lillet**　調合了波爾多葡萄酒、檸檬皮、奎寧、水果利口酒和其他香料。有白、紅和玫瑰酒款等選擇，三種都很美妙。

◆ **苦艾酒／VERMOUTH**：葡萄酒以酒精加烈，加入苦艾、芳香植物和糖。在酒精濃度14.5～22％的時候裝瓶。以下兩種苦艾酒會讓你一試成主顧：

- **香貝里的多林白香艾酒／Dolin Blanc Vermouth de Chambéry** 介於不甜與甜的苦艾酒之間，多林白香艾酒優雅、平衡地調合了果香、花香和美妙的苦味。飲用時可以倒在冰塊上，放上扭轉檸檬皮。
- **潘脫米／Punt e Mes** 這種紅色的香料酒豐富、複雜得美妙，酒裡添加了水果乾和雪莉酒風味，單獨喝也很棒。可以視為甜味苦艾酒比較複雜、成熟的代替品。

帶到那裡，但葡萄根瘤蚜並沒有侵襲當地。

　　葡萄根瘤蚜肆虐期間，葡萄酒短缺，因此苦艾酒成為小酒館裡的飲料選擇。關於苦艾酒毒性的傳說其實過度誇大了，雖然苦艾酒以苦艾調味（wormwood, Artemisia absinthium），不過讓飲用者精神失常的絕對不是這種植物，而是因為苦艾酒過高的酒精濃度。苦艾酒裝瓶時的酒精濃度高達70％，幾乎是白蘭地的兩倍之高。不論社會觀感太差的原因是什麼，製酒廠都非常樂於加入法國的禁酒運動，提倡一種禁止苦艾酒但保護葡萄酒的禁令。當時葡萄酒被視為健康而沒有道德爭議的飲料。

　　雖然法國葡萄酒工業恢復了，但美國的農人仍在努力嘗試用原生的美洲葡萄釀出好酒。困難點在於葡萄的遺傳特性。歐洲的釀酒葡萄經過接近一萬年的人擇，選出顆粒大又美味的果實，而且比起雌雄異株，較常培育雌雄同株的葡萄藤。相較之下，北美葡萄似乎很少有人擇的情況發生。在北美，挑選葡萄的是鳥類。牠們專挑藍皮的品種，因為牠們看藍色看得比

較清楚，然而藍色在釀酒時卻是不大吸引人的顏色——而且鳥類喜歡一口就能吃下的小型果實。

因此雖然河岸葡萄（V. riparia）這種分布最廣的美洲種葡萄非常耐寒，而且抗病蟲害，製酒師卻不像鳥類一樣喜歡它的藍色小果實。經過三百年的實驗，美國植物學家才剛研究出該怎麼把原生的葡萄變成酒。明尼蘇達大學的研究者把河岸葡萄和歐洲葡萄藤雜交，產生新的品種，像芳堤娜（Frontenac）和馬奎特（Marquette），即使在寒冷的北方氣候也能釀出意外優質的葡萄酒。這些葡萄酒堅韌又強健，很適合飲用，只帶著一絲野生的草味，是美國葡萄酒的獨特風味。

皮斯可酸酒

這是祕魯調酒的國酒。

- 皮斯可酸酒 ⋯⋯ 1½ 盎司
- 現榨檸檬汁或萊姆汁 ⋯⋯ ¾ 盎司
- 簡易糖漿 ⋯⋯ ¾ 盎司
- 蛋白 ⋯⋯ 1 顆
- 安格斯圖拉苦酒

除了苦酒之外的材料都加入搖酒杯，不加冰，搖盪至少十秒。「不加冰塊搖盪」可以讓調酒生出泡沫。接著加入冰塊，搖盪四十五秒以上。最後倒入雞尾酒杯，上面淋上幾滴苦酒。

世界各地以葡萄為原料的酒

◆ **白蘭地／BRANDY**：這個通稱是指葡萄（或其他水果）的酒做成的烈酒，通常蒸餾到酒精濃度最多80％，然後調整至35～40％裝瓶。葡萄白蘭地的種類包括：

- **葡萄牙燒酒／Aguardiente**：葡萄牙的白蘭地。這個名字也用於稱呼風味較淡的葡萄蒸餾酒。
- **雅馬邑白蘭地／Armagnac**：在雅馬邑地區附近製作。干邑白蘭地是罐式蒸餾器製造，雅馬邑白蘭地則是用一種連續式蒸餾器（稱為蒸餾壺）在較低的酒精濃度中製成。二者的材料都是特定品種的葡萄，蒸餾完成後儲存於橡木桶。
- **阿森特／Arzente**：義大利白蘭地。
- **雪莉白蘭地／Brandy De Jerez**：這種白蘭地和其他只標著「白蘭地」的烈酒，都來自西班牙。
- **干邑白蘭地／Cognac**：在法國的干邑區製造。
- **梅塔莎／Metaxa**：希臘白蘭地。

◆ **生命之水/EAU-DE-VIE**：是用水果製成的清澈烈酒；如果是用蘋果渣製成（可能是蘋果皮、莖、種子和其他釀酒的發酵殘留物），則稱為渣釀白蘭地（pomace brandy）。以下是在其他國家的名稱：

- **葡萄牙/**Bagaceira   **義大利/**Grappa   **法國/**Marc
- **西班牙/**Orujo   **德國/**Trester   **希臘/**Tsikoudia

◆ **葡萄為基底的琴酒/GRAPE-BASED GIN**：是在葡萄伏特加裡浸泡杜松子和其他植物。紀凡（G'Vine）這種法國琴酒用的葡萄和干邑白蘭地用的葡萄相同，並且加入剛剛綻放的葡萄花萃取物、其他芳香植物和香料。

◆ **葡萄伏特加/GRAPE VODKA**：像生命之水一樣，是一種酒精濃度高而未熟成的烈酒，目標是作為中性烈酒。聖喬治蒸餾酒廠（St. George Spirit）的「一號機庫伏特加」（Hangar One Vodka）是很好的例子，這種伏特加的原料混合了維歐涅（Viognier）葡萄和小麥，葡萄賦予非常細微的果香。法國葡萄做的詩珞珂（Ciroc）則是另一個很受歡迎的品牌。

◆ **皮斯可酸酒/PISCO**：這種酒以祕魯的港都皮斯可為名，十八世紀的航海家會在這裡停靠，採購當地的烈酒。皮斯可酸酒不是裝在橡木桶中熟成，而是在玻璃或不鏽鋼容器裡熟成。在祕魯裝瓶時不稀釋，酒精濃度為38～48％。智利的版本用的是不同的葡萄品種，加上一些木桶熟成。

- **混種葡萄酒/**Acholado：原料混合了不同品種的葡萄。
- **青葡萄酒/**Musto Verde：蒸餾自半發酵的葡萄莖、葡萄子和葡萄皮。
- **純皮斯可酒/**Pisco Puro：原料是單一品種的葡萄。

POTATO
馬鈴薯

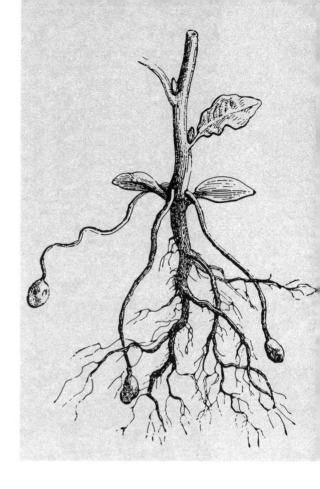

馬鈴薯　*Solanum tuberosum*

茄科　Solanaceae

1946年6月3日的《紐約時報》（*The New York Times*）頭條寫著，「馬鈴薯可望避免酒荒」。戰時穀物短缺，飲用啤酒或威士忌的人十分難熬。美國農業部改將穀物用於更重要的用途：食物、飼料，以及生產製造橡膠所需的工業酒精。戰後，軍隊的運作逐漸減少，援助船載著物資開往殘破的歐洲，而管制繼續。

原料短缺，蒸餾酒廠每個月只分配到十天的糖化階段，製作酒醪的裸麥和其他穀物用量都有限。原料太少，蒸餾酒廠不得不發揮創意。美國馬鈴薯配給十分緊繃，但他們要求分一杯羹，理由是他們可以用比較小顆、品質差、形狀難看的馬鈴薯釀酒，調合威士忌、琴酒或甘露酒（cordial），而品質較好的馬鈴薯還是作為糧食。農業部指出，這樣的

措施能「改變美國人的飲酒習慣，讓伏特加這類的馬鈴薯製酒類更受歡迎」。

當時，美國的飲酒者幾乎不知道伏特加。1946 年，美國人只喝了一百萬加侖的伏特加，不到當時全國所有烈酒飲用量的 1％。到了 1965 年，飲用量已經攀升到三千萬加侖。除了馬鈴薯，伏特加的原料通常還有裸麥、小麥和其他穀類，不過美國人仍然覺得這種烈酒帶著異國風情，主原料是馬鈴薯。

印加寶藏

馬鈴薯源自於祕魯。野生馬鈴薯（*Solanum maglia, S. berthaultii*）至少一萬三千年前就已經生長在南美的西岸，當時地勢較高的地方還有冰河覆蓋。到了西元前 8000 年，冰河退後，海岸變得更乾燥、更接近沙漠，人類於是向更高海拔的地方遷徙。早期的祕魯人就是在安地斯山脈栽種馬鈴薯。岩石遍布的山坡上，天氣瞬息萬變，種植的環境嚴苛又難以預測，於是當時種了數千種不同的栽培種，每種都有自己的生態棲位。

1528 年，和印加帝國接觸的第一批西班牙人發現一個複雜得驚人的文明。印加帝國的道路系統蔓延超過兩萬兩千公里，農業高度發展，擁有稅賦系統和公共工程計畫，還有完全現代化的農業技術，幾乎能媲美羅馬帝國。法蘭西斯科・皮薩羅（Francisco Pizarro）和他的手下完全被印加的黃金和珠寶迷惑，相較之下，骯髒的馬鈴薯根本不值得一顧。又過了數十年，歐洲才開始種植馬鈴薯，而且直到十七世紀才開始廣泛當作糧食種植。

歐洲人對馬鈴薯有所懷疑，因為馬鈴薯屬於很危險的茄科。舊世界茄科的成員包括莨菪（henbane）和顛茄（deadly nightshade）都有劇毒。歐洲人因此害怕他們在新世界發現的所有茄科植物，包括番茄、馬鈴薯和菸草。（他們也對茄子抱持懷疑，茄子原生於印度，也是茄科的一員）。其

實馬鈴薯的確像其他茄科植物一樣會開花，長出有毒的小果實。充滿澱粉的塊根照光之後也會累積有毒劑量的茄鹼，但這是防止被挖掘出的脆弱馬鈴薯被動物吃掉的防禦機制。

馬鈴薯是茄科植物，而且是南美洲所謂土著吃的東西，所以在從前的人眼中，馬鈴薯充其量只是餵養奴隸的農產品，甚至是骯髒惡毒的根，會讓人得癩癘和傴僂病。而愛爾蘭人欣然接納了馬鈴薯，所以英國人更覺得這是適合粗人吃的下等食物。不過馬鈴薯終究散布到歐洲各地，冒險家也把馬鈴薯帶到亞洲、非洲和北美的新殖民地。

伏特加的誕生

現在問伏特加是怎麼發明的，可能有人會說，伏特加來自俄國，是馬鈴薯做的。這兩種敘述都不完全正確。早在馬鈴薯傳到歐洲前，已經用穀類製造蒸餾伏特加了。伏特加的發源地之爭，引發俄國和波蘭無盡的爭論，兩國都聲稱這種烈酒源自於當地。可以確定的是，十五世紀初期已能用穀類釀造蒸餾出一種清澄的高濃度烈酒。史帝芬・法立墨茲（Stefan Falimirz）在他 1523 年的醫藥文章〈論芳香植物及其功效〉（"On Herbs and Their Powers"）中用到波蘭的「wodki」這個詞，原意是「很少水」，而那也是早在馬鈴薯用於這種酒之前。當時馬鈴薯才剛在拉丁美洲被發現，還沒傳到歐洲。

到了十八世紀，馬鈴薯成了東歐的糧食作物。1760 年代，蒸餾酒師已經開始拿馬鈴薯做實驗了。早期的試驗想必困難。因為馬鈴薯畢竟只是膨大的根，生長在地下，為了下一代而儲藏水和食物。馬鈴薯中的澱粉和穀物中的穀粉不同，原本就不會在短時間內轉換成醣類以提供發芽種子所需的養分，而是在一整個生長季之中緩慢釋放，給予幼小的植物營養。這是馬鈴薯聰明的生存策略，卻沒幫到蒸餾酒師什麼忙。

1809 年，波蘭發行了一本小冊子，附於甜菜根、穀物、蘋果、葡

萄和橡子製造的伏特加後面，題名是《完美的蒸餾酒師和釀造者》（*The Perfect Distiller and Brewer*），小冊中描述了用馬鈴薯蒸餾伏特加的程序，並且警告這是最糟的伏特加，比甜菜做的伏特加更糟。其實馬鈴薯之所以變成波蘭伏特加的常見原料，是因為馬鈴薯便宜又大量生產，而不是因為可以做成上好的烈酒。馬鈴薯一般會在發酵槽裡轉變成濃稠的糊狀物，而澱粉很難轉換成糖，並會產生較高濃度且有毒的甲醇和雜醇酒。俄國的伏特加製造者瞧不起便宜的波蘭馬鈴薯伏特加，直到今天，他們仍堅持最上等的伏特加配方不同，是用裸麥或小麥為原料。

傳統種植之馬鈴薯

1946 年，美國蒸餾酒師申請使用過剩的馬鈴薯做他們的調合威士忌時，伏特加正準備捲土重來。從歐洲返鄉的軍隊在異鄉土地上很少喝酒，他們已經準備好嘗試些新東西了。戰後的榮景帶來一段飲用雞尾酒的新時代，莫斯科騾子和血腥瑪麗這些混合酒，吸引了喜歡把伏特加當作不會影響風味的多功能基酒的飲酒者。不論酒是用穀類還是馬鈴薯做的，都不重要。二十世紀下半，伏特加成為調酒用的主要烈酒之一。

現在馬鈴薯伏特加因為美食家熱中於傳統種植的蔬菜而再度被哄抬。波蘭馬鈴薯伏特加「蕭邦」（Chopin）於 1997 年在北美推出，很快就成為評價優良的熱門品牌；其他許多波蘭伏特加也隨著跟進。愛達荷州、紐約州、英屬哥倫比亞和英格蘭的手工精釀蒸餾酒師就像葡萄釀酒師選葡萄一樣，開始選擇特定品種的馬鈴薯，並且推出他們當地生產的伏特加。

不過馬鈴薯的品種的確有差異嗎？蒸餾酒師對這一點沒什麼共識。馬鈴薯伏特加和穀類做的伏特加比起來，有種油質、濃郁的風味，不過你能不能品味棕皮布爾班克（Russet Burbank）或育空金黃（Yukon Gold），是你和你味蕾之間的事。

英屬哥倫比亞彭布頓（Pemberton）的泰勒施拉姆蒸餾酒廠（Tyler

Schramm）混合使用五種馬鈴薯品種，選擇的依據主要是澱粉含量，而不是風味。他說：「我的博士論文研究的是馬鈴薯的蒸餾，我試過單一品種的蒸餾。我們的伏特加是讓人啜飲的伏特加，表示酒裡有一點風味。不過不同馬鈴薯品種之間的風味差異微乎其微，恐怕誰也嚐不出。」對他而言，更重要的是環境管理，以及蒸餾酒師利用僅供釀酒的食物的傳統角色。他的一瓶施拉姆伏特加需要七公斤的馬鈴薯，因此他只想取得不會拿去餵人的那部分農作物。於是他向有機農夫購買馬鈴薯，要求畸形或大小不均這類賣相不佳的馬鈴薯。他相信英屬哥倫比亞的氣候也是一個優勢，「馬鈴薯不像穀類，不大能儲存。我們可以在我們的寒冷氣候裡做這些事，但在別的地方未必行得通。」

瑞典的卡爾森金牌伏特加（Karlsson's Gold vodka）的原料混合了精心選出的七種品種：Celine、Gammel Svensk Röd、Hamlet、Marine、Princess、Sankta Thora 和 Solist，再加以蒸餾。這種伏特加只蒸餾一次，裝瓶時幾乎不經過濾，以保留馬鈴薯的風味。首席調酒師伯耶・卡爾森（Börje Karlsson）也是絕對伏特加（Absolut）的創始者，他相信他做出的伏特加應該單獨品味。他在接受一次訪問時強調，「喝純的就好。如果不喜歡，就別喝」。其實他們的招牌調酒「黑金」（Black Gold）顯然是從烤馬鈴薯得到的靈感；只要再加一點奶油就完美了。

黑金

- 卡爾森金牌伏特加 ⋯⋯ 1½ 盎司
- 壓碎黑胡椒粒 ⋯⋯ 少許

將古典杯盛滿冰塊，在冰塊上倒入伏特加。在冰塊上磨點黑胡椒。

SWEET POTATO

番薯

番薯　*Ipomoea batatas*

旋花科　Convolvulaceae

番薯的英文是甜馬鈴薯之意，但番薯雖然也有一個薯，卻跟馬鈴薯無關，而是一種爬藤植物的根，這種植物和牽牛花是近親。而且和「yam」一點關係也沒有，yam是生長在非洲的薯蕷屬（Dioscorea）植物富含澱粉的根。（美國人傳統習慣用這個詞來稱呼橘色柔軟的番薯，但美國幾乎從來買不到真正的薯蕷。）

番薯原生於中美洲，託歐洲冒險家的福，環遊了全世界。這種烈酒最早製成的酒精飲料之中，有一種叫「麻比」（mobbie），是番薯、水、檸檬汁和糖做成的發酵飲料，早在1652年就有來自巴貝多（Barbados）的採集描述。一整個世紀中，這都是很受歡迎的「淡啤酒」（small beer），直到一場番薯甲蟲侵襲，使得番薯幾乎滅絕。之後甘蔗園取代了番薯田，而蘭姆酒成了飲酒的選擇。

巴西人也會用馬鈴薯塊莖做發酵飲料，這種飲料稱之為「考威」（caowy），歐洲人喝不慣。美國的製酒師愛德華·朗道夫·愛默森（Edward Randolph Emerson）在1902年表示，葡萄牙人藉著重新命名為番薯酒（vinho d'batata）而改善這種飲料的風味，「聽起來好多了，而且有時候從名字可以知道很多事。」

最著名的番薯烈酒是日本的燒酒（燒酎），這種蒸餾酒的酒精濃度高達35％，原料是番薯、米、蕎麥和其他材料。韓國人的燒酒（soju）也是用番薯製成。

　　在亞洲各地，「番薯酒」是指手工釀製的酒，和巴貝多的島民喝的沒什麼不同。北卡羅來納州和日本都有番薯啤酒，而番薯伏特加剛剛上市。

RICE
米

梗米　*Oryza sativa var. japonica*

禾本科　Poaceae

米是歷史悠久的重要植物，美國的飲酒者卻始終沒那麼喜愛。1896年，《紐約時報》稱清酒為「劣質米酒」，並表示清酒對夏威夷原住民有一種「明顯的害處」，而他們卻為了清酒拋下「沒那麼多害處的加州葡萄酒」。

　　即使在今日，美國人也常覺得清酒是溫熱、發酸、發酵又難喝的熱飲，只在阿姨帶我們去堪薩斯市一家日本料理店時被迫喝一次。但是，根據那種廉價劣質的普通酒給我們的討厭回憶而批判所有的清酒，就像根據葡萄酒入門品牌布恩農場（Boone's Farm）的一瓶酒來批判所有的葡萄酒一樣。其實清酒就像葡萄酒一樣種類繁多又有趣，而且有更悠久的歷史。就像葡萄製成了數不盡的酒，米也製成世界各地各式各樣的酒精飲料。在

百威（Budweiser），米是上好伏特加的原料之一，而日本的燒酒蘊含了驚人的花香。

不是普通的草

考古學家和分子遺傳學家發現的證據顯示，中國長江流域是全球所有稻米的發源地。大約八千到九千年之前，稻米在那一帶被馴化。而用稻米做出飲料，顯然是第一要務。考古學家派屈克·麥高文在河南省發現八千年前用米、水果和蜂蜜釀酒的證據（他和角鯊頭釀酒廠合作，重新釀出這種酒，取名為賈湖堡〔Chateau Jiahu〕）。發展出現代的清酒歷經好幾世紀的錯誤嘗試，不過這些早期的米酒的確朝著正確的方向發展。

但是稻米首先必須變得多樣化，散布到世界各地。稻米是一種喜好潮濕的草本植物，在水田裡可以長到五公尺高。不過稻米不需要生長在停滯的水裡。栽種稻米的特殊方式，可能是起自有人發現梅雨季裡，淹水的田裡會長出健康的稻米。稻米恰巧擁有發展健全的通氣組織，像水生植物一樣從葉尖把氧氣帶到根部。若非如此，就會在洪水期間腐爛死去。然而和水生植物不同的是，稻米也可以生長在一般的土壤中。

在沖積平原種植稻米成為亞洲各地和印度早期農人的理想策略。常被洪水侵襲的低地無法種植一般農作物，卻是種植稻米的完美地點。沖積平原很幸運地沒有雜草，因為陸生的雜草在積水裡都活不了，而洪水退去之後，水生雜草也沒得活。

稻米藉著風媒傳粉，廣為散布。千年來，新品種被遴選的依據不只是味道和大小，也有對各種土壤和水位的耐受性，以及穀粒成熟之後是否會附著在稻稈上，方便採收。全世界的稻米品種超過十一萬，還不包括所謂的菰（Zizania spp.），這是一種產於北美和亞洲的稻米近親。探討釀酒時，只有粳米的幾種特別品種會踏上舞臺。不過稻米只是一部分的故事。想知道稻米是怎麼變成清酒這樣的飲料，就要了解酒麴。

清酒

任何穀類都一樣，發酵這個步驟要等澱粉轉換成糖才能開始。把穀粒打濕，這個步驟就能自動進行，因為水分能促使酵素把澱粉轉換成糖，成為發芽中幼苗的能量。釀酒師可以加入富含這些酵素的發芽大麥，加速這個程序。不過亞洲文明發明了自己的方式，日本的方式只是其中一例，可是最為人所知。首先是精米，米先碾過，去除一部分的外殼，也就是米糠。再來是小心磨碾米糠內的褐色穀粒，去除米糠，並且避免傷到米粒。讓每粒米都完好無缺並不容易；玉米、燕麥、小麥和其他穀類做麥粉或麵粉時，經常是同時壓碎並磨粉，因此碾米又不將米壓碎，是截然不同的方式。

幾世紀來，精米的技術不斷演進。雖然設備更複雜，但都是讓米粒通過數百次的磨石磨去外殼，只留下完整的心白。唯一的差異是今日機器的耐力大於用人推磨。現代的釀造廠可能連續四天進行精米，平滑均勻地除去米糠。一般認為現代清酒的品質遠比一百年前好，主要的原因就是複雜的精米技術。

就像葡萄品種之於釀葡萄酒，米的品種也很重要。好的酒米中，並不是整粒米都含有養分。米粒的內部有完全是澱粉的心白，養分則在外層，因此更容易磨除。山田錦（Yamada Nishiki）是釀造清酒著名的上好酒米，1930年代，由兩種較古老的酒米品系雜交產生了這個品種，是飽滿、渾圓、帶著瓜類香氣的米。其他米的品種包括帶著野生花草香的雄町（Omachi）、抗寒的美山錦（Miyama Nishiki），還有1950年代為了用機器釀製淡雅的清酒而培育出的五百萬石（Gohyakumangoku）。美國西岸有一種隨處可見的蓬萊米（calrose rice）是1948年在加州培育而成的，波特蘭市外的SakéOne釀造廠和其他的美國清酒釀造者都用這種米釀清酒。

比米的品種更重要的是精米的程度，這是判斷優質清酒的方式。最上等清酒用的米粒磨到只有原來大小的二分之一，因此酒麴（見下文）需要

品嚐清酒

好的清酒不該熱的喝，溫酒的傳統只是為了掩蓋劣質清酒的味道。發酵技術改良後產生的清酒，幾乎都是冷的比較好喝。記得趁早飲用，大部分的清酒釀造者不建議把酒放置一年以上才飲用。開封後，冰在冰箱裡可保存的時間比葡萄酒稍長，但還是要在兩星期之內喝完。清酒的種類繁多，因此，認識清酒最好的辦法就是和朋友們一起上酒吧，點一杯來品嚐。

處理的蛋白質、油脂和養分更少。酒麴可以直接進入米粒充滿澱粉的核心，開始運作。

再來是將精米處理後的白米洗過、泡在水中，有時要蒸過，這些步驟都能幫助增加水分含量。洗好的米送進一個類似三溫暖的麴室，室內是雪松內裝，溫暖而極度乾燥。潮濕的米粒在工作檯上攤開，加入麴種，也就是一種稱為米麴菌（*Aspergillus oryzae*）的真菌。米麴菌於三千年前在中國馴化，一千年後渡海到日本。米麴菌就像西方用來發酵和做麵包的酵母菌，現在已經是完全馴化的生物。除了可以用來釀造清酒，米麴菌也用來讓豆腐、醬油和醋發酵，可以說是日本料理中的主要微生物。

米麴菌的孢子撒到攤平的潮濕米粒上。麴菌通常只會長在表層（想像一條發黴的麵包就是了），不過周圍空氣乾燥，迫使麴菌長入米之中，並且深入米的心白，尋找生存所需的水分。而米麴菌就在潮濕又充滿澱粉的米粒裡釋出酵素，將澱粉分解成醣類。

在此同時，有另外一批米、米麴菌、水和酵母混合在一起，以催化發酵。米麴菌只會把澱粉變成醣類，接著酵母菌必須吃掉醣類，轉換成酒精。酵母菌開始增殖之後，這兩批的米就在三、四天之間逐漸混合，每天有更多的蒸米、水和米麴菌接觸到酵母。這時同一個桶裡發生了兩種程序：米麴菌把澱粉分解成醣類，接著酵母吃掉剛產生的糖。微生物的複雜

混合物必須格外謹慎處理，抓準在清酒釀造完成的那一刻停止。每種原料都逐步加入，因此酵母菌不像在葡萄酒或啤酒發酵時一樣迅速死亡。酵母菌會繼續在酒醪裡存活，直到酒精濃度升到大約20％。

釀造師滿意之後，整批含有酵母和酒麴的酒醪會經過壓榨，分離清酒和固態物質。之後經過過濾和低溫殺菌，停止發酵。有些酵素會存活下來，繼續讓酒發酵，因此在酒槽裡熟成的幾個月裡，風味還會繼續變好。

No.1 清酒特調

過去幾年間，美國的亞洲餐廳開始覺得有必要用清酒和燒酒創造出一些調酒。這樣其實很可惜，因為清酒和燒酒單獨喝就十分美味，似乎不適合和其他酒混合——這兩種酒的味道就是和其他調酒的材料不搭。經過許多實驗，產生了以下這種事實證明很討喜的清酒調酒。方便在派對之前做一缸，所以單位不用平常的盎司，而是用比例表示。分量多少都可以自行調整。

- 濁酒 ⋯⋯ 4份
- 芒果桃子汁（可用瓶裝的混合果汁）⋯⋯ 2份
- 伏特加 ⋯⋯ 1份
- 肯特薑汁干邑利口酒（Domaine de Canton）⋯⋯ 少許
- 芹菜苦酒（Celery bitter）⋯⋯ 1滴

將苦酒之外的所有材料快速混合，然後試味道。可能需要在這階段加入更多薑汁利口酒或伏特加。冷藏冰到客人進門後再倒入雞尾酒杯，端出去之前在每一杯最上面加進一滴芹菜苦酒。

大部分的清酒販賣時都是不滲水的清澈液體，但有些會稀釋成更接近葡萄酒的酒精濃度，有些只會初步過濾，因此得到的酒由於其中殘留酵母、米麴菌和一些未分解的米而呈渾濁狀。上好的清酒嚐起來乾淨、清新、明亮，帶一點桃子和熱帶水果的味道，有時則帶點土味，更接近堅果的香氣。

米酒

清酒獨特的芳香在燒酒裡更加濃縮，而燒酒正是用與清酒類似的酒醪蒸餾而成。裝瓶時的酒精濃度大約只有25%，美國的一些酒類管制法有漏洞，正好讓只有啤酒和葡萄酒許可證的餐廳可以供應燒酒。因此燒酒成為亞洲風味調酒的調配物（例如檸檬草馬丁尼），不過其實單獨喝、倒在冰塊上最美味。燒酒也能用大麥、番薯、蕎麥或其他材料製造，但最常見的原料還是米。說「常見」其實是低估了——「真露」（Jinro）這個最著名的韓國燒酒品牌，銷售遠多於世上其他品牌的烈酒，大概只有一些不公布銷售量的中國品牌除外。真露的燒酒每年賣出的量比思美洛（Smirnoff）伏特加、百加得（Bacardi）蘭姆酒和約翰走路（Johnnie Walker）的威士忌加起來更多——總計約六億零八百萬公升。

亞洲各地都有類似燒酒和清酒的酒。除了韓國的燒酒，中國也有類似日本清酒的酒，稱為「米酒」。菲律賓用米釀的酒是「tapuy」，印度則叫「sonti」。峇里島釀的是「brem」，韓國則有甜的版本，稱為甘酒（gamju），西藏的則是「raksi」。

亞洲各地也用發酵的米糕加入水裡，在自家釀酒。法國人類學家伊格‧加林（Igor de Garine）曾在1970年代到馬來西亞的登嘉樓州（Terengganu）做田野調查，他描述過米糕最有趣的用法。他住的村子裡，村人都是虔誠的穆斯林，從來不碰酒精。但他們有製作蒸米糕「打拜」（tapai）的傳統。糯米飯混合當地的酵母蒸熟，用橡膠樹的樹葉包

住，然後在室外的高熱下放個幾天。滋味太美妙，他嚐的時候心想，「有人在上面淋了一點琴酒。」但他從來沒對收留他的人透露這熟悉的味道，畢竟他們從這種糕點得到一點享受，只是從來沒發現（或是根本不懂）糕點裡有酒。

米不只能做清酒、燒酒和發酵的米糕。麒麟和其他日本啤酒都是用米做的，百威和其他幾種美國啤酒也是。過去幾年裡，用米釀造的上好伏特加也加入了市場。另外有一種截然不同的寮國米釀伏特加「Lao-lao」聲稱是世上最便宜的烈酒，一瓶大概只要一美金，酒裡還有一隻保存良好的蛇、蠍子或蜥蜴，這噱頭可把梅茲卡爾酒裡的蟲子比下去了。

清酒分類

◆ **大吟釀**／DAIGINJO：品質最上等的清酒，至少磨去50％的米粒。

◆ **吟釀**／GINJO：次高級的清酒，至少磨去40％的米粒。

◆ **純米酒**／JUNMAI：不需特別的精米程度，不過必須在瓶身標示。

◆ **原酒**／GENSHU：未稀釋的清酒，酒精濃度最高20％。

◆ **古酒**／KOSHU：陳年清酒（罕見）。

◆ **生酒**／NAMA：未低溫殺菌的清酒。

◆ **濁酒**／NIGORI：未過濾的渾濁清酒。飲用前要搖勻。

RYE

裸麥

黑麥　*Secale cereale*

禾本科　Poaceae

裸麥不大像適合馴化的對象。裸麥的穀粒硬得像石頭，家畜不愛吃，而且產量不多。裸麥還有「早熟發芽」（precocious germination）的問題，也就是種子還在麥桿上就發芽了。最糟的狀況是毀掉穀粒；至少也會讓釀酒師或麵包師無法處理，因為讓麵包發起來或讓穀物變成酒精的程序需要小心控制，而澱粉轉換成糖的程序開始之後，期望中的程序就失控了。

　　而且裸麥含的麩質少，聚戊糖（pentosan）這種碳水化合物的含量高。和小麥比起來，裸麥裡的蛋白質非常容易溶於水，一旦遇水就會變成黏呼呼的液體或硬得像橡膠一樣。因此麵糰比較沒有彈性，可能讓釀酒師的酒醪變成黏稠可怕的一團物質。大部分的裸麥麵糰都必須摻小麥麵粉，

使麵糰比較容易處理，蒸餾酒師因為同樣的緣故而限制酒中的裸麥含量。

羅馬博物學家老普林尼（Pliny the Elder）對裸麥沒好感。他在大約西元77年完成的《自然史》（*Natural History*）之中寫道，裸麥是一種「非常低劣的穀類，只能勉強用來充飢。」他說裸麥又黑又苦，必須和斯佩爾特（spelt）小麥混合才能入口，但還是「不適合消化」。

這些形容或許能解釋為什麼裸麥成為最後才被馴化的穀物。直到西元前500年，人類才開始種植裸麥，即使在當時，也只有在俄羅斯、東歐和北歐的氣候區才盛行，因為裸麥的抗寒能力，使之成為嚴寒氣候下唯一種得活的穀物。土壤溫度只要在冰點以上徘徊，裸麥的種子就能發芽，而且在漫長的嚴冬裡存活，到了春天，又比其他穀物更早結實。裸麥密集生長的能同時抑制雜草的生長，在沒什麼植物能活下來的貧瘠土壤中茁壯。

裸麥與黑麥草

黑麥草（ryegrass）是黑麥草屬（Lolium）的一種草，和裸麥（rye）這種穀物無關。黑麥草的功用是防止侵蝕或當作牧草。黑麥草也是季節性過敏的一大過敏源。這一屬之中的毒麥（darnel, *L. temulentum*）外觀看起來非常像小麥，而且會侵入麥田。這一屬的草也是有毒的真菌頂孢菌（*Acremonium*）的寄主，會造成牛隻的「黑麥草蹣跚病」。

也難怪歐洲的拓荒者會帶著裸麥去美國殖民地。新英格蘭的生長季短，小麥種植不易，但裸麥撐過了蒼涼的冬天。早期的美國威士忌會用手邊的任何穀物製作——通常混合了裸麥、玉米和小麥。

釀酒元勛

　　喬治‧華盛頓是美國早期最著名的裸麥威士忌蒸餾酒師。他和許多開國元勛一樣，以務農維生。1797年，也就是他結束第二任總統任期後不到一年，他就在他的農場經理鼓勵之下建了一座蒸餾酒廠。農場經理詹姆斯‧安德森（James Anderson）是蘇格蘭人，讓華盛頓明白他其實擁有整個供應鏈：在自己的土地上種植、收成穀物，在自己的磨坊磨成麥粉或麵粉，而且可以輕易地把產品運到市場。把這些穀物變成威士忌是最有利可圖的方式，而安德森有經驗可以促成這件事。

　　華盛頓的威士忌混合了他有的幾種穀類，典型的配方是60%的裸麥、35%的玉米和5%的大麥。成品不裝瓶也不貼標籤，而是直接成桶的作為「普通威士忌」賣給亞歷山卓（Alexandria）附近酒館裡的顧客。這門生意大獲成功，華盛頓1799年過世時，他的蒸餾酒廠已經躋身全國最大的蒸餾酒廠之一，一年生產超過一萬加侖的酒。

　　華盛頓死後，蒸餾酒廠年久失修，在1814年燒燬。幸好美國的烈酒協會（Distilled Spirits Council）對那地方的歷史起了興趣。他們和建築師與維農山莊社區合作，贊助重建這座蒸餾酒廠。酒廠位於磨坊旁，如今仍然在運作，沿用詹姆斯‧安德森當年使用的設備和方法製造裸麥威士忌。只有一個不同：現在維農山莊賣出的威士忌不是未熟成的「普通威士忌」，而是在橡木桶裡熟成，變得更順口之後再裝瓶，每年限量供應。

裸麥捲土重來

　　裸麥威士忌很有個性。普林尼說裸麥帶著苦味，但稱之為香料味或強勁的風味可能更準確。裸麥威士忌曾經是廉價劣質的烈酒，但複雜化的蒸餾技術和木桶熟成的美妙特性，使得今日市場中一些最上等的威士忌主要以裸麥製成。

裸麥威士忌： 在美國，想得到「裸麥威士忌」的名號，必須至少含有 51％的裸麥，蒸餾後的酒精濃度不得高於 80％，在焦化的新橡木桶裡熟成，濃度不得超過 62.5％。如果熟成兩年以上，就可稱為「純裸麥威士忌」。

曼哈頓

曼哈頓這款經典調酒最能徹底利用、表現裸麥威士忌，甜味苦艾酒平衡了裸麥的刺激的苦味。這款調酒也有無數的變化：用蘇格蘭威士忌取代裸麥威士忌，就得到羅伯‧羅依（Rob Roy）；用班尼迪克丁香甜酒（Benedictine）取代苦艾酒就會得到蒙地卡羅（Monte Carlo）；或只是把甜味苦艾酒換成不甜的，用扭轉檸檬皮裝飾，就成了澀味曼哈頓（Dry Manhattan）。

- 裸麥威士忌 ⋯⋯ 1½ 盎司
- 甜味苦艾酒 ⋯⋯ ¾ 盎司
- 安格斯圖拉苦酒 ⋯⋯ 2 毫升
- 馬拉斯奇諾酒漬櫻桃

把櫻桃之外的所有材料加入冰塊搖勻，過濾至雞尾酒杯，用櫻桃裝飾。

裸麥也是一些德國和斯堪地那維亞啤酒的原料之一，而美國的手工精釀蒸餾酒師也會使用裸麥。裸麥一向是俄國和東歐伏特加的基本原料，現在美國的伏特加蒸餾酒師也會使用了。Square One 伏特加完全是用有機的深褐北方春麥（Dark Northern）和其他北達科塔州的裸麥品種製成。蒸餾酒廠沒有尋求帶有豐富麵包風味的品種，而是依澱粉含量而選擇裸麥，有些品種則是作為牛隻飼料之用。「我們真正想要的只是澱粉分子。」酒廠經營者艾麗森‧伊萬諾（Allison Evanow）表示。「蒸餾的清澄烈酒裡，堅果味沒那麼重要。」不過她遇到一個問題——蟲蟲危機，「如果種來當飼料，裸麥裡通常會留有比較多蟲子。」她說：「我們曾經因為穀物裡有太多蚱蜢而不得不拒絕一家供應商的裸麥。」

裸麥種植者還面臨另一個挑戰：裸麥會受一種真菌麥角菌（*Claviceps purpurea*）侵害。孢子落在綻放的花朵上，假裝是花粉粒，因此能進入子房。進入子房後，真菌取代穗軸上的裸麥胚，有時看起來太像穀粒，很難看出感染的植株。十九世紀末之前，植物學家還以為古怪的黑色穀粒是裸麥正常的外觀。雖然真菌不會害死植物，對人類卻有毒，其中含有LSD（譯註：麥角酸二乙醯胺〔Lysergic acid diethylamide, LSD〕，一種迷幻藥）的前驅物，釀成啤酒或烤成麵包的過程都無法去除。

有精神活性的啤酒或許很吸引人，現實的情況卻頗為恐怖。麥角菌的毒會造成流產、痙攣、精神異常，甚至可能致命。中世紀時曾爆發稱為「聖安東尼之火」的舞蹈狂熱症，會讓全村同時陷入瘋狂。因為裸麥是粗人的食物，所以下階層的人比較容易罹患病症，可能煽動革命或農民暴動。有些歷史學家懷疑賽林（Salem）的女巫審判之所以發生，就是因為麥角菌中毒的女孩發生痙攣，讓鎮民覺得她們著魔了。幸好裸麥的麥角菌感染不難處理，在鹽水裡清洗就能殺死真菌。

SORGHUM
高粱

高粱　*Sorghum bicolor*

禾本科　Poaceae

1972年2月21日，美國總統尼克森（Nixon）、他的隨員和美國媒體成員在北京參與了一場宴會，開啟尼克森造訪中國的歷史之旅。那晚慶祝用的酒是茅台，以高粱做的烈酒，酒精含量超過50％。亞歷山大·海格（Alexander Haig）事前造訪時嚐過這種酒，便拍電報警告，「再次強調總統絕對不能在敬酒時真的喝下他杯裡的酒」。尼克森沒理會他的建言，每次敬酒都與人對飲，每啜飲一口就打顫，但什麼也沒說。新聞主播丹·拉瑟（Dan Rather）說茅台喝起來像「液狀的雷射刀」。

中國用高粱釀造的酒類稱為白酒，茅台酒只是其中的一類。釀酒時也會加入其他穀類：雜穀、米、小麥、大麥，不過高粱在亞洲的歷史悠久，最早在兩千年前就用來蒸餾烈酒。

適者生存

　　為什麼用高粱？顯然不是因為風味，看看白酒和高粱啤酒參與鑑酒，並沒有得多少獎。不過高粱恰好非常耐旱，在貧瘠的土壤裡容易種植，可以撐過一段逆境，然後立刻起死回生。薄薄的一層蠟質角質層讓高粱不致乾枯，天然的丹寧使之不受昆蟲侵害。遇到乾旱，幼嫩莖會產生氰化物，牲畜誤食會致命，但能在艱困的時刻保護植株。

　　簡言之，高粱是生存者。高粱因此成為解救饑荒和貧窮的作物。什麼都種不了的時候，高粱能讓人活下去。世界各地人口密度高的貧窮地區都有高粱，高粱因此成為自家釀酒的基本選擇。

　　高粱和雜穀常常會一併提及，「雜穀」是至少八種不同穀類的合稱，包括有圓椎花序的或小種子鬆鬆排列的高粱。有些雜穀稱為蘆粟（broomcorn），英文直譯是「掃帚穀類」的意思，形容為「掃帚」非常貼切。高粱像大部分的雜穀一樣，也是密生、強韌的草本，可以長到四‧五公尺高。

　　高粱發源自非洲衣索比亞（Ethiopia）和蘇丹（Sudan）附近，在西元前 6000 年左右馴化。高粱是非常理想的食物來源，因此傳到非洲各地，在兩千多年前傳到印度，又從印度沿著絲路傳到中國。高粱的品種超過五百種，粗略分成甜高粱和粒用高粱（grain sorghum）。以造酒而言，甜高粱比較適合從莖桿裡榨出糖分，蒸餾出像蘭姆的酒，而粒用高粱比較適合釀造啤酒或威士忌。

　　高粱缺乏讓麵糰伸展、膨起的麩質，不大適合做麵包，不過倒是可以用來做傳統的烙餅。令人食指大動的衣索比亞菜「因傑拉」（injera）就是用高粱或另一種像雜穀的穀物「苔麩」（teff）做的。

　　高粱的主要好處是纖維和維生素 B 的含量豐富，在食物稀少時可以提供重要的養分。玉米傳遍各地之後，營養的問題特別重要。完全以玉米為主食的飲食法可能造成癩皮病，這是維生素 B 缺乏的危險病症，甚至可能

致命。把玉米和高粱混著吃，可以防止癩皮病。

高粱啤酒

　　高粱最實際的用法是煮成粥或糜，最初用高粱做的發酵飲料只是把稀粥放置幾天，等到酒精濃度升到3～4%。今日製造的傳統非洲高粱啤酒和幾千年前的作法差不多。割下莖桿，在木臺或草墊上搥打脫穀，接著將穀粒浸泡一到兩天，啟動發芽程序。接著將穀粒攤開，通常是攤在綠葉鋪成的墊子上，加上遮蓋，讓穀粒再發芽幾天。這時穀粒中的酵素開始將澱粉轉換成糖。發芽的穀粒加入熱水、粒狀高粱和高粱粉末，加以冷卻。經過幾天自然發酵後，可能再煮滾、放涼，然後加入更多麥芽，讓發酵過程再持續幾天。啤酒釀好之後，只會稍微過濾，得到的飲料呈渾濁或不透明狀。

　　製作高粱酒通常是女人的工作。國際救援組織不大願意勸阻，因為這樣多少可以帶來一點收入，而且的確帶給家庭一些養分。高粱啤酒的殘渣會給孩子喝，這種帶酵母味的濃稠殘餘物酒精含量低，通常不含有害的細菌，而且營養豐富。其實高粱啤酒唯一真正的危險是用來加熱的容器。有些美國人因為遺傳而容易鐵質過剩，使用的鐵壺或鐵鍋和高粱中天然的鐵質結合，可能使啤酒中的含鐵量達到危險值。也懷疑先前裝殺蟲劑或其他化學物質的容器沒洗過就拿來使用，造成啤酒相關的意外中毒，不過這不是啤酒本身的錯。

　　五十年前，這種手工釀造的啤酒大約占非洲消耗酒類的85%，不過情況變化得很快。半成品材料（裸麥麵粉、酵母、釀酒酵素）便宜又容易取得，「加水即喝」的啤酒混合物也是。從手工啤酒更進一步的是奇布庫（Chibuku），這是紙盒裝的新鮮高粱啤酒。啤酒在紙盒裡繼續發酵，因此必須能通氣，才得以釋出二氧化碳，否則包裝會爆裂。Chibuku Shake-Shake 這個品牌被全球啤酒集團南非米勒（SABMiller）收購，證明可以從

世上最多人喝的植物

　　快問快答：哪種植物最常出現在調酒、啤酒和葡萄酒裡？大麥的呼聲很高，葡萄也很熱門。不過用於酒精飲料的高粱在亞洲和非洲太普及，也有可能拔得頭籌。只是太多中國的白酒和非洲的高粱啤酒都是私釀，通常在偏遠的鄉村製造，所以太難統計了。不過你知道嗎？中國官方的白酒產量據報是每年九十億公升，而私釀的蒸餾器輕易就能再產生幾十億——還不包括含有高粱的中國啤酒（中國是世上最大的啤酒市場，大約消耗四百億公升，幾乎是美國飲用量的兩倍）。

　　還有非洲——保守估計，非洲國家每年喝下以高粱為主原料的啤酒大約一百億公升，不過也有其他估計的結果高達四百億公升。所以中國和非洲大概就喝掉了兩百到四百億公升的高粱啤酒與烈酒。這還不包括世上其他地方用於商業釀造的高粱。

　　全球的葡萄酒消耗量高達兩百五十億公升，白蘭地和其他以葡萄為原料的烈酒或許又加入十到二十億公升。啤酒飲用者每年大約消耗一千五百億公升，而穀物威士忌和伏特加又加上九十到一百億公升——但這些都是包括高粱在內的混合穀類做成。因此葡萄和大麥這樣的穀類顯然呼聲很高。但如果我們有辦法精確地計算全球龐大又複雜的飲酒狀況，高粱顯然是全世界最多人喝的植物。

渾濁酸澀的裸麥啤酒中賺到多少錢。

其實南非米勒努力讓高粱釀造啤酒時更能發揮特色。公司和南非的數千位農民與其他非洲國家訂下契約，請他們替公司的釀造廠種植高粱。於是公司可以製造裝瓶的清澈啤酒，這種啤酒類似西式啤酒，只在當地販賣，每瓶不到一塊美金。現在仍然有一份幾便士的手釀啤酒，但啤酒公司希望身上只有幾塊錢的非洲人，可以花一點錢在更高品質的啤酒上。

美國的高粱

高粱在美國南部廣泛種植。其實高粱是美國第四大農作，僅次於玉米、小麥和大豆。十八世紀美國種植了某種蘆粟，不過我們今日所知的高粱直到1856年一連串精采的實驗之後才開始在美國種植。《美國農業家》（*American Agriculturist*）雜誌的編輯用他從法國進口的種子，種了一道二十三公尺長的高粱，總共收獲了近七百三十公斤的穀物，裝入小包裝，分送給他的三萬五千位訂戶。兩年後，他又玩了同一個把戲。美國專利局也收到了大量的高粱，包括原產於中國和非洲的品種。農夫收到免費的郵寄種子，不久就開始種植高粱當成飼料和穀類作物——接著他們發現高粱也能做出美味的私酒。

1862年，《美國農業家》刊登了「高粱酒」的廣告，原料是甜莖稈壓榨出的糖漿，自誇「和最好的馬德拉酒難以區分」。澤倫．萬斯（Zebulon Vance）曾任北卡羅來納州州長和美國參議員，他回想自己在南美戰爭時期擔任南部聯邦官員的日子，記得有一種用高粱「甘蔗」做的飲料。他說「不論味道或影響都比『一群有旗幟的軍隊』更可怕」，表示這種酒比敵軍的炮火更糟。不過這不表示萬斯反對私釀威士忌。他反對威士忌稅法，也反對國稅局官員追緝私酒。1876年，他抱怨，「這年頭，清清白白的人喝個清清白白的飲料，後面都免不了被一群國稅局官員追著。」

高粱糖漿做的酒繼續違法製造。1899年，南卡羅來納的私酒釀造

蜜汁

這個酒譜以常見的甜高粱栽培種命名，堪稱是杯中的甜點。

- 高粱糖漿 ⋯⋯ ½ 盎司
- 波本酒 ⋯⋯ 1½ 盎司
  （如果不喜歡波本酒，可以試試改用深色蘭姆酒）
- 阿瑪雷多杏仁酒（amaretto） ⋯⋯ ½ 盎司

因為高粱糖漿太濃稠，可能不易量測、倒出，可以試著舀進量杯，加入一點點水使之容易倒出，然後在微波爐裡加熱十秒（或是滴一些糖漿在搖酒杯，祈禱老天保佑）。把所有材料加冰塊搖勻，裝進雞尾酒杯中。

者因為製造 tussick 這種高粱烈酒而被捕（「tussick」這名字可能源自「tussock」，也就是一叢草）。因為加入了沼澤水，也有沼澤威士忌之稱。北卡羅來納州的私酒釀造者稱他們的高粱桿烈酒為「猴子蘭姆湯」，這名詞有一點種族歧視的意味，不過當時一些作家主張，這麼稱呼只是因為喝了會想爬上椰子樹。

高粱私酒的生意到二十世紀方興未艾。1946 年，戰後穀物短缺，私酒釀造者和合法的蒸餾酒廠都面臨原料不足的問題，而亞特蘭大一個四千加侖的蒸餾器發生爆炸，火勢燒燬了三千加侖等待蒸餾的高粱糖漿。1950年，共有七十八萬九千噸的高粱用於製造合法的蒸餾酒，但在 1970 年代最後一次記錄數據時，這個數字陡降至八萬八千噸。從 1930 到 1970 年代

（這是發表統計數字的期間），用來蒸餾製酒的高粱多於裸麥。

美國雖然有用高粱製作烈酒的悠久傳統——而且時至今日，美國農人仍然生產四到六百萬加侖的高粱糖漿，但現今市場上卻少有高粱做的烈酒。2011年，印地安那州的科格拉齊耶與赫布森蒸餾酒廠（Colglazier & Hobson Distilling）開始生產一種高粱糖漿蘭姆，他們稱之為高粱酒（依法不能稱之為蘭姆酒，因為法律規定蘭姆酒的原料必須是甘蔗，於是標籤上必須出現非常不浪漫的名字「高粱糖蜜酒」或「高粱糖蜜蒸餾的酒」）。威斯康辛州麥迪遜的舊糖蒸餾酒廠生產少量的珍妮女王高粱威士忌（Queen Jennie Sorghum Whiskey）。這樣的情況加上高粱啤酒想招徠麩質不耐症的啤酒飲用者，或許顯示著高粱在美國的復興。

國際事件

高粱穀粒在中國也是重要的啤酒原料，中國人學會從較甜品種的莖稈裡榨出汁來製酒。不過「白酒」這種蒸餾酒是中國最為人知的高粱飲料。尼克森總統喝的茅台酒據說源自八百年前的貴州省。有個故事雖然大家耳熟能詳，但無法證實——茅台酒被送到1915年舊金山的巴拿馬太平洋萬國博覽會（Panama-Pacific International Exposition），一位中國官員擔心中國產品會被忽視，因此讓一瓶茅台掉在地上砸破，讓香氣擴散到整個展覽廳。這一招引起了眾人的注意，贏得了金牌（可惜這個事件和金牌都沒在博覽會檔案中保存下來）。

「茅台酒」有一種特別高級的品牌，稱為貴州茅台，是宴會和慶祝場合的酒類好選擇。2011年初，貴州茅台因為在中國的售價漲到每瓶兩百美元，在歐美則是半價，因而上了新聞。蒸餾酒廠是國營企業，如此的高價引起人民抗議，認為他們應該要能買得起他們的國酒（不過在此同時，當然有人用自製的蒸餾器來重製他們自己的國酒）。中國政府嚴守機密，使得中國市場難以預測。然而酒類工作的專家相信，如果最受歡迎的白酒

品牌報告他們的銷量，大可以超越世上其他銷售名列前茅的大廠，包括目前的龍頭老大：真露的燒酒，和其他如思美洛伏特加、百加得蘭姆酒等熱門品牌。

尼克森總統得到的茅台酒想必是中國最好的茅台。在國宴上，周恩來總理點了根火柴拿到他的杯子旁，讓尼克森看到這種烈酒可以點火。尼克森記住了這件事，1974年，國家安全顧問亨利・季辛吉（Henry Kissinger）告訴另一位中國官員，總統回家之後打算表演這個把戲給女兒看。「於是他拿出一瓶茅台酒，倒進茶碟裡，把酒點燃。」季辛吉說。「但玻璃碟破了，茅台酒灑到桌上，桌子也燒了起來！所以你們差點害白宮燒了！」

提防獨腳金

高粱容易受一種古怪的寄生植物獨腳金（*Striga* spp.）侵害。（義大利女巫利口酒〔strega〕的愛好者會認出這是拉丁文的「女巫」之意。）獨腳金的種子感應到高粱根部所散發的獨腳金內酯（strigolactone）這種激素，才會發芽。獨腳金的種子接觸到這種激素，就會長出毛髮狀的細小結構，穿透高粱的根，不久就長進根裡。等獨腳金的植株冒出土時，高粱幾乎已經死亡。

獨腳金在垂死的寄主旁生長茁壯，綻放美麗的紅色花朵，高粱則枯黃凋萎。一株獨腳金可以產生五萬到五十萬顆種子，足以殺死一批高粱的收穫。植物學家正在培育不會產生這種激素的新品種高粱，希望使獨腳金的種子無用武之地。

SUGARCANE
甘蔗

貴秀甘蔗　*Saccharum officinarum*

禾本科　Poaceae

> 快樂的阿拉伯（Arabia the happy）和印度的蘆葦裡有一種稱為莎恰隆
> （sakcharon）的凝結蜂蜜，硬度和鹽接近，而且像鹽一樣脆，可以用
> 牙齒咬破。溶在水裡飲用對腸胃很好，當成飲料可以舒緩疼痛的膀胱
> 和腎。加以揉搓，可以化散讓瞳孔變暗的東西。

這段古怪的文字出自迪奧科里斯（Dioscorides）五卷的醫藥書《藥物論》（*De Materia Medica*），描述的是一種西元前 325 年亞歷山大大帝從印度帶到歐洲，讓歐洲開始接觸的甘甜草本。（對了，文中的「快樂的阿拉伯」是指葉門(Yemen)，和「沙漠阿拉伯」、「多岩的阿拉伯」不同，後二者是沙烏地阿拉伯其他地區的俗稱。）甘蔗和其中萃取出的晶糖

在當時的希臘人眼中十分新奇，不過甘蔗因為獨特的解剖優勢而多少可以四處旅行，因此在印度和中國已是非常熟悉的植物了。

甘蔗的誕生

　　植物學家相信，新幾內亞（New Guinea）早在西元前 6000 年就已經種植了甘蔗。當時可能只是砍下這種柔嫩的蘆葦，當作甜味來源而嚼食，不過比較成熟的植株有另一個功用：可以用來當建材。不難想像有人切下一些結實的甘蔗條，插進土裡當作茅草屋的支柱，卻發現甘蔗枝長出新的根，繼續生長。甘蔗和竹子一樣，極度容易繁殖。用不著懂得特別的知識，只要切下一塊，保持濕潤，放到別處的地上就好。想像一下多麼容易把這種植物帶往異地。甘蔗可以輕而易舉地漂到印尼、越南、澳州和印度。其實早期的貿易和文化接觸就是那麼發生的。一些早期的交流正是來自於船難殘骸、拋棄的貨物和吹離航道的筏子。結實輕巧的蘆葦既適合當建材又適合當食物，想必容易普及。

　　中國有本土的甘蔗（Saccharum sinense），又稱竹蔗。這與新幾內亞的種類相近，卻更強韌，耐得住較低的溫度、較貧瘠的土壤和乾旱。印度也有本地的甘蔗：細桿甘蔗（S. barberi）。這些甘蔗和一些早期比較野生的甘蔗之間發生過雜交，不過雜交是怎麼發生的，植物學還沒有定論。我們知道的是，雜交種四處傳播，在歐亞兩洲比較溫暖的氣候裡蓬勃生長。到了十五世紀，歐洲人已經培育出一種韌堅、強健而且非常甜的甘蔗，可以帶著走過香料貿易之路。葡萄牙人把這種甘蔗帶到加納利島（Canary Islands）和西非，哥倫布則帶到了加勒比海。

　　這種甘蔗來到新世界，除了帶給我們蘭姆酒，也帶給我們另一件事——奴役。十六世紀初期，歐洲的商船就航向西非，再從那裡航向加勒比海的甘蔗園，將奴隸帶給他們的貿易夥伴，開啟了人類歷史上最慘無人道的一章。在甘蔗田裡工作毫無喜悅可言，炎熱的高溫裡，必須用大刀砍下

甘蔗，在強大的石磨裡壓榨，然後放入炙熱的鍋裡熬煮。讓人做這些事的唯一辦法是綁架他們，威脅他們工作，否則就會沒命——當時的情況正是這樣。一些歐洲人和早期的美國人憎惡奴隸制度，例如英國的廢奴主義者拒絕在茶裡加糖，以抗議糖生產的方式。不過幾乎沒有人拒喝蘭姆酒。

甘蔗的栽培種

現代甘蔗品種的命名一點都不浪漫，看看 CP 700-1133 這名字就明白了。不過熱帶植物收集家仍然會種植一些比較古老的品種。其中許多品種的顏色鮮豔，有活潑的條紋，還有遠比現代有趣的名字，例如：

亞洲黑甘蔗 Asian Black／巴達雅亞 Batavian／波本 Bourbon／井里汶 Cheribon／克里奧 Creole／喬治亞紅甘蔗 Georgia Red／象牙紋 Ivory Stripes／路易斯安那紫 Louisiana Purple／裴蕾女神的煙霧 Pele's Smoke／條紋緞帶 Striped Ribbon／塔納 Tanna／黃色喀里多尼亞 Yellow Caledonia

甘蔗植物學

甘蔗乍看之下是普通的植物，只是又高又甜的草而已。不過仔細看看，不難發現一根甘蔗桿裡有不少玄機。地上冒出來的甘蔗被節區分成一段段節間。每個節都有「根始原細胞」（特定的狀況下會變成根的組織），還有一個芽，隨時準備長成莖和葉。這些蓄勢待發的小群組織正是甘蔗如此容易繁殖的原因。把一段節間帶著節的甘蔗埋到土裡（這樣一段

甘蔗稱之為蔗苗〔sett〕），就會冒出「種根」（sett root），提供暫時的營養，之後生出更永久的「苗根」（shoot root）來固定甘蔗，讓這段甘蔗活下去。之後冒出芽，成為新的一株甘蔗。

甘蔗莖是由一層層同心圓組成，和樹幹類似。外層是堅硬的蠟質外皮，防止植株的水分散失。外皮可能是黃色（生長中的幼嫩甘蔗），或是綠色（開始有葉綠素之後）。紅色和藍色的花青素（這種植物色素在甘蔗會保護植株不受強烈的陽光傷害）可能讓莖部變成鮮豔的紫色或酒紅色。有些品種甚至會像棒棒糖一樣有條紋。莖部的中央是柔軟的海綿狀植物組織，可以從根向上輸送水分，並且把糖分從葉子往下運送。這就是魔法之所在。每個節間都各別成熟，因此最接近地面的節間直到盡可能儲存最多蔗糖的時候，才算成熟。上面的那一節間糖分較少，以此類推。理想的情況是溫暖漫長的生長季，陽光充足，濕度高。在這樣的環境下，甘蔗會快速抽長，充滿糖分，甘蔗農稱之為黃金生長期。那段時間結束後，將甘蔗從盡量接近地表的地方砍下，以得到蔗糖濃度最高的節間。

如果沒砍下來，甘蔗桿就會開花，產生羽狀的花穗，有時稱之為「箭」（arrow），高度遠高於葉子，以便風力傳播。這就是甘蔗花粉傳播的方式。每個花穗上有幾千朵細小的花，每朵花都能產生一小粒種子。不過在甘蔗園裡，甘蔗在繁殖之前就會被砍下，並且將蔗苗埋在土裡，培育下一世代的甘蔗。

製造蘭姆酒

甘蔗銳利的葉子會割傷甘蔗工的皮膚，即使沒有這些葉子，要劈砍著進入甘蔗田也不容易。甘蔗田裡住了蛇、鼠、又大又肥的蜈蚣和螫人的大黃蜂，給人另一種討厭的驚喜。有個解決辦法是在收割前放火燒過甘蔗田，把害蟲害獸趕出去，同時清除大部分的植物。今日有些甘蔗田仍採用這種方式，就算是使用重機具採收甘蔗的現代化農場也會這麼做。

黛琦莉

這個酒譜以常見的甜高粱栽培種命名，堪稱是杯中的點心。

- 白蘭姆酒 …… 1½ 盎司
- 簡易糖漿 …… 1 盎司
- 現榨萊姆汁 …… ¾ 盎司

經典的黛琦莉只用這三種材料調配而成。
加入冰塊搖勻，過濾倒入雞尾酒杯。

　　甘蔗採收之後很容易腐壞，必須在細菌開始吃蔗糖、搶走製糖廠產品前快速送進壓榨廠。因此甘蔗一砍下來就要剖開、壓榨、取出甘蔗汁。在法屬加勒比群島的馬丁尼克島（Martinique），新鮮的甘蔗汁會直接發酵、蒸餾，做成鄉土蘭姆酒（rhum agricole）。在巴西，新鮮的甘蔗汁會做成cachaç'a（發音近似「卡莎薩」）。不過我們所知的蘭姆酒大多來自糖蜜，而不是甘蔗汁。

蔗渣：甘蔗桿榨出甘蔗汁後的殘渣。用作燃料、畜牲的飼料、建材和可堆肥包材。

　　製糖的過程是將甘蔗過濾、純化，之後加熱讓糖結晶。殘餘的物質是

一種味道濃郁的深色糖漿：糖蜜。如果要做成蘭姆酒，糖蜜就會摻入水和酵母，加以發酵，形成酒精濃度5～9%的飲料。接著進行蒸餾，從前用的是簡單的罐式蒸餾器，現在則是複雜的柱式蒸餾器。

　　在甘蔗園裡，蘭姆是工人的廉價飲料，而非上好的輸出品。這些甘蔗園的主人喝的大概是波特酒或白蘭地，不是蘭姆酒。最先到達新英格蘭的拓荒者因為缺乏簡單方便的釀酒辦法，於是從加勒比海進口糖蜜，製成蘭姆酒。但那是走投無路的對策，之後則是反抗的表現。1733年的蜜糖法案（Molasses Act）是英國對法國糖蜜收取沉重的進口稅，強迫殖民地買英國糖蜜而不用法國貨的策略。這樣的稅法卻讓拓荒者的憤怒火上加油，引發了美國革命。約翰·亞當斯（John Adams）在1818年給朋友威廉·都鐸（William Tudor）的信中寫道，「我不知道我們為什麼羞於承認糖蜜是美國獨立的重要因素。許多重大的事件都發根於更微不足道的原因。」

　　種植甘蔗也成了美國的工業。現在佛羅里達州、路易斯安納州、德州和夏威夷共種植了九十萬畝的甘蔗。不過大部分的蘭姆酒仍然來自加勒比海地區。一部分是因為歷史的偶然——歷史最悠久、最著名的蒸餾酒廠必然與建在甘蔗最初種植的地方。這也是氣候造成的偶然，威士忌如此豐潤順口，是由於酒精和木頭美妙的交互作用，而同樣的交互作用也發生在蘭姆酒裝桶時。但是這樣的過程在熱帶發生的遠比其他地方迅速。每年隨著酒桶木頭在蒸騰的熱度裡膨脹變軟（通常使用二手的波本酒桶），一桶蘭姆酒會失去高達7～8%的酒精。在蘇格蘭需要十二年才能達成的事，在古巴只要幾年就完成了。因此深色且熟成完美的加勒比海蘭姆酒在木桶裡擱置一小段時間，就能擁有驚人的濃郁複雜香氣。

蔗糖入門

糖（或是用等量糖與水加熱製成的簡易糖漿）是不可或缺的調酒材料。不過糖有很多種，有些比較適合加入飲料，有些則否。

◆ **紅糖／BROWN SUGAR**：是精製的糖，灑上糖蜜以染色，並增添風味。

◆ **德麥拉拉粗糖／DEMERARA SUGAR；黑砂糖／MUSCOVADO SUGAR**：是兩種不同的粗粒粗糖，覆有一些糖蜜或雜質。

◆ **糖霜／POWDERED SUGAR**：含有少量的玉米澱粉或麵粉以防止結塊，適合烘焙用，卻會讓飲料變得黏稠。避免用於調酒。

◆ **特級砂糖／SUPERFINE SUGAR**：又稱烘焙用糖（Baker's Sugar）或白砂糖（Caster Sugar），是一般細顆粒的糖，磨成細緻的粉末，因此能快速溶解。適合調酒。

◆ **原蔗糖／TURBINADO SUGAR；粗糖／RAW SUGAR**：是用甘蔗汁的第一次萃取製成。顆粒通常較粗，含有一些糖蜜的風味。製成的簡易糖漿香氣比較濃郁，不過烹煮的時間比較久。

甘蔗烈酒指南

◆ AGUARDIENTE：西班牙文中用來通稱清澈的中性烈酒或白蘭地。在許多拉丁美洲國家，這是指甘蔗為基底的烈酒。

◆ 巴達維亞亞力酒／BATAVIA ARRACK：高酒精濃度（50％）的印尼烈酒，蒸餾的材料是甘蔗和發酵紅米。經典調酒酒譜裡的關鍵成分。

◆ 卡莎薩巴西甘蔗酒／CACHAÇA：卡琵琳娜（Caipirinha）的主要成分（其他的成分是糖和萊姆汁）。這種巴西烈酒是用新鮮的甘蔗汁蒸餾而成。

◆ 恰蘭達／CHARANDA：墨西哥烈酒，通常稱為「墨西哥蘭姆酒」。

◆ 來康哈里的皇家甘蔗酒／LAKANG HARI IMPERIAL BASI：菲律賓以甘蔗為基底的酒。

◆ 蘭姆雞尾酒／PUNCH AU RHUM：蘭姆酒為基底的法國利口酒。

◆ 鄉土蘭姆酒／RHUM AGRICOLE：法屬西印度群島的蘭姆酒，使用的不是糖蜜，是以甘蔗汁蒸餾而成。

◆ 蘭姆酒／RUM：發酵甘蔗汁、糖漿、糖蜜或其他甘蔗副產物蒸餾成的酒，蒸餾到酒精濃度最多80％，裝瓶時的酒精濃度不超過40％。

◆ 調合蘭姆酒／RUM-VERSCHNITT：德國酒，以蘭姆酒和其他酒混合而成。

◆ **甘蔗或蜜糖的烈酒或伏特加**：用甘蔗蒸餾的清澈、中性、酒精濃度高的烈酒通稱。

◆ **絲絨法勒南／VELVET FALERNUM**：以蘭姆酒為基底的甜利口酒，用檸檬、杏仁、丁香和其他香料調味，是像邁泰這種熱帶調酒的關鍵基酒。

莫希多

- 新鮮綠薄荷 …… 3 枝
- 現榨萊姆汁 …… ¾ 盎司
- 簡易糖漿 …… 1 盎司
- 白蘭姆酒 …… 1½ 盎司
- 蘇打水
  變化版：氣泡酒（可以用不甜的西班牙卡瓦氣泡酒〔cava〕）和新鮮水果

在搖酒杯裡加入兩枝綠薄荷、萊姆汁和簡易糖漿並攪拌。加入蘭姆酒，加冰搖盪，過濾倒入盛滿碎冰的高球杯。加上蘇打水，用剩下的綠薄荷裝飾。

變化版：莫希多可以利用任何能取得的季節水果。桃子、李子、杏桃、覆盆莓和草莓最適合。按酒譜調酒，不過要切碎水果和碎冰混合，盛入高球杯。加入蘭姆酒，最後不加蘇打水，改成氣泡酒（可以用不甜的西班牙卡瓦氣泡酒），然後帶著坐在陽光下享用。

海軍的烈酒

雖然蘭姆酒是美洲的酒，蘭姆酒的歷史卻和英國海軍密不可分，而海軍和這款最愛的烈酒兩者悠長的關係，衍生出數量驚人的酒譜、行話和奇妙的小撇步。

十六世紀初期的水手喝的是啤酒，一則是為了讓他們保持開心，另一則是飲水問題；如果沒有酒精殺死細菌，海上的水很快就會變質。但漫長的航程中，即使啤酒也會腐敗，因此蘭姆酒就成了理想的配給酒。不過給水手一整品脫的蘭姆酒並不是好主意——他們會一次喝光，怠乎職守——解決辦法是摻入水、萊姆汁和糖，既改善味道，也能防止壞血病。這種兌水的烈酒（雖然成分和黛琦莉〔Daiquiri〕差不多，但不夠烈，不足以稱為黛琦莉）可以一天配給兩次，而不至於使船上工作停擺。

不難看出水手開始懷疑他們的蘭姆酒稀釋太多時，他們有多麼不滿了。他們要求證明所得到的蘭姆酒沒有短少。當年沒有液體比重計（用來測量液體和水的比重差異，藉此能測出酒精含量），於是發展出一種方式，利用的是船上少不了的東西：火藥。如果蘭姆酒摻了水，一定分量的火藥和蘭姆酒混合之後就無法點燃，酒精濃度必須高達57%才能夠點燃。船上的事務長會在船員面前混合蘭姆酒和火藥，然後點燃火藥，以證明蘭姆酒的酒精濃度。

現在英國的酒精強度仍然是以此為標準：一瓶酒如果含有57%的酒精，則是100度。美國的計算方式比較簡單：100度等於酒精濃度50%。

1970年，英國海軍中止了蘭姆酒配給。水手提出抗議，甚至戴上黑臂章，懇求海軍退役的菲利普親王「救救我們的酒」。但他們的抗議徒勞無功。取消配給不只省下開銷，也確保水手在駕駛潛水艇的時候至少與平民開車時一樣清醒。傳統走入歷史已經五十年，但有些蘭姆酒的蒸餾酒師仍然生產「海軍強度」的蘭姆酒，裝瓶時的酒精濃度為57%。

SUGAR BEET

甜菜

甜菜　*Beta vulgaris*

藜科　Chenopodiaceae

1806 年，拿破崙發現自己進退兩難。他之前發出一道命令，也就是柏林敕令（Berlin Decree），禁止進口所有英國商品。也就是法國人民不再有茶、溫暖的英國羊毛、靛染和糖。當時加勒比海地區大部分的甘蔗生產都在英國的控制之下。拿破崙知道這會造成巴黎甜點師的大災難，便構思了從甜菜提煉糖的計畫。

他請植物學家班傑明·德雷塞（Benjamin Delessert）研究提煉的辦法。不久法國各地就有了七個實驗站進行實驗，百名學生學習從甜菜提煉糖的程序。農夫必須種植幾千畝的甜菜。共有四十座工廠源源不絕地產出三百萬磅的糖。1811 年，拿破崙寫道，就讓英國人把他們的甘蔗丟進泰晤士河吧，因為歐洲人已經不需要甘蔗了。不過拿破崙被放逐後，政治風向轉變，甘蔗於是重回法國。

現代的甜菜是白色的大型品種，特點是蔗糖含量特別高，高達 18％，甚至高過大部分的甘蔗。甜菜可以長到三十公分長，重達兩公斤。甜菜是茶菜（chard）和莧菜（amaranth）的親戚，大概起源於地中海地區，和野生的根茶菜（Beta vulgaris subsp. maritima）相較之下較為馴化。雖然植物學家在十六世紀末發明了熬煮甜菜做成甜糖漿的方法，但直到培育出含糖量更高的品種，甜菜才用來當作甜味劑。育種的突破加上技術進步和需求

增加，終於成功地從甜菜萃取出足夠的糖分。

現今全球的糖類供應有四分之一來自甜菜，領頭的是美國、波蘭、俄國、德國、法國和土耳其，美國的糖產量有55％來自甜菜，為了滿足嗜甜的嘴，消耗了國內生產的所有糖，並且進口更多，來源主要是拉丁美洲和加勒比海地區。

從甜菜提煉糖的程序和甘蔗製糖的程序類似。甜菜汁不是壓榨取得，而是用熱水萃取，不過之後也需經過過濾、加熱，分離糖結晶和糖蜜的步驟。甜菜提煉的糖和甘蔗提煉的糖相同，但糖蜜不同：甜菜留下非糖分的殘留物，因此糖蜜帶苦味，難以下嚥。可以餵食牲畜，也可噴灑在結冰的路面，幫助固定灑上的鹽。

不過愛酒之人感興趣的是，甜菜糖蜜其實會賣給酵母的商業生產者，他們將甜菜糖蜜和甘蔗糖蜜混合，提供大規模培養酵母菌所需。酵母菌吃糖蜜長大，經過過濾、壓縮，發送到釀造廠、蒸餾酒廠和麵包店。因此可以說所有的酒精都起自甜菜糖。

有些烈酒是用甜菜糖做的，不過或許沒那麼常見——所謂精餾烈酒或中性烈酒都可能是甜菜糖的產物，用來當作利口酒的基底，或調整烈酒的酒精濃度。柑橘利口酒（例如橙味香甜酒〔Triple Sec〕）和許多品牌的艾碧斯及茴香酒都是用甜菜糖的酒精為基底。世界各地有少數蘭姆酒的原料也是甜菜糖，包括瑞典的Altissima和奧地利的80度斯多爾（Stroh 80）。美國手工精釀的蒸餾酒廠嘗試以甜菜糖做酒。密西根州的北方聯合釀酒公司（Northern United Brewing Company）用甜菜糖做出不同版本的蘭姆酒，而威斯康辛州的舊糖蒸餾酒廠（Old Sugar Distillery）從甜菜糖蒸餾出蜂蜜利口酒和大茴香風味的利口酒。

WHEAT
小麥

小麥　*Triticum aestivum*

禾本科　Poaceae

小麥是最古老的穀類之一，如果說它是最古老、最主要的啤酒原料候選者也合理。一萬多年前，小麥在中東馴化，在西元前3000年傳到中國。小麥這種食物來源擁有各種食物的特質：含有蛋白質、有風味、保存期限久，而且彈性驚人，能讓麵包膨脹。但是一些美味的特點反而使得小麥難以發酵。其實釀造師和蒸餾酒師反而認為小麥這種原料比較難處理。

要了解這個問題，可以從植物的觀點來思考。任何的穀物當然都是種子，代表著植物的下一個世代，也是植物永生的機會。為了確保種子成功生長，植物會將醣類用澱粉的形式儲存在胚的旁邊。不過只靠糖分還嫌不夠──種子也需要蛋白質。種子落到地上，有點潮濕時，酵素就開始工

作，拆解澱粉，讓幼苗有點糖吃。不過酵素首先得過蛋白質這一關。

小麥特質擅長吸收氮，也就是蛋白質的一個成分。小麥蛋白非常有彈性，如果有多餘的氮就會吸收。因此澱粉外部圍了一層強韌的基質。這對烘焙師是個好消息：適量的蛋白質能做出一條好麵包。這些小麥蛋白在有水的情況下會聚成麩質，也就是麵糰裡非常重要的那種黏呼呼、易延展的物質。

所以幾千年來，農夫選擇了蛋白質含量高、熱切吸收氮的品系。不過他們的選擇對釀造師沒什麼好處，在釀造師的酒醪裡，澱粉和蛋白質基質結合得太緊密，有些澱粉因此無法利用。這是個簡單的等式：愈多氮，就有愈多蛋白質，表示糖分少了，酒精也少了。更糟的是小麥在醪桶裡可能變得黏稠，發酵後留下的蛋白質也會讓酒變得渾濁。

蕎麥

蕎麥不是麥，而是蓼科（knotweed family）的開花植物。蕎麥和酸模（dock）與酢漿草這兩種歐洲的草本植物是近親。深色的三角形狀子包在蕎麥殼裡，而蕎麥殼占蕎麥體積的四分之一。蕎麥殼除去後，剩下的稱為碎蕎麥。

除了蕎麥粉可以製作煎鍋鬆餅、麵條、加入穀類（例如歐洲的蕎麥片），蕎麥在日本也用來製作燒酒，而且被當成無麩質的代替品，出現在伏特加和啤酒中。法國的巨石蒸餾廠（Distillerie des Menhirs）聲稱他們製作的蕎麥威士忌獨步全球，稱作艾杜銀標（Eddu Silver）。

小麥的妙處

　　古代的酒雖然用了小麥，但絕對不會單獨使用。埃及人把他們的小麥和大麥、高粱、雜穀混合，得到比較容易成功的配方。德國從中世紀開始，發展出優良的小麥啤酒傳統，可是即使這些啤酒裡也只含有55%的小麥，其餘都是大麥。俄國蒸餾酒師早期做出的伏特加混合了小麥、大麥和裸麥，蘇格蘭和愛爾蘭的威士忌釀造者用類似的組合製造威士忌，又加入一點玉米，使得這門藝術更加完美。少了其他穀物幫忙，小麥其實成不了什麼氣候。

　　如果小麥這麼難處理，何必還用小麥呢？試試德國的小麥酵母啤酒（Hefeweizen），你就知道了。這種酒裡帶著強烈的麵包和餅乾香氣，讓人不愛也難。而且小麥順口圓潤又隨和，很容易和相伴的風味融洽混合。德國的小麥啤酒以香料和柑橘香氣聞名，獨特的香氣不只來自啤酒花，更是因為特殊的酵母菌品系分解了小麥的糖分，產生自己獨特的風味。而且這些啤酒的氣泡綿密厚實，主要成分就是可溶的小麥蛋白。許多釀造師為了氣泡而在他們的混合穀物裡加入一點小麥。

　　伏特加和威士忌裡的小麥使酒變得清新、順口，這是美妙的結果。不少波本酒的飲用者會說他們嚐過各式各樣花俏的波本酒，但始終會回去喝美格酒廠（Marker's Mark）的酒。為什麼？就是因為小麥。大部分的波本酒裡除了玉米和大麥，都含有一點裸麥，不過美格用的不是裸麥，是小麥。那股順口香甜的風味和裸麥那種香料刺激的味道大不相同，所以美格才廣受大眾喜愛。小麥的影響在一些新的美國「純麥」威士忌裡更顯明，這些威士忌裡的小麥含量高於混合中的51%，而小麥的適口性在灰雁（Grey Goose）、坎特一號（Ketel One）和絕對伏特加這三種全球最受歡迎的伏特加裡更是顯著。

　　直到不久以前，小麥農一直忽視釀造師和蒸餾酒師的需求。種植蛋白質含量高的硬質小麥，施大量氮肥，對於想餵飽全世界的農人是很好的策

品嚐小麥

　　全世界的小麥品種數以千計。賣給釀造師和蒸餾酒廠的小麥只會標上種類，例如「紅色軟質冬小麥」（soft red winter wheat）。以下則列出會出現在酒瓶裡的幾個特定品種。

威士忌	啤酒
Alchemy	Andrew
Claire	Crystal
Consort	Gambrinus
Glasgow	Madsen
Istabraq	
Riband	
Robigus	
Zebedee	

略。但如果一天將盡時，農人想來一杯美味的威士忌，那麼多種幾片小麥田會有幫助。不同種的小麥是用生長季（冬或春）、顏色（琥珀、紅色或白色）以及蛋白質含量來辨別，軟質小麥的蛋白質含量較低。現在，種植者比較專注於培育蛋白質含量低的品種，而想要替釀造師種植穀物的農民，他們田裡用的氮肥也變少了。用來釀酒和蒸餾的小麥，只是全球各地的六億八千九百萬噸的一小部分，不過有了小麥，啤酒、威士忌和伏特加就不同了。

來點檸檬角？

小麥啤酒常常附著檸檬角，可凸顯啤酒裡天然的柑橘味，不過有些啤酒愛好者覺得這樣褻瀆了啤酒。他們認為好的啤酒絕不需要額外調味。跟某些人為伍時，在小麥啤酒裡加檸檬角可能建立或毀掉一段友誼。酒是你的，想怎麼喝是你的事——不過要小心行事。

世界各地
奇妙的釀酒原料：
古怪酒類

烈酒不只可以用大麥或葡萄當原料，

有些最奇妙、最古怪的植物也被人類發酵蒸餾做成酒。

其中有些有危險性，有些怪得不可思議，

有一種和恐龍一樣古老，

不過每種都代表全球飲酒傳統中不同的獨特文化。

BANANA
香蕉

香蕉　*Musa acuminata*

芭蕉科　Musaceae

香蕉樹其實不是樹，而是巨大的多年生草本植物。香蕉的莖幹沒有木質組織，因此不算是一種樹。大部分的人只吃過一種香蕉，也就是在超市買得到的華蕉（Cavendish），不過香蕉其實有幾百種雜培種，包括烏干達和盧安達所謂的啤酒香蕉。蕉農喜歡種啤酒香蕉（而不喜歡種大蕉〔cooking bananas, plantains〕），因為啤酒香蕉可以做成利潤較高的啤酒，雖然保存期限不長，至少不像香蕉那麼容易壞掉。香蕉變成酒之後，也比較容易運送到市場。

傳統的作法是把熟成未去皮的香蕉堆進洞或籃子裡，有點像踩葡萄一樣用腳踩榨出汁液。香蕉汁用草初步過濾，放在葫蘆裡發酵，這時可能加進高粱粉。幾天後，渾濁又酸甜的啤酒就可以喝了。裝瓶之後，最多可以

儲藏二到三天。

　　烏干達的香蕉啤酒通常是手釀，不過釀造師也做了商品版的香蕉啤酒。夏柏（Chapeau）的香蕉啤酒是比利時的蘭比克天然發酵啤酒。英國的威爾斯與楊釀酒公司（Wells & Young's Brewing Company）生產威爾斯香蕉麵包啤酒，而荷蘭的猛哥釀酒廠（Mongozo brewery）釀造廠則用公平交易的香蕉，依非洲的方式製作香蕉啤酒。

CASHEW APPLE
腰果果實

腰果　*Anacardium occidentale*

漆樹科　Anacardiaceae

　　一般人都沒有從果殼裡剝出腰果的經驗。這也難怪，因為腰果樹和毒藤、檪葉漆樹和毒漆樹是近親。腰果和它的親戚一樣，會分泌討厭的油脂「漆酚」（urushiol），讓人發疹子。外殼必須小心地蒸過剝開，取出裡面不含漆酚的堅果。

　　堅果上方連著一個小果實，也就是腰果果實。（植物學上，腰果果實其實是假果，因為其中並沒有籽，真正的果實是下面掛著的腰果堅果。）腰果果實也不含有毒的油，印度人會拿來做一種發酵飲料：「feni」。

　　腰果樹原產於巴西，1558 年由法國植物學家安德列・特維（André Thevet）採集記錄。他在木板畫上描繪人們擠壓還掛在樹上的腰果果實，葡萄牙冒險家把腰果帶到他們在莫三比克（Mozambique）的殖民地和印

度的東岸。歐洲人對酒的品味促成了腰果利用的新方式：1838年，針對西印度人飲酒習慣的報告裡，就寫到一種調酒，大概是以蘭姆酒為基底，並用腰果果實的汁液調味。

這種生長迅速的低矮樹木大約可以長到十二公尺高，枝葉伸展到兩倍寬。從前為了控制土地侵蝕而在印度種植。東非、中南美各地現在也有了腰果樹，不過全球的腰果供應主要來自巴西和印度。

印度的小邦果亞邦（Goa）現在仍然生產腰果果實feni（也拼成fenny或fenni），當地從1510到1961年間都在葡萄牙的占領下，現在是歐洲遊客的旅遊勝地，會在度假時尋找當地產的酒。

腰果果實從樹上落下，或是輕輕一壓就裂開，表示已經成熟了。成熟的腰果果實會迅速腐壞，所以要立刻榨成汁。做腰果果實酒時，當地人會將腰果果實（稱為caju）和堅果分離。果實放進洞裡踩，有時是由小孩穿著橡膠靴踩踏。汁液收集起來，做成輕微發酵的夏日飲料「urak」。有些發酵的液體在過濾之後用銅壺蒸餾到酒精濃度大約40％，feni就是這種清澈的烈酒。當地人會搭配檸檬水、蘇打水或通寧水享用。

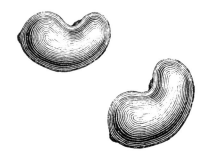

CASSAVA
樹薯

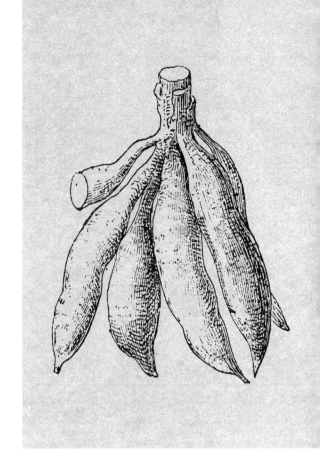

樹薯　*Manihot esculenta*

大戟科　Euphorbiaceae

　　樹薯根是世界各地貧窮饑荒地區的重要食物。即使在今天，樹薯根也餵養了非洲、亞洲和拉丁美洲的四百萬人。充滿澱粉的根部可以長到九十公分，重達幾公斤，而且含有一些營養，包括維生素C和鈣質，但具有毒性，需要經過適當處理。為了溶出氰化物，樹薯根必須泡水、煮熟，或是磨成粉，鋪在地上幾個小時，讓氰化物分解或是散到空氣中。所謂甜的品種比較不需要處理，而比較營養但較毒、較苦的品種就需要如此仔細處理。不過不論甜或苦，都不適合生吃。

　　雖然處理困難，樹薯（又稱木薯〔manioc root〕）仍然是主要食物，因為樹薯抗旱，容易種植。在加勒比海地區和部分的拉丁美洲地區，特別是巴西、厄瓜多和祕魯，樹薯酒（在加勒比群島稱為 ouicöu）的作法是把

根部剝皮、切碎，在水裡煮，嚼過之後吐回酒醪裡。這個步驟加入了唾液中的澱粉酵素，能幫忙把澱粉轉換成糖。之後煮沸酒醪，可能加入糖、蜂蜜或水果，幫忙增加酒精含量、增進風味。

樹薯原產於南美，西元前5000年在巴西馴化。在1736年引入東非，但直到二十世紀才在那裡廣泛種植。所以非洲的樹薯啤酒釀造傳統相較之下時間比較短。跨國的啤酒企業南非米勒生產銀子彈（Coors Light）和亨利・溫哈德（Henry Weinhard）這些品牌，他們跟當地的農民採購原料，低價賣出啤酒，希望既能提供工作機會，也在貧窮渴望的非洲人之中創造新市場。

樹薯濃汁（Cassareep）： 是樹薯根水煮、加入丁香、卡宴辣椒（cayenne）、肉桂、鹽和糖做成的糖漿，質地黏稠且色澤深。可以當肉類的醬汁，也能為辣味濃湯（pepperpot）這種蓋亞那的燉菜調味。看起來目前沒人有勇氣或聰明到發明把樹薯濃汁當材料的調酒——未來就不一定了。

酒裡的蟲：蜜蜂 *Apis* spp.

酒的歷史上，沒什麼昆蟲比蜜蜂更重要了。幾乎每種可以發酵的水果（從葡萄、蘋果到古怪又可愛的羅望子）都依靠蜜蜂傳遞花粉，如果少了蜜蜂，我們就可能突然陷入駭人的清醒狀態，更不用說壞血病和饑荒的問題了。不過蜜蜂和酒醉之間有更直接的途徑──蜂蜜。

埃及時代開始養蜂之前，人類就在野地裡採集蜂蜜了。原始繪畫中，早在新石器時代和中石器時代，蜜蜂獵人就已經爬上懸崖搶走蜜蜂的蜂巢。最早的蜂巢稱為 skeep，是用簡單的籃子做的，至少可以掛在比較方便的地方，從此再也不用在森林裡穿梭，尋找蜂蜜。

最早的蜂蜜酒（honey wine, mead）可能是來自蜂巢倒出大部分蜂蜜，泡在水裡清除殘餘的蜂蜜的時候。這種蜂蜜水遇到野生酵母菌，就會自然發酵。之後，養蜂人發現他們可以把蜂巢放在特定的作物（例如丁香、紫花苜蓿和柑橘類）附近，進而得到香氣更清、更甜的蜂蜜，於是森林裡採集來的野生蜂蜜首先做了蜂蜜酒，而比較精製的養殖蜂蜜則通常用作甜味劑。

希臘人用「kykeon」這個字（意思是「混合」）稱呼一種特別的酒精飲料，其中含有啤酒、葡萄酒和蜂蜜酒。在荷馬（Homer）的《奧德賽斯》（*Odyssey*）裡，奧德修斯（Odysseus）的船員被瑟西（Circe）用這種酒迷倒，接著，這位女巫把他們變成了豬。希臘和羅馬的蜂蜜酒釀造技術傳遍歐洲，但非洲人有他們自己的方式。中北非的阿讚德（Azande）這個部落會做蜂蜜酒，衣索比亞有一種蜂酒稱為 tej，或 t'edj，也流傳很廣。配方是六份的水加上一份的蜂蜜。蜂蜜水通常裝進陶器或葫蘆發酵幾星期後，達到和葡萄酒相當

的酒精濃度，就可以喝了。有時會加入鼠李（*Rhamnus prinoides*）或阿拉伯茶（Catha edulis），這種植物的葉子可以當成溫和的興奮劑嚼食。在撒哈拉以南的非洲地區，會在蜂蜜水中加入羅望子或其他水果，做成更甜的飲料。

在巴拉圭，阿必朋族（Abipón）只混合蜂蜜和水，等待幾個小時，就會產生野生酵母發酵的微量酒精飲料。波利維亞的西里奧諾族（Sirionó）會把蜂蜜加進玉米、樹薯或番薯做的粥，發酵幾天，直到變得像啤酒一樣烈。就連早期的美國人也做了他們自己的蜂蜜酒，拓荒者說，這種深色渾濁的混合酒很烈，喝了會聽見蜂蜜的嗡嗡叫。

今日的優質蜂蜜酒帶著一種明亮的花香，有時會用水果、芳香植物或啤酒花加強，改變酒的調性。有些手工精釀的釀造師製造一種啤酒和蜂蜜酒的混合物，角鯊頭釀酒廠的貝武夫蜂蜜大麥酒（Beowulf Braggot）就是這樣的酒。雖然蜂蜜水可以蒸餾製成更烈的酒（有時稱為蜂蜜蒸餾酒〔honeyjack〕），但很少這麼做。紐約州塞內加瀑布（Seneca Falls）的隱沼釀（Hidden Marsh）蒸餾酒廠用蜂蜜製作他們的蜂蜜伏特加，驚人地順口，只帶著隱約的甜味。最美妙的天然蜂蜜味可以在德國的蜂蜜甜酒（Bärenjäger）這款利口酒中嚐到，酒瓶蓋甚至做成了蜂巢狀。

DATE PALM
椰棗

海棗　*Phoenix Dactylifera*

棕櫚科　Arecaceae

2005 年，以色列的一位考古學家想出一個簡單又驚人的主意：何不試試把儲藏著的兩千年前椰棗種子拿來發芽？從前曾經有考古挖掘出的老種子發芽，但從來沒有這麼古老的種子復活再生的紀錄。不過植物學家稱椰棗樹產生的種子為正儲型種子（orthodox seed），表示完全乾燥之後，種子的活力可以維持很長一段時間。（相對於正儲型的種子則稱為異儲型種子，只能在新鮮未乾燥時發芽。酪梨的種子就是異儲型種子。）

　　這顆特別古老的種子是在以色列馬薩達（Masada）挖掘遺跡時發現的，那就是西元 73 年猶太教狂熱者為了不屈從羅馬法律而集體自殺的地方。挖掘地點找到了椰棗種子，之後就小心儲藏起來，直到考古學家決定拿來發芽的那一天。如果植物會驚訝，那這顆種子沉睡接近兩千年之後在

現代的溫室醒來，發現自己被裝在塑膠盆裡，由滴灌系統灌溉，一定驚訝得不得了。這個特別品種的棕櫚樹稱為猶太海棗（Judean date palm），在西元500年左右絕種，因此種子能起死回生，更是驚奇。培育者還在等著確認長出的是男孩還是女孩——希望是女孩，這樣才能取得早已絕種的水果樣本。

椰棗的果實在地中海地區、阿拉伯和非洲料理中是主要的食物。不過椰棗酒並不是來自果實，而是這種樹的樹液。這種歷史悠久的飲料至少早在西元前2000年就出現在埃及的繪畫中。千年之間，製造椰棗酒的方式不曾改變。為了取得樹液，首先得劃開樹採樹液，通常是用摘花的方式，也就是切下花朵。有些文化裡，在摘花之前會進行複雜的儀式，對花朵又折又彎又打又踢，或施以其他的虐待方式。這些措施都會促使更多樹液流出。

其他的棕櫚植物，包括可可樹（Cocos nucifera），在亞洲、印度和非洲等地都會採取樹液，而每種樹的採取技巧也不同。有些樹必須完全砍下，有些則是在樹幹最上端挖個洞，讓樹木瀕臨死亡，或是殺死棕櫚樹。許多時候，棕櫚樹只會像採楓樹液一樣劃出割痕或打洞。

收集的樹液可以當甜味劑或煮成糖塊，稱為棕櫚糖（jaggery）。靜置之後，由於空氣中的野生酵母和盛裝樹液的葫蘆，樹液幾乎立刻就開始發酵。幾小時內，甜而溫和的酒精飲料就可以飲用了。發酵可以繼續進行數天，讓酒精濃度微微上升，不過其中的酵母菌終究會被細菌取代——可是細菌發酵之後產生的不是酒，而是醋。發酵過程的一個階段，會到達酒精含量、甜度和微酸的味道完美均衡的狀態，這時就要立刻喝掉。別想在酒類專賣店裡找椰棗酒，椰棗酒酒保存的時間太短，根本來不及裝瓶。椰棗酒也可以蒸餾成比較烈的酒，有時稱為亞力酒（arrack），這是甜樹液做的酒類通稱。

光是在西非，椰棗酒的飲用者就有一千萬個——可惜喜歡這種酒的不只是人類。在孟加拉和印度，果蝠會飛去喝葫蘆裡收集的新鮮樹液。而蝙蝠身上的病毒可能從這個管道傳給人類。解決辦法呢？醫療工作者急著想辦法在取椰棗樹汁的時候，不讓蝙蝠分一杯羹。

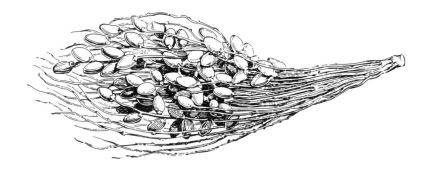

JACK FRUIT
波羅蜜

波羅蜜　*Artocarpus heterophyllus*

桑科　Moraceae

用來做酒的水果之中，體積最大的可能是波羅蜜。波羅蜜可以長到九十公分長，重達四十五公斤。波羅蜜的外層奇妙而有彈性，外面長著尖頭、圓椎狀的結構，每個圓椎都是枯萎的花。表面綻放的每一朵花都在果實裡形成一粒種子，一顆波羅蜜可能多達五百粒種子。成熟後，果皮會散發一股難聞的味道，不過果肉甜而溫和，可以為點心、咖哩和酸甜醬（chutneys）調味。

　　波羅蜜和麵包樹是親近，分布遍及印度，其他則在亞洲地區、非洲和澳州。印度會將果肉浸入水裡，有時額外加糖，接著自然發酵最多一星期，讓酒精濃度到達7～8％，液體變得微酸，但仍然清新而帶果香。

MARULA
馬魯拉

馬魯拉　*Sclerocarya*
birrea subsp. *caffra*
漆樹科　Anacardiaceae

馬魯拉樹原生於非洲，是芒果、腰果、毒藤和櫟葉漆樹的近親。馬魯拉果實顏色米黃，大小和李子差不多，滋味類似荔枝或芭樂。因為維生素 C 含量特別高，是西非和南非國家重要的傳統食物。馬魯拉果實可以做酒，就是所謂的馬魯拉啤酒，是把果實浸在水裡，使之發酵。也會在蒸餾過後和鮮奶油混合做成愛瑪樂香甜奶酒（amarula cream），這種甜點飲品非常像愛爾蘭奶酒。

因為馬魯拉樹從至少西元前 10000 年就在傳統的非洲文化裡發揮不少功用——食物、藥物、製繩纖維、木材、牛飼料、油、樹脂——目前發起了保護、保育馬魯拉樹的運動。南非的酒類製造商迪斯特（Distell）跟當地的採集者買下馬魯拉，提供他們收入來源，並且捐款給社區計畫。發展專家相信，在良好的監督下，愛瑪樂香甜奶酒的全球貿易可以提供保育馬魯拉樹的經濟刺激，同時幫助貧窮的家庭。

愛瑪樂香甜奶酒瓶子底下的那隻象，提醒著飲酒者一個廣為人知但一般人都不相信的馬魯拉故事：大象吞下過熟發酵而掉到樹下的馬魯拉果實，可能會喝醉。醉象的故事大約在 1839 年開始流傳，今日方興未艾，還有網路影片試圖展示酒醉的象隻蹣跚走動的影像。

不過科學家推翻了這個故事。象隻不會從地上撿起腐爛的果實，牠們

會刻意選擇樹上成熟的果實。而且讓大象喝醉也有難度，大約需要半加侖的純酒精，等於大象需要持續吃下一千四百顆爛熟的馬魯拉果實──恐怕不會有大象有興趣這麼做。

MONKEY PUZZLE
智利南洋杉

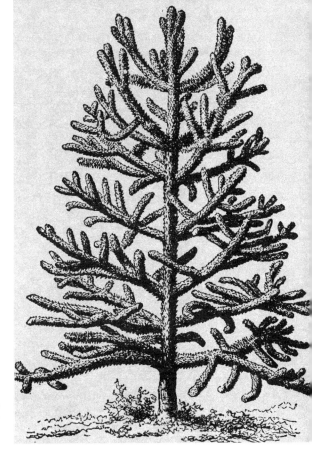

智利南洋杉　*Araucaria araucana*

南洋杉科　Araucariaceae

詩人瑪麗安‧摩爾（Marianne Moore）稱之為「設法模仿玉琢／和石雕的針葉樹／是蒐集珍玩這門隱學的奇珍」。其實智利南洋杉的確是珍寶，是維多利亞時代植物收集家珍視的奇物。

　　智利南洋杉原生於智利和阿根廷。它們的祖先可以追蹤到至少一億八千萬年前，恰好就在侏羅紀中期。這種樹本身也有點像爬蟲類：硬邦邦的楔形葉呈現緊密的幾何螺旋排列，讓人想起蜥蜴的鱗片。退後找到比較好的視野，會發現智利南洋杉在地景上顯得突兀。單一的樹幹上冒出狂放扭曲的樹枝，讓人想到蘇斯博士（Dr. Seuss）畫裡的瘋狂形象。

　　十八世紀末，蘇格蘭外科醫生兼博物學家阿奇博爾德‧曼茲（Archibald Menzies）以船醫的身分環遊世界。在一趟旅程中，有人拿了

智利南洋杉的堅果給他吃。他設法留下幾顆，種了起來，在大英國協掀起一陣智利南洋杉的狂熱。有一棵在邱園（Kew Gardens）存活了將近一個世紀。雖然智利南洋杉的英文是「猴子也難爬」（Monkey Puzzle），但此樹的原產地沒有猴子。這名字是英國人取的，他們覺得即使低微的親戚（也就是猴子），也很難爬上智利南洋杉。

智利南洋杉可以長到超過四十五公尺高，活上一千年。智利南洋杉是雌雄異株，需要二十年才能達到性成熟。花粉藉著風力從雄株傳播給雌株，毬果經過兩年才會成熟。毬果從樹上掉下來時，大約是椰子的大小，裡面大約有兩百粒種子，每粒都比杏仁大。

野外的老鼠和長尾鸚鵡會撿智利南洋杉的種子，散播到遠離母樹的地方。不過如果附近有人類（尤其是住在智利南洋杉在安地斯山脈原生地的佩文切族〔Pehuenche〕族人），種子很快就會被收集起來，可以烤了吃或生吃，磨成粉做麵包，或是釀成一種溫和的儀式用酒，mudai。做 mudai 的方法是把種子煮熟，自然發酵幾天。為了加速發酵，可以嚼過之後吐回容器裡，讓唾液裡的酵素分解澱粉。直到混合物不再冒泡，就倒進木碗或酒瓶裡，在慶典中使用。

智利政府宣布智利南洋杉是國家紀念物，因此 mudai 很可能是全世界唯一用國家紀念物製造的酒精飲料。

PARSNIP
歐防風

歐防風　*Pastinaca sativa*

繖形花科　Apiaceae

> 如果大麥想變成麥芽，
> 我們該接受，別怨尤，
> 這樣就能用歐防風、胡桃片和南瓜
> 釀出甜嘴的酒。
> ——愛德華·約翰森（Edward Johnson），1630 年

這段古老的小調傳達的是來到新世界的拓荒者為了得到酒，什麼都能試——即使必須把大麥變成酒。歐防風算是原產於地中海地區的一種蘿蔔，最晚約莫羅馬時代開始，歐防風就已被當成主食了。在新世界的

馬鈴薯引入歐洲之前，人們可以從歐防風這種充滿澱粉又營養的冬季根莖類蔬菜得到飽足。難怪拓荒者到達新世界的時候，優先辦的事是種植歐防風。

而拓荒者所想的，當然不只是用打成泥的歐防風和奶油做他們冬日的食物。他們也想到了歐防風酒這種英國的美好傳統。英國鄉間及歐洲各地都有各式各樣受歡迎的「鄉土酒類」，歐防風就是其中一員。只要加一點澱粉或糖，任何食物——從醋栗（gooseberry）、大黃到歐防風都是私釀酒的好材料。

傳統的歐防風酒是把歐防風煮過、軟化之後，加入糖和水。野生酵母菌會啟動發酵的程序。接著把這種酒存放六個月到一年再飲用，風味清淡、甜而清澈，不過1883年《卡賽爾的烹飪字典》（*Cassell's Dictionary of Cookery*）頂多會說歐防風酒「在習慣私釀酒的人口裡得到很高的評價」。

警告：別碰！

野生的歐防風是遍及北美和歐洲的野草，葉片可能造成帶水泡的嚴重疹子。馴養品種的氣味好多了，不過葉片還是有引起過敏的可能性，所以靠近歐防風時一定要戴手套。

PRICKLY PEAR CACTUS
刺梨仙人掌

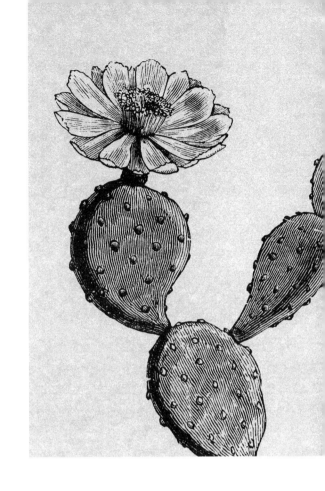

刺梨仙人掌　*Opuntia* spp.

仙人掌科　Cactaceae

墨西哥人稱刺梨仙人掌的果實為 tuna，這種果實吃起來不容易。吃之前得先刮掉、燒掉或用水煮，以去除尖銳的刺（倒鉤刺）。接著從皮裡挖出果肉，或是榨成汁。雖麻煩但非常值得——幾世紀以來，刺梨仙人掌的果實一直是維生素和抗氧化劑的重要來源，也會發酵做成酒。例如墨西哥中部的奇奇美加族（Chinchimeca）會隨著刺梨仙人掌開花的循環而遷徒，製造他們當季的酒。

　　西班牙冒險家和傳教士發現刺梨仙人掌是沙漠裡的重要食物來源，而且可以吃的不只是果實。肉質的綠色仙人掌葉也可以去皮、切條當蔬菜吃，稱為 nopales。不久之後，大使館附近就種起了刺梨仙人掌，隨後被帶回西班牙，從西班牙傳布到世界各地。

刺梨仙人掌曾經和圓莖仙人掌分在同一類，不過植物學家最近區分了這兩種植物，把讓刺梨單獨放進一個屬。他們辨識出大約二十五種不同的刺梨仙人掌，有些種（例如匍地仙人掌〔Opuntia humifusa〕）不只生長在沙漠，甚至遍布美國東部大部分的地區。

刺梨仙人掌糖漿

如果你很幸運，能取得新鮮的刺梨，大可以做一批糖漿，放進冷凍庫保存。（也可以向特定的食物零售商購買刺梨汁或刺梨仙人掌糖漿）。無論加進少許氣泡酒，或調進瑪格麗特的配方裡，或是拿來實驗，這種糖漿適合加入任何需要水果或糖的調酒中。

- 刺梨果實 ⋯⋯ 10～12 顆
- 水 ⋯⋯ 1 杯
- 糖 ⋯⋯ 1 杯
- 伏特加（可省略） ⋯⋯ 1 盎司

市場賣的刺梨果實通常已經把刺除掉了。如果自己摘刺梨，最好用金屬鉗子處理，以免手套保護不了你的手。用削皮刀削去刺，接著切掉果實的兩端，再把果實從上至下剖開，就能輕鬆削下果皮。

把果肉切成幾塊，加水和糖煮到滾。用濾篩分離種子、果肉和糖漿。用玻璃罐裝糖漿，放入冷凍庫。可以加一點伏特加防止糖漿凍硬，這樣也不會明顯影響使用糖漿做的飲料。

刺梨仙人掌做的果汁、糖漿和果醬如今在很多地方都買得到，而刺梨莫希多和瑪格麗特（margarita）在美國中西部各地的調酒單上也很常見。蒸餾酒師則開始用刺梨仙人掌做酒：馬爾他出產「Bajtra」刺梨仙人掌酒；聖海倫娜（St. Helena）的一家蒸餾酒廠把刺梨仙人掌蒸餾製成「Tungi」的烈酒；亞歷桑納州有一種刺梨伏特加；巫毒蒂基（Voodoo Tiki）買得到一種浸泡刺梨的龍舌蘭酒。

刺梨仙人掌桑格莉亞

- 水果薄片：檸檬、萊姆、柑橘、刺梨、芒果、蘋果等等
- 白蘭地或伏特加 ⋯⋯ 4 盎司
- 橙味香甜酒（Triple Sec）或其他柑橘利口酒 ⋯⋯ 2 盎司
- 不甜的白酒（如西班牙里奧哈〔Rioja〕白酒）⋯⋯ 1 瓶
- 刺梨仙人掌糖漿（見162頁）⋯⋯ 2 盎司
- 西班牙卡瓦氣泡酒或其他氣泡酒（可省略）⋯⋯ 6 盎司

水果浸泡在白蘭地和橙味香甜酒裡至少四小時。將白酒和刺梨仙人掌糖漿在玻璃水瓶裡混合，用力攪拌，如果希望顏色深一點，可以多加一點糖漿。加入前述的混合水果中加以攪拌。倒在杯裡的冰塊上，最後可以加入卡瓦氣泡酒。這是六人份。

仙人掌果實做的烈酒

仙人掌果酒 COLONCHE	刺梨仙人掌的果汁或果肉製成的發酵飲料。
NAVAI'T	類似白酒的發酵飲料,原料是巨柱仙人掌 (*Carnegiea gigantean*)的果實。
火龍果酒 PITAHAYA or PITAYA	管風琴仙人掌(*Stenocereus thurberi*)或三角柱屬(*Hylocereus*)的幾個種(又稱火龍果)做成的酒。

酒裡的蟲:胭脂蟲 *Dactylopius coccus*

　　刺梨仙人掌對烈酒和利口酒的世界還有另一項重要貢獻——也就是胭脂紅。刺梨仙人掌上出現的毛絨絨寄生蟲其實是一種介殼蟲,名為胭脂蟲。介殼蟲是刺吸性蟲類,會附著在植物上吸食汁液,並且藏在蠟質的保護層下,看起來像蜱。胭脂蟲特別容易被發現,牠們身上蓋著一層毛絨絨的白色物質,那是為了藏起牠們的下一代,並且保護自己以免脫水。白色絨毛下的昆蟲會分泌胭脂蟲酸,這種保護性的化學物質可以趕走螞蟻和其他掠食者,而且恰巧是鮮紅色的。

西班牙探險家到了墨西哥，看到原住民用鮮紅染料染毯子和其他織物，十分驚奇。他們起先以為染料的顏色來自紅色的刺梨果實。費南迪茲‧奧維耶多（Fernández de Oviedo）在1526年寫道，吃這種水果會讓他的尿液變紅（若不是完全胡扯，就是他有更嚴重的健康問題）。他們很快就發現染料原來是用胭脂蟲做的。製作染料時，先將介殼蟲從仙人掌上刮下來，乾燥，再和水與明礬這種天然定色劑混合。用蟲子做染料，西班牙人也有一點經驗，他們原來是拿另一種介殼蟲，也就是絳介殼蟲（Kermes）做類似的用途。不過胭脂蟲能產生遠比絳介殼蟲更鮮豔的紅色。

十六世紀初期後，用胭脂蟲做的胭脂紅就用作甜點、化妝品、紡織物和利口酒的染劑，賦予金巴利（Campari）那種濃豔的紅，直到2006年，公司官方表示因為供應問題而不再使用。另外，也傳出一些過敏性休克的個案，而且民眾發現食物的成分中有蟲，普遍感到作嘔，因此美國和歐盟都規定必須標示在成分裡。歐盟規定，任何用胭脂紅的產品都必須在標籤上注明。

這種染劑也稱為E120、天然紅四號（Natural Red 4），或洋紅、胭脂紅。（這種染劑也曾經來自波蘭胭脂蟲〔Porphyrophora polonica〕，不過這種蟲已經瀕臨絕種，不再使用了。）美國的標籤上必須寫著「含胭脂蟲萃取物」或「胭脂紅」。

SAVANNA BAMBOO
銳藥竹

銳藥竹　*Oxytenanthera*
abyssinica syn. *O. braunii*

桑科　Moraceae

又稱酒竹，這種生長迅速的禾本科植物可以用來做籬笆、工具、籃子，防止侵蝕，也可以用來釀酒。坦尚尼亞（Tanzania）人會砍下幼莖，每天敲擊兩次，持續一週，藉著傷害植物，刺激植物流出汁液。流出的汁液在短短五小時後就會發酵。竹子酒稱為 ulanzi，只在幼竹生長的多雨春季製作。由女人來製作這種酒，在村裡以公升為單位販售。旅行者從一個村子走到另一個村子的時候，時常可以免費嚐到竹子酒——因為汁液會持續流到容器裡，而竹林沒人管理，在旅途上自己來一杯的誘惑實在難以抗拒。

STRAWBERRY TREE
洋楊梅

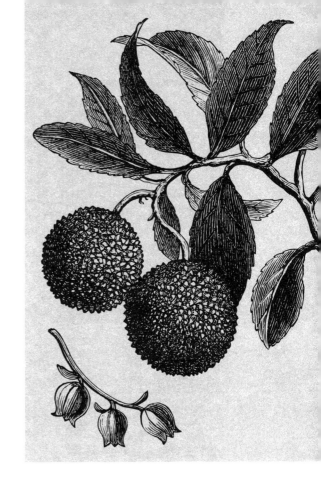

洋楊梅　*Arbutus unedo*

杜鵑花科　Ericaceae

洋楊梅表皮粗糙，渾圓的紅果實大小和櫻桃相當，但是吃起來遠不如名字那麼可愛。植物學家說，其實這種植物的種名「*unedo*」來自拉丁文的「*unum edo*」，意思是「我吃一顆」，一顆就夠了。

　　不過蒸餾酒師能用這種水果做出頗受喜愛的當地烈酒：洋楊梅燒酒（aguardiente de medronho。這些蒸餾酒師大多沒執照，用的器具也許可以追溯到中世紀）。雖然市面上買得到，但通常僅是幾個家庭分享、賣給鄰居，尤其在葡萄牙南部的阿爾加維（Algarve）地區。

　　大多果樹是在春天開花，但洋楊梅是在秋天開花，且前一年的果實也在秋天成熟。葡萄牙和西班牙的洋楊梅是在九月開始這個程序。採集者只採最熟的果實，每個月採收一次，直到十二月採收完成。

採下的果實打成泥，或整顆泡進水裡，發酵三個月。之後（通常是二月）在木柴生的火上煮滾，用銅製的蒸餾壺蒸餾，讓冷凝管通過一桶水，加以冷凝。最後得到的烈酒，酒精濃度通常高於45％，或者立刻裝瓶，或在橡木桶裡熟成六個月到一年。在西班牙，洋楊梅酒（licor de madroño）這種低酒精濃度的利口酒，就是把洋楊梅果實泡在烈酒裡，並加入糖和水製成。

洋楊梅屬於漿果鵑屬，這類植物在歐洲和北美共有十四種。大部分的漿果鵑屬植物都是美麗的小型樹木，有著亮面的狹窄葉片，樹皮紅而乾裂外翻。漿果鵑屬雖然和藍莓、越橘和蔓越莓有親戚關係，但都不會產生美味的果實。洋楊梅在世界各地氣候溫暖的地區當作觀賞植物種植。精靈王（Elfin King）這個栽培種甚至可以種在盆裡，長出的果實比大部分的漿果鵑屬植物美味。

這隻熊沒喝醉

馬德里的盾徽上是一隻後腳站立要吃洋楊梅的熊。馬德里市中心的太陽門西端可以找到描繪這個場景的雕像。當地人雖然喜歡說熊吃了洋楊梅的發酵果實而酒醉，但這種果實在樹上其實不會發酵到熊那麼大的動物吃了會醉的程度。看來這又是另一個動物喝醉的不實故事。

TAMARIND
羅望子

羅望子　*Tamarindus indica*

豆科　Fabaceae

羅望子應該發源自衣索比亞，經由貿易路線傳到亞洲。現在羅望子遍及全球的熱帶地區，尤其是東非、東南亞、澳洲、菲律賓、美國佛羅里達洲、加勒比海地區和拉丁美洲。

羅望子樹可以高達十八公尺，樹冠是羽狀的小葉子，提供必要的遮蔭。羅望子的果實其實是長豆莢，褐色的果肉可以食用，甜而微酸。羅望子果實可以加入咖哩、用於醃漬、做糖果，或為伍斯特醬（Worcestershire sauce）這種醬料調味，也可能出現在血腥瑪麗或米切拉達斯（Micheladas）這種結合啤酒和番茄汁（或番茄蛤蜊汁〔Clamato〕）、萊姆汁、香料和醬汁的墨西哥飲料中。雖然羅望子有超過五十種栽培種，但除非是當地人，否則很難區分。熱帶植物園只會用「甜」或「酸」的標示

加以區隔。甜的品種可以生吃，另外用於飲料或烹飪的其實是酸的品種。

羅望子酒的作法是去除豆莢的乾燥外殼，挖出果肉、榨汁，然後讓果汁和糖、水的混合物發酵。菲律賓現在還找得到這種酒，尤其是馬尼拉南方的八打雁省（Batangas）。羅望子也用來調味利口酒，例如印度洋上馬達加斯加南部的模里西斯島（Mauritius）上有模里西斯羅望子利口酒，是以蘭姆酒為基底的飲料。龍舌蘭酒的蒸餾酒師也發明了羅望子酒（licores de tamarindo）。羅望子醬或羅望子糖漿可以在食材專賣店買到，現在正成為熱門的調酒調配物，尤其加在瑪格麗特裡，和萊姆汁一樣有酸甜的滋味。

PART

II

在我們的創意中
加入各式各樣的自然之賜

通常酒瓶裡裝的不只有酒精。烈酒離開蒸餾器之後，
就被拿來加入藥草、香料、水果、堅果、樹皮、根和
花，做過無盡的實驗。有些蒸餾酒師宣稱他們的祕密
酒譜裡加了一百種以上的植物。以下介紹幾種今日的
調酒裡會找到的植物。

藥草和香料

藥草：

用於調味的植物部位，包括柔軟綠色的營養部位或開花部位。

香料：

用於調味的乾燥、堅韌木質部位（例如樹皮、種子、根、莖），
有時包括果實。

ALLSPICE
多香果

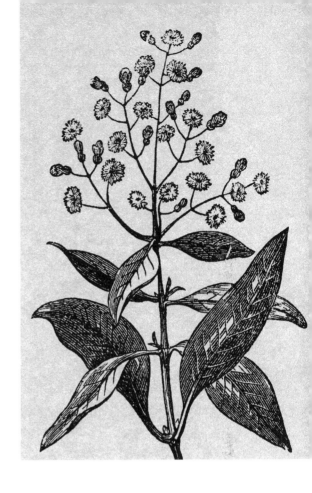

多香果　*Pimenta dioica*

桃金孃科　Myrtaceae

經典的雞尾酒愛好者習慣在老酒譜書裡發現不熟悉的材料，不過很少比多香果更令人混淆。是使用塞在橄欖裡的那種寶石紅、有彈性的東西做的飲料嗎？喝起來究竟是什麼味道啊？

　　幸好，多香果香甜酒的英文雖然是「Pimento dram」，卻不是用橄欖裡找到的甘椒（pimento）做的。這是一種利口酒，用蘭姆酒、糖和多香果製成。而多香果與溫和的紅胡椒為什麼會同名，則是歷史上的一起小意外。

　　西班牙探險家來到西印度群島和中美洲，發現人們把黑色的小漿果加到傳統食物和巧克力裡。這種小漿果似乎能讓食物增添辣味和辛香氣味，所以西班牙人猜想那是某種胡椒。他們因此稱這種植物為「pimento」，

也就是西班牙文裡的「胡椒」。1686年，英國博物學家約翰·雷（John Ray）在他多達三部的鉅作《植物史》（*Historia Plantarum*）裡寫道，這種漿果是「氣味香甜的牙買加胡椒」。因為可以用在各式各樣的菜餚裡，所以他稱其為「多香果」。

多香果樹生長在美國和牙買加的熱帶地區，會結出豆子狀的漿果，每顆漿果裡有兩顆籽。漿果在仲夏時節趁綠採收，鋪在地上日曬乾燥，或在爐上微微加熱。多香果的風味類似丁香，其實這兩種樹關係緊密，而且都會產生丁香酚這種芳香精油。

早期的香料商試圖在世界各地栽種多香果，但幾乎都無法發芽。最後發現，原來種子必須通過果蝠、白冠鳩或某些其他鳥類的體內，才能有效地加熱、軟化，準備發芽。到了今天，多虧鳥類的媒介，多香果成為夏威夷、薩摩亞（Samoa）和東加（Tonga）的入侵植物。

世界各地的多香果在維多利亞時代幾乎絕跡，當時不是為取香料，是為了木材而砍下多香果樹。這種淺色芳香的木杖能抗彎曲、不易折斷，因此當時流行用來製作傘柄或拐杖。幾百萬棵樹因此被毀。為了保育多香果，牙買加在1882年制定了嚴格的禁令，禁止出口多香果樹苗。

多香果也是香水和利口酒的成分。有些琴酒含有多香果，有人認為班尼迪克丁香甜酒和蕁麻酒的祕密配方裡含有多香果，其他法國與義大利的甘露酒也可能有。

多香果利口酒（Pimento dram, Allspice dram），是經典的提基雞尾酒（tiki cocktail）的原料，最近也出現在溫暖、含香料的秋季飲料中，會賦予卡瓦多斯或蘋果白蘭地一股烘焙香料的氣味。

月桂蘭姆

高酒精濃度的牙買加蘭姆酒裡，會加入多香果的親戚香葉多香果（Pimenta racemosa，俗稱西印度月桂）的葉子和果實萃取液，做成月桂蘭姆古龍水。配方聽起來雖然美味（擦這種古龍水的人聞起來也很美味），不過濃縮的植物萃取液會散發劑量特別高的丁香酚，誤食會中毒。不如擦擦這種古龍水，來一杯這份酒譜裡的多香果吧。這種飲料甜而不帶稚氣，散發加勒比海日落時那種粉橘色的光芒。巴貝多的絲絨法勒南（Velvet Falernum）是一種像糖漿的香料調配物，在比較好的酒類專賣店可以買到，不過如果手上沒有，用簡易糖漿也行。

- 深色蘭姆酒 ⋯⋯ 1½ 盎司
- St. Elizabeth 或其他牌的多香果利口酒 ⋯⋯ ½ 盎司
- 絲絨法勒南或簡易糖漿 ⋯⋯ ½ 盎司
- 安格斯圖拉苦酒 ⋯⋯ 少許
- 橘子或柳橙的現榨果汁（可以拿萊姆或其他柑橘類實驗） ⋯⋯ 1 片

所有材料加冰塊搖盪，倒在古典杯裡的冰塊上。

ALOE
蘆薈

吉拉索蘆薈　*Aloe vera*

獨尾草科　Asphodelaceae

蘆薈和它的親戚龍舌蘭一樣，有時會被誤認為仙人掌。其實蘆薈和百合、蘆筍的親源關係比較近。不過蘆薈的確喜歡乾熱的氣候，這點很像仙人掌。喝蘆薈汁的人從來不曉得，蘆薈中含有世上最苦的一種味道，也因此出現在吧台後面的不少酒瓶裡。

蘆薈原產於撒哈拉以南的非洲，在十七世紀傳布到亞洲和歐洲。現在已經辨識出的蘆薈有將近五百種，這些蘆薈散布全球，生長在冬季溫度高於 10°C／50°F 的熱帶氣候區。

蘆薈和其他多肉植物一樣，依賴一種特別的光合作用方式，只需要晚上打開葉子上的氣孔呼吸。它們吸入二氧化碳，儲存一些隔天使用，等於整天都憋著氣。它們勉強呼吸時，從氣孔裡呼出的水分愈少愈好，所以是

靠溫度較低的夜間減少水分散失。

當然了，它們把水分儲存在葉子裡，所以在野外做過一點急救的人，都很熟悉它們厚而多汁的凝膠狀物質。雖然這種凝膠能保護傷口（用蘆薈做的乳液覆蓋傷口，可以讓傷口透氣），不過內服的功效並沒有完全被證實。有些種類的蘆薈甚至有毒，因此打算吃下不熟悉的蘆薈之前一定要三思。

蘆薈裡的苦味成分稱為蘆薈素（aloin），存在於葉表下的乳汁裡。科學家最近發現，有一種特別的對偶基因會讓一些人對蘆薈的苦味很敏感，沒有這種對偶基因的人即使嚐到高濃度的蘆薈素，也嚐不出苦味。或許就是這樣，才會有些人喜歡義大利苦精（又稱阿馬羅苦精〔amaros〕），有些人則無法忍受。

菲奈特（Fernet，阿馬羅苦精的一種，例如菲奈特布蘭卡〔Fernet Branca〕）的主要風味，就是來自蘆薈。如同奎寧、龍膽和其他一些植物是直接用來添加苦味的，同時也增添微微的植物香氣，甚至花香。蘆薈則沒有額外的香氣。如果苦味可以用顏色代表，那麼蘆薈的苦味就可說是黑如煤炭。

做蘆薈汁的時候，要從葉子中間層萃取液體，過濾除去蘆薈素和蘆薈帶來的深顏色。過濾後的蘆薈汁比較容易下嚥，或許也比較安全——蘆薈素是瀉藥裡的一種成分，美國食品藥物管理局（Food and Drug Administration, FDA）在一次例行評估時，禁止在瀉藥中加入蘆薈。不是因為這樣有危險，而是沒有藥廠願意用現代化的方式證實蘆薈素安全有效。不過傳統上作為瀉藥之用，或許能解釋為什麼蘆薈的苦味成分會用在餐後酒的配方裡。

ANGELICA
歐白芷

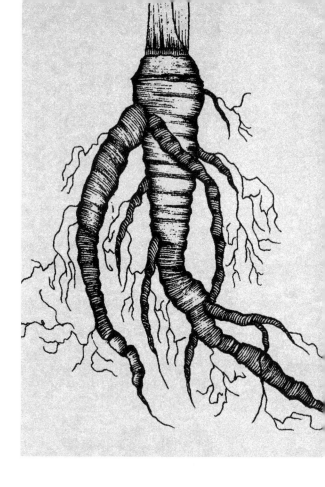

歐白芷　*Angelica archangelica*

繖形花　Apiaceae

歐白芷是原生於歐洲的藥用植物，特殊的風味似乎出現在蕁麻酒、女巫利口酒、加利安諾利口酒（Galliano）、菲奈特、苦艾酒，甚至班尼迪克丁香甜酒和蘇格蘭金盃裡或許也有。歐白芷這種乾燥的根，是從前治療消化問題的藥方。

　　歐白芷和西洋芹、蒔蘿有親戚關係，因此有一種明亮、清爽、非常清新的風味。不過歐白芷及毒芹（poison hemlock）和其他一些有毒植物也有親戚關係。其實，超過二十五種歐白芷之中，許多經過評估的結果是不含毒性的。有一些則外觀和比較有毒的親戚十分接近，所以在野外採集很危險。幸好可以食用的歐白芷（有時被當作 A. officinalis 販賣）在苗圃或種子商很容易找到。歐白芷通常是用種子栽培，因為像歐白芷這樣主根很

長的植物並不容易移植。植株會長到將近兩公尺高，葉片大而有美麗的羽狀分裂，白色的繖狀花序類似野胡蘿蔔。

雖然莖可用於糖漬歐白芷，為酒和利口酒調味的卻是種子和乾燥後的根。歐白芷是二年生植物，表示種子需要兩年發芽、成長，成熟後開花產生下一世代的種子。如果種植的目標是長根，通常會在第一年秋季採收，那時根部仍然柔軟，裡面沒住著昆蟲。（有些則留置過冬，等到第二年開花時採取種子。）新鮮的歐白芷根經過化學分析，發現根中含有一些具有風味的物質，可以防止昆蟲侵襲：有柑橘香的檸檬油精（limonene）、木質香的松油精（pinene）和有強烈草香的 β - 水芹烯（β-phellandrene），都是讓歐白芷在利口酒中特別受歡迎的風味。

女巫利口酒的妙趣

黃色的義大利女巫利口酒可以混入調酒中，例如在馬丁尼的變化版裡和琴酒完美搭配，不過沒必要大費周章。女巫利口酒單獨喝就能令人飄飄欲仙。

製造商聲稱，女巫利口酒的配方可以追溯至 1860 年，當時就用這個名字（巫婆之意），是指那不勒斯南邊貝內文托鎮上傳說中的女巫。當時的蒸餾酒廠至今仍在。

女巫利口酒是甜而豐富的藥草利口酒，非常適合在餐後飲用，可以純喝或倒在冰塊上。蒸餾酒廠承認了七十種配方中的一些成分：肉桂、鳶尾、杜松、薄荷、柑橘皮、丁香、八角茴香、肉豆蔻、豆蔻、尤加利和茴香。不過一般認為歐白芷是其中的一個主要風味。自己嚐嚐之後判斷吧。

ARTICHOKE
朝鮮薊

朝鮮薊　*Cynara scolymus*, syn.
Cynara cardunculus var. *scolymus*

菊科　Asteraceae

朝鮮薊的前身是刺苞菜薊（cardoon, C. cardunculus）。這種葉子茂盛的祖先可能是源於北非或地中海地區，由埃及、希臘和羅馬人大規模種植，在他們的努力之下，終於產生了朝鮮薊。這兩種植物非常相似，銀色的長葉子上都有深深的鋸齒，還有像薊草的花。如果種植的距離很近，這兩種薊甚至可以雜交。刺苞菜薊的莖可以吃，也可以作為藥用，朝鮮薊則是為了特大號的花芽而被種植的。這兩種植物都在十五世紀遍布歐洲，在義大利理料中扮演了重要的角色。

　　朝鮮薊和刺苞菜薊被加入消化滋補藥的配方中，已經有很長的歷史。其實，最近的研究顯示，這兩種植物都能刺激膽汁製造，保護肝臟，降低膽固醇。活性成分是洋薊苦素（cynaropicrin）和洋薊酸（cynarin），兩種

在葉子部位的含量都比較高。朝鮮薊可以暫時抑制舌頭上的甜味受器，對味蕾開一個著名的玩笑。下一次經過味蕾的東西，不論是一口水或是一口食物，在味覺受器再度運作時，嘗起來都會格外的甜。因此朝鮮薊和酒類搭配的困難度眾所皆知，不過苦甜的味道混合在調酒裡很神奇地完美。

幾種義大利的阿馬羅苦精靠的就是朝鮮薊和刺苞菜薊。原文名符其實的西娜爾（Cynar）就是最好的例子，西娜爾單獨喝或加入蘇打水都很美妙，調製內格羅尼（Negroni）的時候用西娜爾取代金巴利，表現也非常出色。義大利皮埃蒙特（Piemonte）地區製造的 Cardamaro Vino Amaro 以葡萄酒為基底，浸泡刺苞菜薊、聖薊（blessed thistle）和其他香料。這種酒的酒精含量比較低（17%），有一種類似雪莉酒或甜苦艾酒的氧化甜味。其他地區的版本通常只標上「朝鮮薊阿馬羅」（Amaro del Carciofo）。

聖薊：偉大的薊草需要彼此

薊草這個字不是植物學上的名詞，而是指葉子刺刺、球莖狀的圓形基部會開出尖尖花朵的植物。朝鮮薊和刺苞菜薊常被稱為薊草（thistle），不過他們還有個近親名叫聖薊（blessed thistle, Centaurea benedicta，又稱藏披花）。這種六十公分高的黃花草本植物很像毛茸茸的蒲公英——和蒲公英一樣像雜草而且帶著苦味。植物全株都用作消化滋補藥、苦艾酒和藥草利口酒。活性成分似乎是一種稱為薊苦素（cnicin）的化合物，目前正在研究抗腫瘤的性質。

BAY LAUREL
月桂

月桂　*Laurus nobilis*

樟科　Lauraceae

這種地中海樹木的葉子曾經被用作希臘和羅馬運動競賽冠軍的冠冕，同時也用來調味燉菜、醬汁和肉類菜餚。黑色的小漿果是法式料理的材料。樹的精油中含有桉油醇（eucalyptol），所以會有強烈的桉樹氣味。性質類似沉香醇（linalool）和松油醇（terpineol），因此有一種青澀、香料味、強烈而帶著松樹氣息的味道。

　　月桂用來浸泡在苦艾酒、藥草利口酒、阿馬羅苦精和琴酒中。法國蒸餾酒廠 Gabriel Broudier 做出一款貝爾納・盧瓦索（Bernard Loiseau）大廚的西洋梨月桂利口酒（Bernard Loiseau Liqueur de Poires Laurier）。荷蘭利口酒 Beerenburg 含有月桂葉、龍膽和杜松子的蒸餾物。

加州月桂（California bay laurel, *Umbellularia californica*，又稱奧勒岡香桃木〔Oregon myrtle〕）有時可作為代替品。不過其他名字裡有「桂」字的植物，包括桂櫻（cherry laurel, *Prunus laurocerasus*）和山月桂（mountain laurel, *Kalmia latifolia*）都含有劇毒——所以萬萬不能在家裡用任意的什麼桂來泡酒。幸好，真正的月桂遍及歐洲和一部分的北美洲，而葉子和漿果都是容易買到的廚房香料。

BETEL LEAF

蔞葉

蔞葉　*Piper betle*

胡椒科　Piperaceae

這種深綠色的小形藤本植物和生產黑胡椒的藤本植物是近親，最著名的是用來包檳榔（Areca catechu）的葉片。檳榔和蔞葉組成一小卷東西，稱為檳榔塊或帕安（paan）。結合之後會產生令人上癮的溫和興奮劑，全球有四億愛好者，主要位於印度和東南亞。可惜檳榔塊也會造成癌症，把牙齒染黑，持續讓人流出紅色的唾液，嚼食者常常吐在街上。

蔞葉也用來包其他東西。「甜帕安」是指蔞葉盛滿水果和香料；可能在用餐後端給客人，當作（沒有刺激性的）點心。蔞葉也可以裝滿菸草，卻因為易於造成口腔癌而引起公共衛生機關的憂心。

帕安的利口酒產自錫金（Sikkim），是和尼泊爾接壤的一個地區。雖然自家釀造的人和商業蒸餾廠都不願意公開自己的配方，但當地人確實都

以為自己在喝荖葉浸泡或蒸餾的酒，或許還有檳榔的成分。

　　少數幾種帕安利口酒販售到國外，蒸餾酒師完全沒提原料的事，不過其中不大可能用到荖葉。歐盟或美國都不曾批准使用荖葉或檳榔加入食物中。其實荖葉和檳榔都在FDA的有毒植物資料庫裡。（種植並不違法，有些熱帶苗圃就會種這兩種植物。）1995年，《洛杉磯時報》報導了錫金的帕安利口酒上市的消息，其中確實完全沒添加荖葉，而是加入小豆蔻、番紅花、檀香木，讓人同時想起蘇格蘭金盃和印度香料店。

　　荖葉被證實可能具有某些將功贖罪的特質。2011年《食品與功能》雜誌（*Food & Function*）刊載了的一篇醫學研究，探討了是幾種香料可能對酒精造成的肝損傷提供保護作用。薑黃、咖哩、葫蘆巴、茶，以及荖藤的葉子，這些印度香料和藥草看起來頗有機會上榜。

BISON GRASS
野牛草

野牛草	*Hierochloe*
	odorata
禾本科	Poaceae

這種堅韌的多年生草本植物也叫甜草，因為香氣類似香草而受人喜愛。野牛草原產於北美和歐洲，美國原住民用來做籃子和薰香。野牛草在波蘭是傳統加味伏特加「滋布洛卡」（żubrówka）的成分之一。波蘭與比利時之間的比亞沃維耶扎森林（Bialowieza Forest）還保存了野生野牛草的草原，有一群瀕臨絕種的歐洲野牛正是以野牛草為食。

每年可以收集限定量的野生野牛草做滋布洛卡。野牛草收成之後曬乾，浸入裸麥伏特加裡。每瓶酒裡都浮著一片草葉。1954年之後，這種酒在美國就買不到了，因為野牛草中含有香豆素（coumarin），這種禁用的物質可以在實驗室裡或在某些真菌存在的情況下變成血液稀釋劑。雖然香豆素轉化為血液稀釋劑的過程不難避免，但禁止食物中含有香豆素的規定仍然存在。最近，滋布洛卡的製造者Polmos Białystok找到了去除香豆素的辦法，使得滋布洛卡在美國再次合法。

傳統的飲用方式是用一份的滋布洛卡和兩份清澈冰涼的蘋果汁混合。以下介紹的酒譜則是傳統配方的變化。

野牛草雞尾酒

- 滋布洛卡伏特加 ⋯⋯ 1½ 盎司
- 澀味苦艾酒 ⋯⋯ ½ 盎司
- 蘋果汁 ⋯⋯ ½ 盎司

把所有材料加冰塊搖盪，過濾倒入雞尾酒杯。

CALAMUS
（SWEET FLAG）
白菖蒲

白菖蒲　*Acorus calamus*

菖蒲科　Acoraceae

　　白菖蒲這種草的香氣濃郁，外表類似燈心草，生長在歐洲和美北的沼澤地帶。地下莖有豐富香料味、帶苦的風味，因此用於金巴利這樣的阿馬羅苦精，還有蕁麻酒這類的利口酒，以及琴酒和苦艾酒。白菖蒲的風味被形容是木質、皮革，還有奶油香。調香師史蒂分・亞克坦德（Steffen Arctander）形容聞到白菖蒲，就像牛奶貨車或修鞋店裡的氣味。

　　這種植物的部分品種含有可能致癌的物質，β-細辛醚（β-asarone）。因此 FDA 禁止白菖蒲作為食品添加物。但不是所有白菖蒲都一樣危險。美國的品種學名為 *A. calamus* var. *americanus* 或 *A. americanus*，其中可能有毒物質的含量並不顯著，而歐洲品系的含量也相對較低。歐盟體認到這種植物廣泛用於苦精、苦艾酒和利口酒，於是設下限制，管制酒精飲料中

β-細辛醚的含量，鼓勵使用沒那麼毒的品種。美國的蒸餾師藉著生產毒素少到無法測得的利口酒，規避這條禁令。

CARAWAY
葛縷子

葛縷子　*Carum carvi*

繖形花科　Apiaceae

挪威的蒸餾酒師沒拿廢黜的王子和古老酒譜的傳說，解釋他們經典酒的神祕起源。他們說的是貿易冒險出錯的故事。據利尼阿夸維特酒（Linie Aquavit）製造商的說法，1805 年，一艘前往印尼的商船船艙裡載滿舊雪莉酒桶，桶裡裝的是葛縷子調味的阿夸維特。商人在印尼賣不了他們的國酒，只好又把酒帶回國。

　　當他們回到挪威時，發現漫長喧鬧的海上航程大大增進了阿夸維特的風味。為了重現這種風味，他們試著把阿夸維特儲存在雪莉酒桶裡，卻沒得到相同的結果。激烈的海上航程經歷了溫暖的赤道海域和寒冷的北歐水域，加上船隻起伏搖盪，讓酒桶膨脹、收縮，使得橡木桶壁釋出更多風味。因此利尼的酒桶至今仍然存放在貨船的甲板上，在世界各地航行四個

半月，兩度穿越赤道，造訪三十五個國家。蒸餾酒師曾經不願透露這種熟成烈酒的怪方法，不過現在每個酒標上都印著航程的時間。

阿夸維特裡加入葛縷子調味，這是一種一年生的草本，和西洋芹及胡荽是近親。一般人稱為種子的部分其實是果實，每粒果實裡有兩顆種子，還有造成香料、炙烤風味的精油。那種風味讓大多人聯想到裸麥麵包，不過葛縷子的種子也用於德國酸菜、涼拌卷心菜和一些荷蘭起司裡。

葛縷子的原產地是歐洲。瑞士的考古證據顯示，早在五千年前，人類就已經把葛縷子當作香料使用了。葛縷子有兩種：兩年生冬收的葛縷子在春天或秋天播種，隔年冬天收成。另外是一年生的種類，春天播種，秋天收成。冬收的葛縷子是東歐的傳統選擇，最容易從種子商取得。

阿夸維特的基底是馬鈴薯伏特加。葛縷子是主要的香氣，不過酒裡也可能加入茴香、蒔蘿、大茴香、小豆蔻、丁香和柑橘。其他以葛縷子為主的酒有阿拉希（Allasch），這種拉脫維亞（Latvian）的利口酒也加入了大茴香。還有比較著名的 Kümmel，這是以穀物為基底的利口酒，可以追溯到十六世紀的荷蘭，通常於餐後倒在冰塊上飲用。

葛縷子、小茴香，傻傻分不清

葛縷子的近親小茴香（*Cuminum cyminum*）氣味遠比葛縷子強烈，而且帶有較多的胡椒味，但這兩種植物卻常常被搞混。葛縷和小茴香的俗名在歷史上曾經共用，或在許多東歐語言裡幾乎相同。例如在德國，小茴香叫「Kreuzkümmel」，葛縷子叫「Kümmel」。小茴香雖然是世界上最受歡迎的香料，卻不常用在酒類調味。

CARDAMOM
小荳蔻

小荳蔻　*Elettaria cardamomum*

var. *Minor* or var. *Major*

薑科　Zingiberaceae

如果你沒看過小豆蔻的植株長什麼樣子，請想像一團高大雜亂的蘭花。小豆蔻是薑科的成員，它的種子是世上第三昂貴的香料，僅次於番紅花和香草。之所以價格高昂，一方面是因為性喜熱帶氣候，另一方面是因為摘採果實困難無比。

　　幾百年來，人類都在野地裡採集小豆蔻，到了十九世紀，終於開始種植。植株會長到將近六百公分，花季很長。採集者需要不斷造訪同一棵植物，採集每一顆果實。果實必須在仍然帶著一點綠的時候採收，然後乾燥、小心剝開，取出裡面的種子。或者直接販賣完整的種莢，種子留在種莢裡，保存了更多風味。

一般認為印度的小豆蔻品質最好，不過瓜地馬拉也成為了主要的生產者。小豆蔻有兩種：馬拉巴（Malabar type）有一種淡淡的尤加利味，而邁索爾（Mysore type）的風味比較溫暖、有香料味，還帶著柑橘和花香的香調。香豆蔻（large cardamom or black cardamom, *Amomum subulatum*）和小豆蔻有親戚關係，通常是在火上乾燥，因此帶著煙燻的味道。

小豆蔻的香料含有高濃度的沉香醇（linalool）和沉香酯（linalyl acetate），這些芳香化合物也出現於薰衣草、柑橘和許多花朵與香料中。日本科學家最近表示，這些化合物都有助紓壓，他們的量測方式是直接量測受試者的免疫系統反應。這是把小豆蔻加入飲料的好理由。

小豆蔻替許多不同的酒增添了風味，包括琴酒、咖啡與堅果的利口酒、苦艾酒和義大利的阿馬羅苦精。用在調酒裡的最好辦法，是用簡易糖漿加熱綠色的小豆蔻種子，並且拿來和各式各樣以水果為基底的熱帶酒做實驗。

CLOVE
丁香

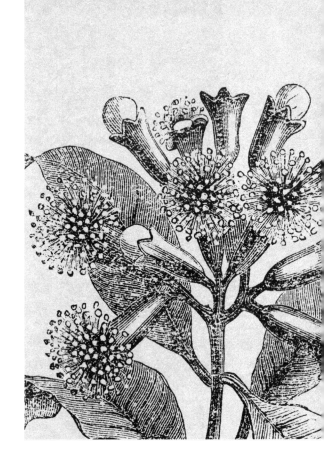

丁香　*Syzygium aromaticum*

桃金孃科　Myrtaceae

丁香不是種子，不是果實，甚至不是樹皮。丁香其實是緊密合起的花苞，從印尼的一種樹上採下來，在太陽下鋪開曬乾，然後發酵（就是任何東西放著不管的話都會有的發酵狀況）。

　　丁香來自印尼的德那第（Ternate）、提多列（Tidore）、巴肯（Bacan）、馬京（Makin）和摩鹿加群島（Maluku Islands），這些香料島嶼至少從西元前三世紀之前就是亞洲和歐洲的香料來源了。羅馬人一心想和阿拉伯商人買賣來自這些島嶼的異國植物。到了十七世紀，荷蘭和葡萄牙甚至為了這片土地而開戰。為了控制市場，荷蘭人砍掉了所有丁香，只留下他們所占領島嶼上的這種香料。法國和英國的商人最後終於得到了一些丁香苗，出口到他們自己的熱帶殖民地，包括斯里蘭卡、印度和馬來西

亞。可惜野生丁香樹可能曾經擁有的豐富基因歧異度也因此被抹滅。現在僅存的野生丁香樹絲毫不含丁香酚（eugenol），也就是現代丁香中萃取出的強烈味道。這表示會產生丁香酚的另一個野生祖先被香料商完全淘汰了。

丁香樹本身很美，整個季節裡，葉子從淡金變成粉紅，再變成綠色。花苞開花時也會變色，必須在轉變成粉紅的精準時刻採下。因為丁香樹的花期很長，一季裡採花的次數可能高達八次，每年卻只能生產大約四到五公斤的丁香。丁香枝有時會作為花苞的廉價代替品，而葉子和枝幹可以萃取丁香油。

今日市面上的丁香品種是 Zanzibar、Siputih 和 Sikotok，其中 Siputih 的樹型最高大、氣味最刺激。丁香有讓人麻木和喪失痛覺的功用，因此從古至今，人類就用丁香的萃取物當作牙科的麻醉藥。其實牙醫診所裡獨特的氣味，有一部分就是來自丁香。

不過，世上有遠比去牙醫診所更能享受丁香的方式。丁香和其他香料結合，會產生很美妙的香氣。丁香可以強化香草的香氣，也能讓柑橘的風味變得更豐富。許多帶堅果味、香料味的利口酒，包括阿瑪雷多杏仁酒、胭脂紅利口酒和一些苦艾酒與阿馬羅苦精，都是藉著丁香支撐並強化風味。

COCA
古柯

古柯　*Erythroxylum coca*

古柯科　Erythroxylaceae

在我們對毒品的無盡戰爭裡，沒有任何植物比這種產自安地斯山的深綠色小灌木更具有象徵意義了。嚼食古柯葉，葉子會產生溫和的興奮劑效果，可能具有防止高山症的功效。考古學家發現證據，證明玻利維亞（Peruvian）人早在西元前3000年就開始這樣利用古柯，而十六世紀西班牙人出現的時候，他們依然這麼使用。天主教試圖禁止，但很快就發現只要讓被奴役的玻利維亞人嚼食古柯葉，就能逼他們更努力工作，所以當時仍然是文化的一部分。

　　歐洲人總是在尋找可以用在醫療或消遣的新植物，他們找到了萃取古柯鹼的辦法，於是發明出一種效力比葉片更強的藥物。古柯鹼成了止痛劑、殺菌劑、消化滋補藥和萬能的解藥。就連佛洛伊德也喜歡，1895

年，他寫下「左邊鼻孔的古柯鹼麻痺，對我幫助極大。」

古柯葉也用於酒和通寧水，最著名的是法國的馬里安尼（Vin Mariani），廣告中聲稱「能長期有效地讓生命力煥然一新」。1893年，這家公司發行了一本附插圖的書，刊載了使用者見證，書前介紹了古柯這種植物（並且強調古柯不是「可可」），表示「最能有效表現古柯的方式是加入葡萄酒」。

推崇古柯的，是當時法國女演員莎拉・伯恩哈特（Sarah Bernhardt）等名流，她宣稱加了古柯的葡萄酒能「給我一種力量，我要完成自主承擔的沉重責任時，這種力量不可或缺」。法國的樞機主教查理斯・拉維日里（Charles Lavigerie）當時在監督非洲的傳教工作，他寫道，「你們從美洲帶來的古柯給了我的『白衣神父』（即歐洲之子）教化亞洲和非洲的勇氣與力量。」而最有力的背書來自於頗有爭議的法國政治家亨利・羅什福爾（Henri Rochefort），他說：「你們珍貴的馬里安尼酒完全重組了我的結構，請務必提供一些給法國政府。」

古柯繼續在安地斯山脈的原產地欣欣向榮。這種灌木可以長到大約二・五公尺高，產生小白花和種子。採收的是新鮮嫩葉，通常從三月的雨季開始，每年收成三次。古柯總共有七個種，其中至少還有一個種——東方古柯（*Erythroxylum novogranatense*）也含有古柯鹼。假古柯（false cocaine, *E. rufum*）完全不含古柯鹼，可以在美國的一些植物園裡看到。

雖然酒、通寧水和蘇打水製造商的配方裡不再能加入古柯鹼，他們還是會使用這種植物不含古柯鹼的風味萃取物。FDA允許「古柯（去古柯鹼）」這種食品添加劑，而紐澤西一間美國製造商史達潘公司（Stepan Company）取得了執照，可以合法和祕魯的國家古柯公司（National Coca Company）收購古柯葉。這家製造商分離了古柯鹼作為飽受爭議的麻醉劑，然後收集剩下的香料物質賣給可口可樂這類公司。玻利維亞的政府不落人後，贊助開發許多古柯口味的汽水和其他產品，辯稱美國允許古柯在國內用於軟性飲料，對於同一種植物做出的當地產品卻很有意見，這樣實

在偽善。

　　雖然用古柯葉的去古柯鹼萃取物調味酒類完全合法，但很少蒸餾酒師會這麼做。藥草利口酒艾克（Agwa）是個很明顯的例子，這種酒在歐美十分常見，瓶身上的標籤誇張地宣告其中有爭議的成分。（其他成分包括人蔘以及瓜拿那籽〔guarana seeds〕，這是一種南美的藤本植物，含有類似咖啡因的物質。）在生產古柯的國家裡，當地市場也會販售古柯烈酒（licor de coca）和古柯酒（vin de coca）。

CORIANDER
胡荽

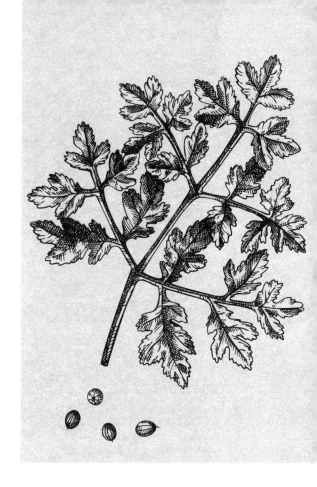

胡荽　*Coriandrum sativum*

繖形花科　Apiaceae

胡荽是蒸餾酒師鍾愛的一種材料。幾乎所有琴酒和許多藥草利口酒、艾碧斯、阿夸維特、茴香酒及苦艾酒都有胡荽。不過，吃過胡荽葉的人（這種植物在美洲稱為「cilantro」），可能納悶為什麼他們在這些酒之中從沒嚐到那種特殊的味道。

答案是胡荽的果實（也就是褐色的圓形種子）在乾燥的過程中經歷了化學變化，完全失去了那種鮮明的胡荽味道。新鮮葉片和未成熟的果實表面的精油味道很明顯，而且，因為我們對味道的感受取決於個人的基因，因此不是人人都愛。有些人覺得是惡臭，有些人覺得聞起來像蟲子。其實希臘文中的臭蟲koris這個字，就是胡荽古代希臘名koriandron的字根。

不過果實內部有另一種精油，在果實乾燥、獨特的胡荽氣味揮發之

後，就不難萃取。這種精油主要的成分是沉香醇、百里酚（thymol）和乙酸香葉酯（geranyl acetate）。乙酸香葉酯這種化合物發現於天竺葵，是酒類的完美調合物。因此胡荽結合了百里香的木質味道、天竺葵的濃郁香氣，還有沉香醇明快、帶著柑橘和花香的香氣。換句話說，嚐起來像很上好的極品琴酒。

香料市場裡可以找到兩個品種：優質的俄國胡荽（*C. sativum* var. *microcarpum*）果實比較小，精油的含量高。另外是果實較大的 *C. sativum* var. *vulgare*，有時稱為印度、摩洛哥或亞洲胡荽，這個品種主要是取葉片使用，園藝愛好者比較容易取得。（許多賣給園藝愛好者的品種，育種的目標是不開花或產生果實，因此會產生更多烹飪可用的葉子。）品質最佳的精油似乎來自夏季涼快潮濕的地區，所以挪威和西伯利亞才能提供頂級的胡荽給全球市場。

CUBEB
蓽澄茄

蓽澄茄　*Piper cubeba*

胡椒科　Piperaceae

這種木質爬藤類的印尼藤本植物會生產一種果實，從前曾經比它出名的親戚黑胡椒（Piper nigrum）更廣為人知。乾燥的蓽澄茄果實看起來像黑胡椒，但販售時通常連著枝條，因此很容易區分。強烈刺激的氣味來自於胡椒鹼（piperine）這種化合物，不過果實中其實還有濃度更高的檸檬油精，也就是一些柑橘類和藥草中常見的味道。或許因為如此，蓽澄茄才成為常加入琴酒的成分，琴酒本來就是讓香料和柑橘類開心結合的地方。

維多利亞時代，「摻藥」的蓽澄茄香菸曾經作為治療氣喘的藥物販售。現代香菸公司公布的配方裡，蓽澄茄仍然是其中一味。十七世紀的義大利教士路德維可・馬利亞・辛尼斯塔利（Ludovico Maria Sinistrari）曾

經詳盡地寫下如何用這種植物驅魔，他指出一種白蘭地為基底的通寧水，裡面加入蓽澄茄、小豆蔻、肉豆蔻、馬兜鈴（birthworts）、蘆薈和其他根莖類與香料，可以用來阻擋惡魔。

DAMIANA
達米阿那

特納樹　*Turnera diffusa*

時鐘花科　Turneraceae

1908年，聯邦官員沒收了一瓶標示著「達米阿那琴酒」（Damiana Gin）的酒。這瓶酒正要從紐約運往巴爾的摩，酒標上聲稱這種酒具有壯陽的功效，不過聯邦官員有他們的疑慮。實驗室分析的結果顯示，酒中含有番木鱉鹼（strychnine）和水楊酸，水楊酸是類似阿斯匹林的化合物，萃取自楊樹，高劑量時可能有危險。

內容物有毒，而且用「虛假和誤導」的廣告宣傳壯陽效果，再加上這種酒其實並不是琴酒，這種種問題，使得這瓶酒被判定違反了1906年純淨食品與藥物法案（Pure Food and Drug Act）。所有人的名字叫亨利·F·考夫曼（Henry F. Kaufman），他以運送違反該法令的貨物而被判罰一百美元。不過達米阿那的名聲持續不墜。

達米阿那是約兩公尺高的灌木，香味強烈，長出黃色的小花和小巧的果實。原生於墨西哥，當地傳說可以刺激性欲。十九世紀的醫生認為達米阿那是助性的滋補藥，一位醫生在1879年寫道，他會讓女性病人使用這種滋補藥，「讓她得到非常重要但並非不可或缺的高潮。」

說也神奇，這些說法或許確有其事。2009年的一項研究顯示，這種植物可以縮短「性交疲憊的公鼠」的恢復時間，讓牠們經過短時間的休息後，就能再次交配（不過報告中沒透露如何讓老鼠達到性交疲憊的狀態）。

除了這個有趣的研究，沒有任何臨床實驗能證明這種植物對人的影響。達米阿那在美國是合法的食品添加物，墨西哥藥草利口酒達米阿那就是用達米阿那乾燥的葉和莖調味，酒瓶的形狀令人莞爾──當然是富饒女神的雕像。

DITTANY OF CRETE
白蘚牛至

白蘚牛至　*Origanum*

dictamnus

唇形花科　Lamiaceae

　　白蘚牛至聽起來很神祕，實際上不過是外表古怪的牛至。毛茸的圓形銀色葉片和粉紫花朵的苞片讓白蘚牛至成為地中海花園中的大紅人，所以分布範圍已經不再局限於一座希臘小島。白蘚牛至贏得了啤酒花墨角蘭（hop marjoram）的稱呼，是因為白蘚牛至的花朵類似啤酒花，不過植株的香氣比較接近百里香和其他牛至。早從古希臘時期，葉片就被用來替滋補藥調味，今日仍然用於苦艾酒、苦精和藥草利口酒中。

ELECAMPANE
土木香

土木香　*Inula helenium*

菊科　Asteraceae

野生的一片土木香很可能被誤認為一團過度茂盛的蒲公英——其實這兩種植物有親戚關係。土木香的原產地是南歐和亞洲的部分地區，但現在也遍布北美、歐洲和亞洲的大部分地區，栽培之後當作藥草，可治療咳嗽。植株會長到約二‧五公尺高，小花的形狀類似雛菊。根部帶有苦味和樟腦味，是苦艾酒、苦精、艾碧斯和藥草利口酒的常見成分。

EUROPEAN CENTAURY
紅百金花

紅百金花　*Centaurium erythraea*

龍膽科　Gentianaceae

這種開著粉紅花的一年生草本植物是龍膽的親戚。原生於歐洲，現在已經擴散到北美、非洲，以及亞洲、澳洲的部分地區。乾燥的莖和葉在傳統上可外用治療傷口，內服則是消化滋補藥。時至今日，這種植物帶苦味的環烯醚萜苷（iridoid glycoside，植物用來自我防禦的強效物質）使之成為苦精和苦艾酒中的成分。

FENUGREEK
葫蘆巴

葫蘆巴	*Trigonella*
	foenum-graecum
豆科	Fabaceae

2005 年起，紐約市某些地區的人突然莫名奇妙地想吃鬆餅；紐約市內飄過一陣明顯的楓糖漿氣味。這種狀況並不常發生，以致氣味出現時，人們致電當局，詢問這種無法解釋但並不難聞的氣味從何而來。2009年，紐約市官員終於有了答案：是葫蘆巴的氣味。這種嬌小豆科植物的種子可以磨碎，混入咖哩的香料之中。紐澤西的一家公司有在處理葫蘆巴的種子，而這家公司賣的正是工業香料和調味劑。葫蘆巴萃取出的焦糖或楓糖漿香調用於調味利口酒，也用來模仿楓糖漿和其他甜點的香氣。

葫蘆巴來自地中海地區、北非和亞洲的部分地區，數百年來都是印度和中東料理傳統的一部分。葫蘆巴在利口酒中雖然不曾扮演重要的角色，卻用於產生甜而帶香料味的基調，因此調酒師有時會在自製的浸漬酒中用上葫蘆巴。皮姆 No.1（Pimm's No.1）是以琴酒為基底的利口酒，可以用來調製著名的英國夏日調酒：皮姆之杯。而有些皮姆 No.1 的愛好者發誓，他們在那神祕（而且高度機密）的香料調合酒中嚐得到葫蘆巴的味道。

皮姆之杯

- 皮姆 No.1 …… 1 份
- 檸檬水 …… 3 份
- 小黃瓜、柳橙、草莓切片
- 綠薄荷葉
- 琉璃苣花或葉子（可省略）

在水瓶或玻璃杯裡加入冰塊，然後加入所有材料。充分攪拌。琉璃苣花或葉子是傳統的裝飾品，不過除非自己種植，否則恐怕不容易買到。

GALANGAL
高良薑

高良薑　*Alpinia*

officinarum

薑科　Zingiberaceae

薑的這個親戚有著刺激辛辣的味道，在中國、泰國和印度，數百年來都是料理中十分普遍的食材。傳統上用來治療消化問題，因此加入早期的滋補藥，後來則成為受歡迎的利口酒。現在有些苦艾酒、苦精和一些東歐藥草利口酒中仍然有這一味。

和其他薑科植物一樣，高良薑的地下莖是香料貿易的商品。栽培時讓植物生長四到六年，大約達到兩公尺左右，形成一塊高大的莖，上方是狹長的葉片，整個根基可以一次採收，或只從邊緣挖掉幾塊地下莖。

雖然有幾種有親戚關係的植物其俗名都是良薑，不過只有所謂的高良薑（*Alpinia officinarum*）由 FDA 確認為安全成分。其他的種包括大高良薑（greater galangal, *A. galangal*）和山奈（*Kaempferia galangal*），有時稱為復活百合（resurrection lily）。這三種都生長於熱帶氣候，花朵呈粉紅或白色，像一枝蘭花或晚玉香。

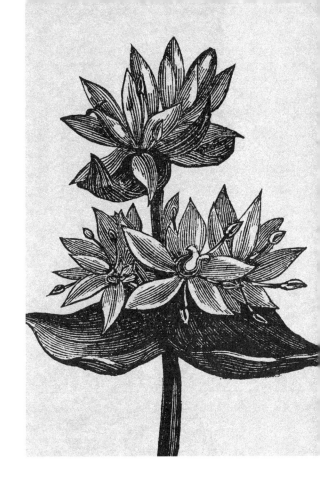

GENTIAN
龍膽

龍膽　*Gentiana lutea*

龍膽科　Gentianaceae

如果少了這種在法國山區草地上野生的高大黃花植物，許多調酒都不會存在。曼哈頓、內格羅尼和古典雞尾酒靠的都是龍膽的苦味。即使在缺東缺西的酒吧裡，也一定有安格斯圖拉苦精這種重要的材料，安格斯圖拉苦精裡也有龍膽，甚至在酒標上明確標示。許多最著名的歐洲阿馬羅苦精和利口酒都不再保密，坦白表明龍膽是他們的主要成分。靠著這種植物得到苦味的酒數以百計，金巴利、阿普羅（Aperol）、蘇茲（Suze）、雅凡娜阿馬羅（Amaro Averna）和名符其實的龍膽白蘭地（Gentiane）只是其中的幾個例子。

龍膽作為藥用的歷史可以追溯到至少三千年前。西元前 1200 年的埃及草紙上就記載了把龍膽作為藥用，之後持續為人類使用。老普林尼寫

道，龍膽的名字來自詹提烏斯國王（King Gentius），他是西元前181到168年間羅馬一個省的統治者，該省位在現今的阿爾巴尼亞。

龍膽並不容易種植，每個種都限定不同的氣候和土壤類型。有許多不喜歡肥沃營養的花園土壤，移植效果不佳。龍膽科下超過三百個種，其中只有一、二十種可以在花園中活得不錯。黃花龍膽（Yellow gentian）特別喜歡山區的草地，不喜歡農地。歐洲一些地區目前在保育龍膽，採摘野生龍膽受到嚴厲的控管。（有一種有毒植物白藜蘆〔*Veratrum album*〕和龍膽的外觀類似，因此採集龍膽對於外行人而言十分危險。）

保育野生龍膽的一個原因是，利口酒和藥物用的是龍膽的根，只有挖出整棵植物，才能取得根部。苦味物質包括龍膽苦苷（gentiopicroside）和苦龍膽酯苷（amarogentin），現代的研究者證實了這兩種物質有促進唾

史卓威博士的蘇茲和蘇打

蕾娜・史卓威（Lena Struwe）博士是羅格斯大學（Rutgers University）的植物學家，她將龍膽視為她畢生的工作。她研究龍膽的解剖學、生物多樣性和醫療用途——還蒐集老酒和繪有龍膽的海報。這是她最愛的龍膽調酒。

- 蘇茲酒 ⋯⋯ 2盎司
- 蘇打水或通寧水 ⋯⋯ 2～4盎司
- 扭轉檸檬皮

將蘇茲倒在冰塊上，加入適量的蘇打水，然後擺上扭轉檸檬皮。乾杯！

液分泌、製造消化液的能力（難怪龍膽是那麼多開胃酒的成分）。龍膽甚至可以幫助經歷癌症治療而不容易有味覺或吞嚥的人，而且目前正在接受檢驗，確認是否能作為抗癌和抗真菌的藥物。

龍膽通常在種植的四、五年之後收成，這時長條狀的塊莖大約重達數公斤。庇里牛斯山脈一年的產量就有八噸，阿爾卑斯山脈和附近的侏羅山脈產量更多。苦味物質在春天達到高點，採自高海拔的龍膽，苦味更強，因此精確的採集時機和地點非常重要。

利口酒中的龍膽如此迷人，正是因為那種令人心曠神怡的強烈苦味。龍膽的苦味能襯托糖和花香，賦予內格羅尼等調酒所需要的深度。黃色的抗氧化物山酮（Xanthone）讓龍膽利口酒有一種自然的金黃色調，這種特性在蘇茲這類的產品中很明顯。蘇茲是白酒為基底的龍膽開胃酒，在法國深受喜愛，但在美國才剛剛上市。

魔奇酒（Moxie）是曾經比可口可樂更受歡迎的汽水，而龍膽也是魔奇酒的主要成分。《夏綠蒂的網》（Charlotte's Web）的作者、隨筆作家艾爾文・布魯克斯・懷特（E. B. White）在一封信中寫道，「我還能在六哩外的一間迷你超市裡買到魔奇酒。魔奇酒含有龍膽根，是通往美滿生活的途徑。這道理，人類在西元前兩世紀就知道了，今日於我非常受用。」

GERMANDER
石蠶

石蠶　*Teucrium*

chamaedrys

唇形花科　Lamiaceae

這種低矮的多年生草本植物分布在地中海地區，在園藝上是結紋花園（knot garden）的飾邊植物。莖部挺直，葉片光滑狹窄，顏色深，開出粉紅色的穗狀花序，石蠶很適合種植成一直線，穿過整整齊齊的風景。葉片有一種強烈的藥草氣味，類似石蠶的親戚鼠尾草。中世紀的醫生用石蠶治療各式各樣的病痛，物換星移，石蠶現在成為苦艾酒、苦精和利口酒中的苦味調味物。

GINGER
薑

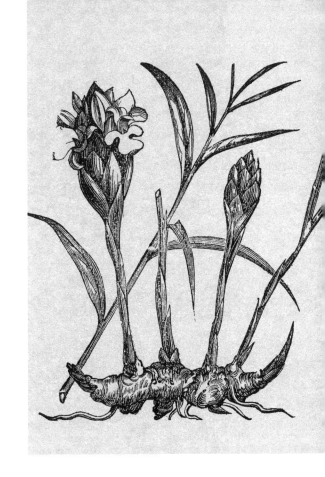

薑　*Zingiber officinale*
薑科　Zingiberaceae

這種熱帶的植物看起來或許不起眼——很少開花，只會長出像蘆葦一般，約長一公尺上下綠色莖幹，葉子帶著條紋——不過它的根卻是世上歷史最悠久的香料之一。薑原生於中國和印度，是中藥的重要藥材，通過最早的貿易路線來到歐洲之後，也被當作藥用。中世紀以來，薑被用來替啤酒調味，在藥草利口酒、苦精和苦艾酒中加入了辛辣的調性。現代有許多利口酒是在調酒中加入一點薑，例如肯特薑汁干邑利口酒（Domaine de Canton）、Snap 和國王薑汁利口酒（King's Ginger）。

今日世界各地都在種植薑，主要在奈及利亞、印度、泰國和印尼。薑的種植、收成、儲藏方式對薑的風味有決定性的影響。種植後五到七個月就收成的薑很溫和，在這之後，大家喜歡的那種精油含量就會迅速增加，

在大約九個月時達到高峰。在陰暗處種植的薑內含的柑橘香氣比太陽下種植的薑更強烈。如果薑在收成之後乾燥，而不是趁新鮮販賣，其中兩成的精油會直接揮發，同時少了明亮而帶柑橘香的特徵，只留下較多的薑烯（zingiberene），讓薑的辛辣味更尖銳。今日香料貿易中的薑有幾十個品種，每種都有不同的特色。

　　薑汁啤酒曾經是溫和的酒精飲料，製作的材料是用水、糖、薑、檸檬和酵母。現代無酒精的復刻版本也稱為薑汁淡啤酒，在許多經典調酒中扮演著醒目的角色。香蒂啤酒（Shandy）混合了等份的啤酒和類似發泡蘇打水的檸檬水。香緹（Shandygaff）是啤酒加薑汁啤酒。月黑風高（Dark and Stormy）混合了兩份的深色蘭姆酒和三份的薑汁啤酒，倒在冰上飲用。高林斯（Gosling's）甚至把月黑風高（Dark'n Stormy）申請成商標，並且建議加入這一牌的深色蘭姆酒和薑汁啤酒。

莫斯科騾子

- 萊姆 ⋯⋯ ½ 顆
- 伏特加 ⋯⋯ 1½ 盎司
- 簡易糖漿（可省略）⋯⋯ 1 茶匙
- 薑汁啤酒（可試試 Reed's 和其他天然又不過甜的薑汁汽水）⋯⋯ 1 瓶

將一個銅酒杯或高球杯裝滿冰塊。在冰塊上擠萊姆汁，把萊姆丟進杯子裡。加入伏特加和簡易糖漿（糖漿可省略），在杯裡倒滿薑汁啤酒。

莫斯科騾子（Moscow Mule）是 1941 年一個伏特加批發商創造的，不止完美地利用了薑汁啤酒，也讓美國人認識了伏特加，在短短幾年內就幫助思美洛的業績成長為原來的三倍。傳統上是裝在銅酒杯裡飲用，不過這只是行銷手法。據說有一位伏特加批發商和一個調酒師為了利用沒賣完的薑汁啤酒、促銷伏特加，因而調配出這種飲料。調酒師的女友顯然有一間生產銅酒杯的公司，所以她家的產品也成了酒譜配方的一部分。

GRAINS OF PARADISE
天堂椒／天堂籽

非州豆蔻　*Aframomum*
melegueta
薑科　Zingiberaceae

這種西非植物的黑色小種子帶著類似胡椒的辣度，還有更濃郁、香料味更強的香氣，類似小豆蔻和其他薑科的親戚。天堂椒經過早期的貿易路線來到歐洲，而調味的對象不止食物，還有啤酒、威士忌和白蘭地，有時用來掩飾劣質或稀釋的劣酒氣味。現在一些啤酒裡仍然找得到天堂椒（山謬・亞當斯〔Samuel Adams〕的夏日啤酒〔Summer Ale〕就是很熱門的一個例子），也是阿夸維特、藥草利口酒和琴酒（包括孟買藍寶石〔Bombay Spphire〕）裡的重要成分。

天堂椒和薑科的其他成員一樣，外面很平凡，蘆葦似的稀疏莖桿只長到一到兩公尺高，長出一束葉子。喇叭狀的紫花結出長橢圓形的果實，每個果實裡有六十到一百粒褐色的小種子。

天堂椒的療效幫助解決了動物園裡長久以來的一個問題。人工飼養的西部低地大猩猩時常罹患心臟病，死於心臟病者高達四成。野生環境中，天堂椒占牠們食物的八成，顯示天堂椒的消炎特性能讓牠們維持健康。近期正在進行一個大猩猩的健康計畫，計畫中考慮讓大猩猩食用真正的天堂椒（不是琴酒），希望能改善人工飼養的大猩猩的健康，讓牠們擁有更美好的生活。

JUNIPER
杜松

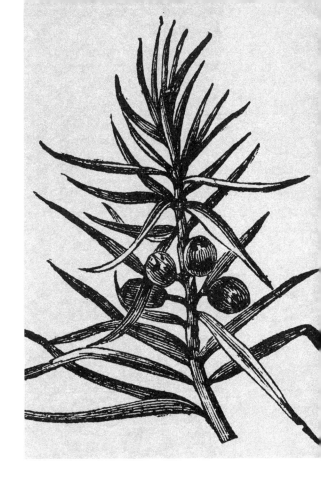

杜松　*Juniperus communis*

柏科　Cupressaceae

調酒歷史學家爭相想找出琴酒在醫療文獻中最早的前身。法蘭契斯科・波伊・席維斯（Franciscus de le Boë Sylvius）是十七世紀的荷蘭醫生，曾經被視為在藥水中使用杜松萃取物的第一人。現在的贏家是比利時的神學家湯馬斯・馮・康定培（Thomas van Cantimpré），他在十三世紀的著作《自然史之書》（*Liber de Natura Rerum*）被同時期的雅各・馮・馬蘭特（Jacob van Maerlant）翻譯成荷蘭語，並收錄在他1266年的作品《自然之書》（*Der Naturen Bloeme*）。書中建議用雨水或酒煮杜松，治療胃痛。這不是琴酒，不過只要結合杜松和酒，就算是往正確方向前進了。

　　這並不表示荷蘭人發現了杜松的療效。希臘醫師蓋倫（Galen）在西元二世紀寫道，杜松漿果「可以淨化肝臟和腎臟，而且能稀釋任何濃而黏

稠的體液，因此成為有益健康的藥物」。這段話顯然說明了將杜松漿果加入酒精，滋味也不會像我們今日飲用的迷人琴酒。

　　杜松是古老柏科的成員。柏科植物出現於三疊紀，大約兩億五千萬年前。當時大部分的陸塊聚在一起，形成單一的大陸，稱為盤古大陸，因此才會有一個種——杜松（*Juniperus communis*）——同時生長在歐、亞和北美洲。

　　杜松存在了那麼久的時間，因此繁衍出幾個種。最常用於琴酒的是 *J. Communis communis*，這種小型的樹木或灌木可以活到兩百年以上。杜松是雌雄異株。雄株的花粉可以乘風飛到一百六十公里外的雌株上。授粉之後，漿果需要兩、三年才能成熟（其實是毬果，但果鱗過於肉質，貌似果實上的果皮）。採收的過程並不容易：植株上會有各種成熟階段的漿果，因此每年都需要採收數次。

　　琴酒的蒸餾酒師偏好來自托斯卡尼、摩洛哥和東歐的杜松漿果。其中許多仍然是從野地採收，例如：阿爾巴尼亞、波士尼亞（Bosnia）和赫塞哥維亞（Herzegovina）每年總共生產超過七百噸的杜松，大多是個人的採集者將他們採到的杜松賣給大型香料公司。這種極度傳統的技術很費時，採集者把籃子或防水布放在枝條下，用棍子敲打枝條，盡量只敲落深藍色的成熟漿果，讓青嫩的果實留在枝條上。採收之後，漿果在陰涼地方攤開乾燥。過量的陽光或熱度都會讓漿果失去芬芳的精油，而潮濕的環境則會引來黴菌。

　　漿果中含有 α-松油精，讓漿果有種松樹或迷迭香的氣味，以及大麻、啤酒花和野地百里香的月桂烯（myrcene）氣味。此外還有檸檬油精，也就是許多藥草和香料之中鮮活的柑橘味。難怪杜松會和胡荽、檸檬皮和其他香料結合，做成琴酒——這些植物大多含有同樣的芳香物質，只是各自的組合不同。

認識你的琴酒

◆ **蒸餾琴酒╱DISTILLED GIN**：加入杜松和其他植物加以調味，然後重新蒸餾得到的酒。

◆ **荷蘭琴酒╱GENEVER**：荷蘭風格的琴酒，將類似威士忌用的麥芽醪蒸餾。老杜松子酒（Oude）是比較老式的荷蘭琴酒，顏色深，麥芽的風味比較重。新杜松子酒（Jonge）比較新式，風味和顏色都比較淡，通常是蒸餾技術更精密的結果。兩種都可能在木桶中熟成，也可能不是。

◆ **琴酒╱GIN**：酒精濃度高，類似伏特加，用杜松和其他自然或「天然」的合成香料調味。

◆ **倫敦琴酒╱LONDON GIN**：或稱不甜的琴酒（London dry gin）。加入杜松子和其他植物成分之後再次蒸餾，除了水或酒精，沒有其他任何添加成分。

◆ **馬翁╱MAHON**：葡萄酒蒸餾的琴酒，只在西班牙地中海沿岸的梅諾卡島（Island of Menorca）製造。

◆ **老湯姆琴酒╱OLD TOM GIN**：英國的老式加甜琴酒，在經典調酒的愛好者之間東山再起。它曾在琴酒的殿堂裡，用一種類似自動販賣機的方式由一隻很有型的貓販售，而英國的新聞工作者詹姆斯‧葛林伍德（James Greenwood）在 1875 年寫道，「老湯姆只是一隻動物的綽號，由於生性火爆，加上牠尖牙利爪，對膽敢造次的人造成的影響猛烈又持久，於是雀屏中選，成為琴酒這種烈酒的完美象徵。」

◆ **普利茅斯琴酒／PLYMOUTH GIN**：一種琴酒，類似不甜的琴酒，只有英國普利茅斯（Plymouth）生產的可稱為普利茅斯琴酒。

◆ **黑刺李琴酒／SLOE GIN**：將黑刺李漿果浸泡在琴酒裡製成的利口酒，裝瓶時的酒精濃度至少25%。

經典馬丁尼

馬丁尼頂多只能混合苦艾酒的傳言不過是個老笑話，最好別理會。只把少許苦艾酒灑進酒杯裡，攪一攪，倒出來，然後倒進琴酒的調酒器。並不是在混合飲料，他們只是賣一杯琴酒給你。苦艾酒是一種酒，只要新鮮，剛開瓶不久，冷藏保存，就是很棒的調配物。幾個月前打開而積滿灰塵的苦艾酒應該拿去丟掉。

馬丁尼應該是小分量的冰涼飲料，用小杯盛裝。有些酒吧會把四、五盎司的純琴酒倒進巨大的雞尾酒杯，讓顧客喝下沒稀釋又變溫的琴酒，但這樣根本不是調酒。

• 琴酒 ⋯⋯ 1½ 盎司
• 不甜的白苦艾酒 ⋯⋯ ½ 盎司
• 橄欖或檸檬皮

琴酒和苦艾酒加冰，用力搖勻。過濾之後倒進雞尾酒杯。用橄欖裝飾。

一般琴酒的成分

白芷根	胡荽	天堂椒
月桂葉	蓽澄茄	杜松漿果
小豆蔻	茴香	薰衣草
柑橘類的皮	薑	香根鳶尾根（Orris root）

　　1566年，荷蘭人起而反抗西班牙人，這場衝突算是持續到1648年，當時他們已經為了醫療之外的目的而蒸餾琴酒了。英國士兵前來援助荷蘭的時候，學會在戰場上享受一點琴酒，並且因為琴酒賦予軍隊勇氣，而稱之為「荷蘭的勇氣」。艾德蒙‧華勒（Edmund Waller）在一首1666年的詩〈給畫家的指示〉（Instructions to a Painter）裡追念道，「荷蘭人失去了他們所有的葡萄酒和白蘭地／失去了他們賴以得到勇氣之物。」

　　英國人得到琴酒之後，宛如脫韁之馬。1639年，英國蒸餾酒師的配方成分中出現了杜松漿果。十八世紀初期，英國允許無執照製造琴酒，劣質而毒性頗強的琴酒於是取代了啤酒，成為烈酒的首選。一連串的制度改革加強了琴酒蒸餾的執照管理和課稅，十九世紀由英國開始生產的琴酒，就是現在這種清爽、不甜的琴酒的前身。

　　琴酒不過是調味的伏特加，而最強烈的味道是杜松，因此喝琴酒而不

喝伏特加的人，其實誤解了他們上癮的真相。作為基底的伏特加，在釀造時通常混合了大麥、裸麥，或許還有小麥或玉米。杜松和其他香料可以浸在酒裡，再重新蒸餾，懸浮在蒸餾器的「藥草層」裡，或是分開萃取，之後再和蒸餾完成的酒混合。每個過程都會從植物中萃取出不同的精油，得到不同的結果。

杜松酒是將杜松漿果加水發酵，產生杜松「酒」，然後蒸餾，得到的酒有時在東歐以「杜松白蘭地」的名字販售。例如斯洛伐克的聖尼古拉斯酒廠（St. Nicolaus distillery）有一款杜松白蘭地，還有一種稱為 Jubilejná Borovička 的酒，酒瓶裡附了一段杜松樹枝。據說是為了傳達「喝杜松樹枝」的朦朧喜悅。

有些美國蒸餾酒師不去找傳統的歐洲來源，而是用當地的杜松做實驗。奧勒岡州的 Bendistillery 酒廠採收野生的杜松漿果製作琴酒。酒廠所有人表示，他開始製作琴酒是想利用這種太平洋西北岸的杜松子。威斯康辛的華盛頓島（Washington Island）也生產優質的杜松子，旅客可以參加去死亡之門（Death's Door）這個當地熱門的琴酒蒸餾廠採集杜松。

然而，不是所有同樣在刺柏屬的植物都適合食用。新疆刺柏（Savin juniper, *J. sabina*）、藍莓刺柏（ashe juniper, *J. ashei*）和紅莓刺柏（redberry juniper, *J. pinchotti*）只是有毒的三個例子，許多其他的杜松則還沒人研究過毒性。想實驗杜松浸泡酒的人，強烈建議從可靠的來源取得杜松。

今日在英國，杜松漿果已經變得供不應求，主要的原因是失去野生棲地，以及無法移植較老的家系。英國植物保育慈善機關 Plantlife UK 發起了拯救英國杜松的運動，也希望世人注意到他們的目標，鼓舞保育和棲地復育。

LEMON BALM
檸檬香蜂草

香蜂草　*Melissa officinalis*

唇形花科　Lamiaceae

這種薄荷的親戚雖然有強烈的檸檬味，最常見的品種卻有一種香茅的香氣，讓人想起地板清潔劑，根本不像加在調酒裡會產生美味的任何調配物。Melissa officinalis 'Quedlinburger Niederliegende' 這個栽培種的精油含量高，深受蒸餾酒師喜愛。這些精油中含有檸檬醛和香茅醛（citronellal）、沉香醇和香葉醇（geraniol），賦予一種隱約的玫瑰天竺葵香氣。上層的葉和花以蒸氣蒸餾，可以萃取出這種強烈的氣味，加入艾碧斯、苦艾酒和藥草利口酒裡。推測蕁麻酒和班尼迪克丁香甜酒的祕密成分中都有這一味。

山薄荷屬（Melissa）這個屬名的原文來自希臘文的「蜜蜂」，之所以得到這個名字，是因為香蜂草的小花很容易吸引蜜蜂。

LEMON VERBENA
檸檬馬鞭草

檸檬馬鞭草	*Aloysia*
	triphylla
馬鞭草科	Verbenaceae

這種灌木的香氣強烈，除此之外並不吸引人，不過本身卻有很戲劇化的歷史。檸檬馬鞭草原生於阿根廷，在十八世紀來到歐洲，但從來沒在植物學文獻中被正式描述。植物學家喬瑟夫‧鄧比（Joseph Dombey）1778 年在拉丁美洲一次倒楣的探險中再次採集了這種植物，卻在 1780 年陷入麻煩，發現自己被捲入了祕魯的內戰。他從內戰、霍亂爆發和一場船難中逃過數劫，在 1785 年到達西班牙，歷經數年努力而採集的稀有植物樣本卻被扣在海關的倉庫，最後腐爛枯死。檸檬馬鞭草就在少數存活下來的植物之中。這次，他的同僚特別留意，檸檬馬鞭草終於得到正式的辨識及描述了。

不幸的是，鄧比的麻煩還沒了。法國政府派他前往美國參與另一次探索，這次他才到達加勒比海的瓜地洛普島（Guadeloupe），就被仍然效忠法國王室的當地政府逮捕，當地政府不信任新成立的法國共和，而鄧比的探險正是由他們籌畫。之後探險家得以洗清自己的名譽，雖然被勒令離開島上，不過這正合他的意。可惜他的船幾乎立刻又被俘虜，這次對方可能是幫英國政府工作的私掠船，而他則被關到附近的蒙特色拉島（Montserrat），在 1796 年死於獄中。

一杯馬鞭草利口酒大概無法給鄧比先生多少安慰，不過他幫忙引介的這種多年生草本植物，現在讓許多南法和義大利的傳統黃色、綠色利口酒

帶有一種甜而明亮的檸檬香氣，其中最著名的是維萊馬鞭草酒（Verveine du Velay），這是在法國中南部維萊丘（Le Puy-en-Velay）的Pagès Védrenne製造的利口酒。檸檬馬鞭草也是一些義大利阿馬羅苦精的成分。法國酒標上可能寫為「verveine」，義大利酒標上則寫成「cedrina」。

鄧比的臨別一語

為了記念喬瑟夫・鄧比，我們將經典調酒「臨別一語」（Last Word）做了點變化。這個版本用檸檬馬鞭草味更強的利口酒取代蕁麻酒，並且用檸檬取代萊姆。他當時陷入政治動盪，因此這種調酒應當結合來自三個當時也在劇變中的國家——英國、法國和義大利的原料。

- 司琴酒（普利茅斯琴酒或其他不甜的琴酒）⋯⋯ ½盎司
- 維萊馬鞭草酒 ⋯⋯ ½盎司
- 司樂莎杜黑櫻桃利口酒（Luxardo maraschino liqueur）⋯⋯ ½盎司
- 現榨檸檬汁 ⋯⋯ ½盎司
- 新鮮檸檬馬鞭草 ⋯⋯ 1枝

把檸檬馬鞭草之外的所有材料加冰塊搖盪，過濾到雞尾酒杯。把一片檸檬馬鞭草葉在杯緣抹一圈，用另一片葉子裝飾。如果買不到維萊馬鞭草酒，綠蕁麻酒是很好的代替品。

自己動手種

檸檬馬鞭草

全日照

低水量

耐寒至 −9℃／15℉

　　雜貨店裡通常不會賣新鮮的檸檬馬鞭草，所以如果你家那裡的氣候允許，自己種檸檬馬鞭草很值得。檸檬馬鞭草對寒冷很敏感，早霜時地上不會枯死。如果蓋上乾草，就能在最低 −12℃／10℉ 的溫度裡存活。冬天把枝條留在植株上，春天新葉萌發時剪掉。有些寒冷氣候的園藝家會在秋天修枝，冬天時加以培養，等春天再種到戶外。

　　除了防寒措施之外，檸檬馬鞭草不需要什麼特別照顧。不用特別的施肥；檸檬馬鞭草和許多草本植物一樣，其實比較喜歡排水良好、偏乾的貧瘠土壤。需要全日照。如果受到任何遮蔭，氣味就不會那麼強烈。香氣萃取自葉片，秋天時葉片中的精油含量會達到最高點。不會結霜的氣候裡，檸檬馬鞭草可以長成一棵小樹那麼大；否則一季會長到二到三公尺高，產生花莖，上面長滿小白花。

甘草味的藥草：
茴香酒的模仿品

甘草：一種歐洲豆科植物的根，甘草的植株有著羽狀葉和藍色的穗狀花序；根的萃取物可以添加在藥品、酒或糖果裡；有一種糖果就是用甘草或大茴香之類的代替品調味。也用來稱呼幾種用來代替真正甘草的植物。

甘草：化學課時間

茴香酒和其他這類的酒裡的甘草味其實來自好幾種不同的植物，而這些植物之間居然沒什麼關係，唯一的共通點是茴香腦（anethole）這個成分，這是一種帶著甘草味的分子，有某些獨特的性質——可溶於酒精，不溶於水，所以甘草調味的飲料通常酒精濃度比較高，以免茴香腦分子從溶液裡析出。不過，如果加入更多水（尤其是冷水，像喝茴香酒和艾碧斯時的習慣），茴香腦就會從酒裡分離出來，在飲料中形成渾濁的白色或淡綠色的霧狀，在艾碧斯裡稱為乳化（louche）。

加水之後，茴香腦不會形成油粒直接浮到頂上（像橄欖油或奶油浮在

一碗湯上那樣），這是因為茴香腦有一種化學家稱為低界面張力的特質。想像兩滴水靠在一起。如果這兩滴水非常接近，兩個水滴會輕易融合成一滴水。水滴有很強的表面張力，很容易迅速融合。然而，想想兩顆肥皂泡，肥皂泡會黏在一起，但不會輕易融合而成一顆更大的泡泡，這是因為肥皂泡的表面張力比較小。茴香腦的表面張力低，因此減緩了這些小油滴凝聚成一大滴油的速度。表示水加進杯子裡之後，茴香酒或艾碧斯會保持均質的渾濁，因為茴香腦雖然析出，但是拒絕聚在一起。

有些蒸餾酒師會用冷凝過濾的方法，除去所有加進水或溫度降低之後會讓飲料變渾濁的不穩定大分子，所以有些甘草味的飲料不會變渾濁。而有些油質的植物氣味分子恰巧是透明的，因此即使從懸浮狀態析出，也不會像茴香腦一樣讓飲料變得渾濁。

ANISE

大茴香

大茴香	*Pimpinella anisum*
繖形花科	Apiaceae

這種小型蓬鬆的草本植物原生於地中海地區和西南亞，很像它的近親，茴香、西洋芹和野胡蘿蔔。大茴香的小果實一般稱為大茴香子，含有高濃度的茴香腦，廣泛用於利口酒、苦艾酒和加利安諾利口酒這種黃色的

義大利開胃酒。大茴香又時又稱 burnet saxifrage（直譯為虎耳草地榆），不過並不是地榆（薔薇科的一種小型植物），也不是虎耳草（低矮的高山植物，在多岩石的土壤裡長得很茂盛）。

ANISE HYSSOP

茴藿香

茴藿香	*Agastache foeniculum*
唇形花科	Lamiaceae

雖然名字取為茴藿香，卻也帶著大茴香的氣味。這種植物原生於北美，貌似薄荷，而茴香腦的含量其實微乎其微。它的氣味主要來自草蒿腦（estragole），這種氣味物質也存在於龍蒿（tarragon）、羅勒、大茴香、八角茴香和其他藥草。雖然蒸餾酒師會用到茴藿香，但比較可能用來當調配物。茴藿香的英文名稱容易誤導人，其實既不是大茴香，也不是牛膝草（hyssop），這兩種植物也因為類似甘草的香氣而被利用。

FENNEL

茴香

茴香	*Foeniculum vulgare*
繖形花科	Apiaceae

這種高大醒目的多年生草本植物有著蕾絲般的細緻葉片和鮮黃的花朵，在地中海地區、北非和亞洲廣泛用於料理中。茴香的球莖、葉和莖都可食，不過用來調味艾碧斯、茴香酒和其他利口酒的，其實是它的果實（常稱為種子，不過種子其實藏在細小的橢圓形果實裡）。

甘茴香（Florence fennel, *Foeniculum vulgare* var. *azoricum*）這種栽培種主要利用的是球莖，不過種子也含有較高濃度的茴香腦和檸檬油精，因此有種香甜的檸檬味。另一個品種，甜茴香（sweet fennel, *F. Vulgare* var. *dulce*）也有較高濃度的這些香氣，用於製造精油和蒸餾。這兩種品種都有額外的優勢──含有較低的桉油醇（eucalyptol，會讓酒中帶有一種類似樟腦油的討厭藥味）。茴香花粉裡這些精油的含量也很高，不過很難大量收集。

完美茴香酒

- 1 張飛往巴黎的機票
- 1 個夏日午後
- 1 間人行道旁的小餐館

到達巴黎之後，找一間看起來會有在地巴黎人去的小餐館。占個位置，告訴服務生，「un pastis, s'il vous plaît.（請來杯茴香酒）」如果端上來的是一杯茴香酒和一壺冷水，表示要你自己調配，緩緩把水倒進去，直到達到你滿意的比例──通常是一份茴香酒兌上三到五份的水。

HYSSOP
牛膝草

牛膝草　　*Hyssopus officinalis*

唇形花科　　Lamiaceae

這種藍花或粉紅花的唇形花科植物原生於地中海地區，是艾碧斯、藥草利口酒的成分之一，也是天然的止咳藥。雖然常用在甘草味的利口酒中，化學分析卻顯示牛膝草含有較多樟腦和松類的香氣分子。大量服用牛膝草萃取物可能導致癲癇，但像添加在酒類裡的低劑量就很安全。

LICORICE

甘草

甘草	*Glycyrrhiza glabra*
豆科	Fabaceae

這種生長於南歐的小型多年生植物其實是豆科植物，但是並不像大部分的豆類，甘草只會長到六十到九十公分高，不會變成爬藤。採收作為調味用的，是甘草的根。除了茴香腦，還含有高濃度的天然甜味劑，甘草甜素（glycyrrhizin），大量服用會造成高血壓和其他危險的症狀。甘草除了添加在糖果和利口酒中，也用在香菸裡，用於掩蓋刺激的氣味，留住濕氣。

以甘草調味的酒類世界

ABSINTHE	法國
AGUARDIENTE	哥倫比亞
ANESONE	義大利
ANIS	西班牙、墨西哥
ANIS ESCARCHADO	葡萄牙

ANISETTE	法國、義大利、西班牙、葡萄牙
ARAK	黎巴嫩、中東
HERBSAINT	美國
MISTRA	希臘
OUZO	希臘、賽普勒斯
PASTIS	法國
PATXARAN	西班牙
RAKI	土耳其、巴爾幹半島
SAMBUCA	義大利

STAR ANISE

八角

八角茴香　　*Illicium verum*

五味子科　　Schisandraceae

八角茴香是中國一種小型常綠樹木的果實，這種樹和木蘭花是親戚。星形的果實有五到十個尖瓣，每一瓣裡都有一顆種子，在成熟之前

就會採下曬乾。精油含量高的部分不只有種子，還有星狀的外殼，也就是果皮。八角茴香比大茴香容易萃取精油，因此八角茴香更普遍用於茴香酒和藥草利口酒。不過近年來，全球大約九成的八角茴香都被製藥工業收購，用以製造治療流感的克流感（Tamiflu）。

八角茴香樹生長於中國、越南和日本。白花八角（Japanese star anise, *Illicium anisatum*）是八角茴香的近親，但含有劇毒，曾有誤食的案例，因此在野外採集八角茴香並不安全。

SWEET CICELY

歐洲沒藥

歐洲沒藥	*Myrrhis odorata*
繖形花科	Apiaceae

歐洲沒藥的葉片和莖裡的茴香腦含量足以讓它們成為阿夸維特和其他酒類裡的甘草味成分。像繖形花科的其他成員一樣，歐洲沒藥也是羽狀葉的多年生草本植物，開著白色的繖形花朵。雖然有時也稱為英國沒藥（British myrrh），但歐洲沒藥可不能和沒藥混淆，沒藥是木本植物，會產生濃烈的樹脂。

賽澤瑞克

賽澤瑞克是經典的紐奧良調酒，對於不習慣甘草味調酒的人，這是完美的入門。

- 方糖 ⋯⋯ 1 顆
- 貝喬苦精（Peychaud） ⋯⋯ 2～3 毫升
- 賽澤瑞克裸麥威士忌或其他裸麥威士忌 ⋯⋯ 1½ 盎司
- Herbsaint、艾碧斯或茴香酒 ⋯⋯ ¼ 盎司
- 檸檬皮

調製賽澤瑞克需要一點炫技，不過很值得學起來：在古典杯裡裝滿冰塊，冷卻酒杯。在第二個古典杯裡，將方糖和苦精壓碎，加進裸麥酒。拿起第一個酒杯，把冰塊倒入水槽，將 Herbsaint 在杯中搖一搖之後也倒掉。把混合的裸麥酒倒進 Herbsaint 潤過的酒杯，用檸檬皮裝飾。

MAIDENHAIR FERN
鐵線蕨

鐵線蕨　*Adiantum capillus-veneris*

鳳尾蕨科　Pteridaceae

鐵線蕨擁有精緻的扇形葉，莖是誇張的黑色，自維多利亞時代以來，就是頗受喜愛的溫室植物。鐵線蕨原生於北美和南美、歐洲、亞洲和非洲部分地區，現在已經遍及全球，而且存在的年代久遠，早已成為傳統藥材。其中一個產品 Capillaire 已經從滋補藥變成了調酒的材料。

　　十七世紀的藥草商尼可拉斯・卡爾培波（Nicholas Culpeper）推薦用 Capillaire 治療咳嗽、黃疸和腎臟問題。這種蕨類逐漸失去藥用成分中的重要性，後來 Capillaire 的意義變成糖、水、蛋白和橙花水調配成的糖漿。時至今日，這種糖漿捲土重來，現身於復古的調酒和雞尾酒，例如經典的傑瑞・湯馬斯的攝政雞尾酒。

雖然一般認為鐵線蕨不帶毒性，也在FDA核准的食品添加物中，但有許多種的蕨類有毒素，可能造成嚴重的腸胃問題。有些種類的蕨類（包括蕨菜〔bracken fern〕）也含有致癌物質。此外，鐵線蕨吸收土壤毒素（例如砷）的能力驚人，因此不應該在不確定土壤狀況的野外採集。綜合上述的因素，如果要在自家製造鐵線蕨糖漿，務必小心。

鐵線蕨糖漿

- 新鮮的鐵線蕨 …… 數枝
- 水 …… 2 杯
- 橙花水 …… 1 盎司
- 糖 …… 1½ 杯

把水煮沸，倒在蕨葉上，靜置三十分鐘。過濾後加入橙花水和糖。視情況重新加熱，讓糖溶解。冷藏可以保存數星期，冷凍可保存更久的時間。

這種糖漿可以用在任何需要簡易糖漿的酒譜裡，不過如果需要歷史上精確的實驗，可以依照下頁這個酒譜，出自傑瑞·湯馬斯著名的 1862 年手冊，《調酒師指南》（*The Bartender's Guide*）。

傑瑞・湯馬斯的攝政雞尾酒

- 濃綠茶 …… 1½ 品脫
- 檸檬汁 …… 1½ 品脫
- 鐵線蕨糖漿 …… 1½ 品脫
- 蘭姆酒 …… 1 品脫
- 白蘭地 …… 1 品脫
- 亞力酒* …… 1 品脫
- 古拉索（curaçao）…… 1 品脫
- 香檳 …… 1 瓶
- 鳳梨切片

將所有材料在一個雞尾酒缸裡混合。檸檬汁在這份原始的酒譜裡可能有點太強烈，可以改用比較甜的梅爾檸檬（Meyer lemon），減少酸度。每一杯多加點香檳也有幫助。分量為三十人份。

＊亞力酒是椰子或棕櫚的甜汁液蒸餾得到的烈酒的通稱。雖然不容易找到，但雅加達亞力酒這種甘蔗和紅米製成的酒其實流通很廣。味道或許很不同，不過雅加達亞力酒仍然是這個酒譜或其他雞尾酒的理想材料。

變化版：將上述的「品脫」都改「盎司」，就能做成兩人份的調酒。香檳的用量大約 4 盎司。

MEADOWSWEET
繡線菊

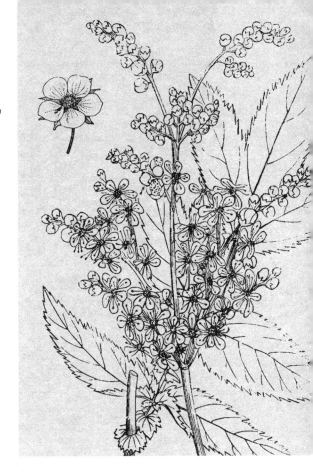

繡線菊　*Filipendula ulmaria*

薔薇科　Rosaceae

這種喜愛沼澤、類似雜草的多年生草本植物會形成厚厚的葉片層，上面長著六十到九十公分高的乳白色穗狀花序。原生於歐洲和部分的亞洲地區，大約從中世紀起成為滋補藥的成分。其實這種植物中含有高濃度的水楊酸，因此是早期製作阿斯匹林的重要原料。

　　繡線菊做成的調味劑會釋出一種美妙清爽的冬青和扁桃香。考古學證據顯示，從西元前3000年開始，繡線菊就和其他藥草一起作為啤酒的調味劑了。近代曾成為琴酒、苦艾酒和利口酒的成分之一。

NUTMEG
AND MACE
肉豆蔻核仁
與肉豆蔻皮

肉豆蔻 *Myristica fragrans*

肉豆蔻科 Myristicaceae

從前的荷蘭人用邪惡的策略控制了全球的肉豆蔻供應。他們發現印尼的班達群島（Banda Islands）由當地的族長統治，族長之間長年彼此競爭，將香料賣給阿拉伯商人。荷蘭人於是向每個族長提議簽訂盟約，保證會保護他們不受惡意競爭的部族傷害，以換取壟斷他們商品的權力——其中主要的商品就是肉豆蔻。後來發現盟約難以執行，荷蘭人就屠殺了大部分的島民，倖存者則淪為奴隸。不久，班達群島就變成荷蘭人控制下的肉豆蔻農場了。

　　十八世紀，荷蘭人繼續獨占肉豆蔻，甚至在 1760 年燒了一座裝滿肉豆蔻的倉庫，以減低供應量，哄抬售價。不過到了十九世紀初，法國和英國商人設法從班達群島走私了樹苗，在法屬圭亞那（French Guiana）和印

度建立了農場，今日大部分肉豆蔻的產區就是這些地方。

　　這些詭計和爭鬥的對象是一種美麗的常綠樹木，樹高可達十二公尺，果實看起來像杏桃。果核（也就是果實裡的種子）就是我們所稱的肉豆蔻。包在種子外的一絲絲紅色物質稱為假種皮，在香料貿易中則稱為肉豆蔻皮。

　　肉豆蔻皮的風味苦而強烈，顏色較淺，但更為昂貴，四十五公斤的肉豆蔻才能產生四百十五公克的肉豆蔻皮。芳香物質揮發快速，因此需要現磨現用。

　　肉豆蔻是香料利口酒的主要成分，在班尼迪克丁利口酒特別明顯。現磨加入蘋果白蘭地或蘭姆調製的秋季調酒，非常美味。

ORRIS
香根鳶尾

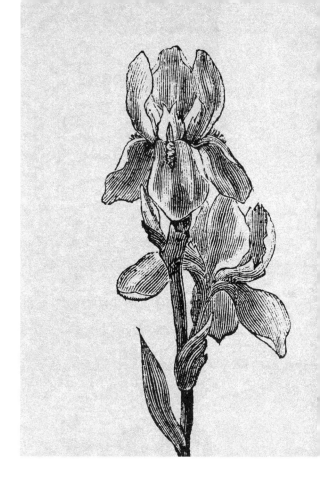

香根鳶尾　*Iris pallida*

鳶尾科　Iridaceae

1221 年，天主教道明會在佛羅倫斯成立了聖瑪莉亞諾維拉藥局暨香水廠（Santa Maria Novella pharmacy and perfumery），因為使用了鳶尾花的地下莖而惡名昭彰。他們不是最先這麼做的人，希臘和羅馬的文獻中也曾提到這種用法，他們的香水、甘露酒和香粉都含有大量的這種珍稀物質。

香根鳶尾之所以受歡迎，主要不是由於它的香氣（雖然其中的確有鳶尾酮〔irone〕這種物質，因此帶有一股微弱的紫羅蘭氣味），而是因為可以當作定香劑，藉著提供缺乏的原子，讓其他香氣或風味失去揮發性，不會輕易從懸浮的溶液中散失，所以能保存這些香氣或風味。

起先沒有人了解這種化學機制。調香師和蒸餾酒師也不了解為什麼地下莖需要乾燥兩、三年才能成為有效的定香劑。我們現在知道，緩慢的氧化過程需要長久的時間才會發生，地下莖裡的其他有機化合物才能產生化學變化，形成鳶尾酮。

　　全球大約只種植了一百七十三畝的香根鳶尾，大部分的香根鳶尾是義大利的 *I. pallida* 'Dalmatica'，或是它的後代，種植於摩洛哥、中國和印度的品種 *I. germanica* var. *florentina*。另外，*I. germanica* 'Albicans' 的品種也用於生產香根鳶尾。

　　要萃取香根鳶尾，地下莖必須碾成粉，用蒸氣蒸餾，產生香根鳶尾油（orris butter, *beurre d'iris*）這種蠟質的物質。之後用酒萃取出更濃的精油，也就是調香師所謂的原精（absolute）。

　　幾乎所有琴酒和其他許多調酒都含有香根鳶尾。香根鳶尾在香水中很受歡迎，因為香根鳶尾不只能固定香氣，還能附著在皮膚上。不過香根鳶尾也是很普遍的過敏源，所以受到過敏困擾的人，或許對化妝品或其他香水敏感——琴酒也不例外。

PINK PEPPERCORN
粉紅胡椒

粉紅胡椒　*Schinus molle*

漆樹科　Anacardiaceae

這是一種祕魯胡椒樹的果實，而漆樹科是植物之中最有趣的一科。漆樹科裡，有芒果、腰果，還有毒漆藤、毒漆樹和櫟葉漆樹。粉紅胡椒因此成為需要小心處理的一科，比方說，對毒漆藤過敏的人，碰到芒果皮可能起疹子。幸好芒果肉完全安全，就像去了殼的腰果仁一樣。雖然遍布美國溫暖地區的粉紅胡椒（Schinus molle）是安全的香料，但它遍及南美的親戚巴西胡椒木（*S. Terebinthifolius*）卻可能造成危險的反應。（二者很容易區分：粉紅胡椒的葉片狹長，巴西胡椒木的葉片則是卵形，帶著光澤。）

　　粉紅胡椒作為飲料成分的歷史可以追溯到西元 1000 年左右，當時古祕魯有一間著名的 Cerro Baúl 釀酒廠。考古證據顯示，瓦里人（Wari）大

約於西元 600 年時在當地定居，建造了設備，釀製粉紅胡椒調味的玉米啤酒。女性也擁有釀酒大師的傲人頭銜。瓦里人在西元 1000 年時燒了他們的釀酒場——可能為了在戰時逃離那個地區——不過早期的西班牙修士在幾世紀之後，報告了使用粉紅胡椒做酒的方式，顯示瓦里人的傳統保存了下來。粉紅胡椒現在用來調味啤酒、琴酒、加味伏特加和苦精。

SARSAPARILLA
洋菝契

洋菝契　*Smilax regelii*

菝契科　Smilacaceae

　　許多人所知的沙士是從前的一種汽水，類似根汁沙士。其實稱為沙士（sarsaparilla）的這種飲料是用黃樟木、樺樹皮和其他調味劑做的，唯獨不含真正的洋菝契。洋菝契這種帶刺的爬藤原生於中美洲，在那裡是傳統的藥物，甚至曾經因為能治療梅毒而大受推崇。洋菝契也在發明避孕藥時扮演了關鍵的角色，1938年，一位藥劑師羅素·馬克（Russell Marker）發現洋菝契提煉的一種植物類固醇經過化學處理後可製成黃體素（progesterone）。但程序太過昂貴，無法大量生產，因此他找了比較容易處理的植物：墨西哥來的一種野生根莖類。他的發現幫助了避孕藥的開發，也間接促成了隨後的性革命（並且促成了洋菝契含有天然睪固酮〔testosterone〕能增強性能力的謠言，不過純屬胡謅）。

一些香料店能買到磨成粉的乾燥洋菝契根，可以作為利口酒和其他酒的原料——不過印度菝契（*Hemidesmus indicus*）這種爬藤根磨成的粉末因為具有香甜、香料味的香草風味，也成為香料界的寵兒。奧勒岡的「飛行」琴酒就是藉著印度洋菝契得到濃郁、深沉的可樂風味，蒸餾酒師認為有助於突顯高層的香氣，讓「飛行」顯得更獨特。

SASSAFRAS
黃樟木

黃樟木　*Sassafras albidum*

樟科　Lauraceae

想像歐洲拓荒者到達北美的時候，發現自己身處在什麼樣的情境中。他們盡可能囤買藥物和食物，然而上岸時大多不是已經吃完，就是壞掉了。他們碰到從來沒見過的植物和動物，別無選擇，只能玩起嚐百草的危險遊戲，找出什麼能吃、能喝。任何漿果、葉子或植物的根都可能救他們一命，或是要了他們的命。

其中一種植物是黃樟木，這種香氣濃郁的小樹原生於美國東岸，葉片和根部的皮立刻就被作為藥用。1773 年，早期的殖民地歷史記載中寫道，黃樟木被用於「發汗，沖淡濃而黏稠的體液，疏通障礙，治療痛風和中風」。戈弗雷甘露酒（Godfrey's Cordial）是十九世紀的萬靈丹，成分包括糖蜜、黃樟木精油和鴉片酊，鴉片製成的酊劑。

Filé，也就是黃樟木的圓葉，是秋葵濃湯（gumbo）的關鍵食材。根皮用於泡茶，也是早年沙士和根汁沙士的成分，其中的酒精濃度非常低，甚至完全無酒精。這是經典的美國香料。不過在 1960 年，FDA 禁止使用這個成分，因為這種植物的主要成分黃樟素（safrole）會致癌，而且有肝臟毒性。今日，黃樟木只有在萃除黃樟素之後，才能作為食品添加物。幸好葉片的黃樟素含量低很多，所以 Filé 仍然存在於美國南方的卡瓊（cajun）料理中。

一間位於賓州的公司「機械複製時代的藝術作品」（Art in the Age of Mechanical Repro-duction），讓傳統黃樟木酒類的酒譜重新上市，做出了根汁利口酒（Root liqueur），這種風味濃郁的根汁沙士口味酒類含有樺樹根、紅茶和香料——不過沒有黃樟木，取而代之的是柑橘類、綠薄荷和冬青的混合物，但是風味意外地忠於黃樟木。

SUNDEW
毛氈苔

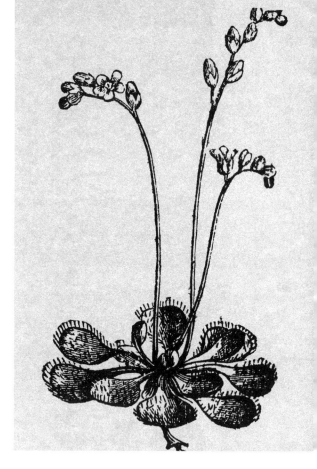

圓葉毛氈苔　*Drosera rotundifolia*

茅膏菜科　Droseraceae

調酒裡還沒有食肉植物的蹤影——至少目前還沒有。如果波本酒可以浸泡培根，異株蕁麻可以為簡易糖漿調味，那麼或許可以準備讓食蟲的沼澤植物重回酒單。

　　毛氈苔這種迷你的食蟲植物曾經用來製作甘露酒。毛氈苔原產於歐洲、美洲，和俄國與亞洲的部分地區，在夏季的沼澤裡茂盛生長，在寒冷漫長的冬天裡捲起來等待。毛氈苔有著放射狀生長的細小狹窄紅葉片，藉著用黏性的甜蜜汁吸引昆蟲，靠消化酵素分解吸收受害者的養分維生。

　　毛氈苔做的甘露酒稱為 Rosolio，這個名字現在被用來稱呼將果實、香料浸泡在烈酒裡，或和葡萄酒混合而製成的利口酒。Rosolio 這個字的起源，學者依然沒有定論（有人認為 Rosolio 是指玫瑰花瓣浸泡在酒裡），

不過也可能來自毛氈苔從前的稱呼，rosa-solis（意思是太陽之露）。休·普拉特（Hugh Plat）爵士在 1600 年提出一個 Rosolio 的酒譜，指的顯然是這種食蟲植物，因為他甚至建議在浸泡之前先挑出蟲子，現代的調酒師最好也如法炮製：「取七月採收的 rosa-solis 這種草一加侖，挑去葉片中的所有黑點，加入半磅的椰棗、肉桂、薑、丁香各一盎司，穀粒半盎司、砂糖一磅半、紅玫瑰葉、生麵粉或乾麵粉一把，將上述所有材料泡在一加侖上好的混合酒（Aqua Composita），玻璃瓶上用蠟緊緊密封，靜置二十天，每兩天充分搖勻。」雖然今日毛氈苔很少出現在吧台後面，但有一種德國利口酒 Sonnentau Likör 宣稱含有這種成分。從沼澤收集足夠的毛氈苔，挑去蟲子，或許超過一般調酒愛好者願意投入的程度，不過應該還算安全。毛氈苔沒有已知的毒性，甚至有稍許治療咳嗽和消炎的效果，顯示這些中世紀的藥草專家或許知道自己在做什麼。

SWEET WOODRUFF
香車葉草

香車葉草　*Galium*

odoratum

茜草科　Rubiaceae

這種低矮的多年生草本植物有著美麗的星狀葉片，春天會開出更細緻的星形白花。雖然很容易誤認為平凡無奇、喜歡陰暗的林下地被植物，卻有一種香甜的草味，表示它含有高濃度可能有毒的香豆素。因此這種植物在美國不被視為安全的食品添加物——不過倒是可以替酒類調味。

香車葉草是五月酒（May wine, Maiwein）的傳統成分，這種德國的香料酒是在早春時節香車葉草植株中的香豆素含量升到危險的程度之前，將香車葉草的枝條浸在酒裡。常和水果一起在五月節中宴客。

TOBACCO
菸草

菸草　*Nicotiana tabacum*

茄科　Solanaceae

癮君子堅持菸和酒是完美的搭配——不過如果是裝在同個瓶子裡呢？只有美洲才可能發明菸草利口酒這種古怪的調製飲料。人類學家克勞德・李維史陀（Claude Lévi-Strauss）在 1973 年的著作《神話學：從蜂蜜到煙灰》（*From Honey to Ashes, Du miel aux cendres*）裡描述了哥倫比亞、委內瑞拉和巴西人會把菸草浸在蜂蜜裡。因為南美也喝發酵的蜂蜜飲料，所以人們喝發酵的菸草似乎沒什麼不可思議。

　　美洲原住民種植、吸食菸草已有超過兩千年的歷史，不過歐洲人從來沒聽過這種植物——其實他們幾乎什麼都沒抽過——直到冒險家從新世界帶回了菸草。不久，菸草就散布到印度、亞洲和中東。起先人們把菸草當成藥物，以為可以治療偏頭痛，防止瘟疫、緩和咳嗽、治療癌症。

尼古丁這種神經毒素是菸草中的活性成分，菸草產生尼古丁是為了殺死昆蟲，卻恰巧也會害死人。有一種稱為菸草酒（tobacco liquor）的東西在十九世紀廣泛被當作殺蟲劑使用——不過這和最近引入的菸草利口酒沒什麼關係。

最著名的菸草利口酒是百利克菸草利口酒（Perique Liqueur de Tabac），這種酒在法國的康皮耶酒廠（Combier facility）蒸餾，根據蒸餾酒師的說法，蒸餾過程讓瓶中的尼古丁含量少到無法測出（尼古丁的沸點非常高，高達246°C／475°F，可能完全不會通過蒸餾器）。和葡萄生命之水一同製造，在橡木桶中熟成至少一年，使得這種利口酒甜而芬芳，而且獨一無二。使用的菸草品系只存在於路易斯安那州的聖詹姆斯教區（St. James Parish）。

路易斯安那州的原住民大概至少在一千年前便開始在當地種植百利克菸草，拓荒者開始栽培、處理，至今只有兩百年的時間。任何蒸餾酒師都會欣賞這種菸草葉的處理方式：稍微乾燥、捆起，然後裝進威士忌桶，殘餘的汁液會緩慢在桶裡發酵。處理完的菸草會增添一股土味、木質味和水果的風味。其實有一項研究已辨識出三百三十種氣味分子，而其中四十八種先前不曾在菸草中發現。對手工精造和祖傳密方的興趣延伸到香菸之後，這種菸草起死回生，現在作為高檔的菸斗用混合菸草販售。

百利克菸草沒有上好蘇格蘭菸草那種強烈、烘焙過的菸草風味。最好的形容是，這種菸草嚐起來像香甜潮濕的菸斗菸草聞起來的味道。這類利口酒之中，容易買到的也只有百利克菸草。阿根廷的門多薩（Mendoza）有一間蒸餾酒廠「歷史與風味」（Historias y Sabores）也製造菸草利口酒。除此之外，菸草在調酒中最常見的用法是自製的香菸苦精，菸草和香料浸入高酒精濃度的酒裡，出現在上流酒吧的酒單中。不過調酒師做這種實驗其實有危險。這種程序通常不會在酒吧裡進行，那裡缺少應有的科學監控，顧客可能得到一杯尼古丁含量意外過高的飲料。

TONKA BEAN
零陵香豆

零陵香豆　*Dipteryx*

odorata

豆科　Fabaceae

這種熱帶樹種原生於委內瑞拉奧里諾科河（Orinoco River）沿岸的潮濕土壤中，會產生甜而帶著溫暖香料味的豆子。歐洲植物探險家發現這種豆子的潛力，於是把它帶回倫敦的英國皇家植物園，在熱帶的溫室裡栽培。零陵香豆帶著香草、肉桂和扁桃的香氣，可以作為香水的成分，當成烘焙用的香料，也用來掩蓋碘仿（即三碘甲烷〔iodoform〕）這種早期防腐劑的惡臭。不久之前，零陵香豆還被加入菸草中。嚼菸會特別灑上一種溶液，製造這種溶液的方法就是把零陵香豆泡在酒精裡。

這樣美味的豆子必然會出現在苦精和利口酒裡。根據古酒的化學分析，雅培（Abbott）苦精的一些風味可能來自零陵香豆。謠傳以蘭姆為基底的 Rumona 牙買加利口酒可能也含有零陵香豆。不過在 1954 年，FDA 禁止再用零陵香豆作為食品添加物，因為其中含有高濃度的香豆素。含有零陵香豆的酒消失了，但數十年後，零陵香豆才從菸草產品中被排除，一部分原因是由於菸草公司不需公布他們的原料。現在零陵香豆還可以在模仿墨西哥香草的一種摻雜物裡找到，FDA 因此警告度假的遊客不要把這種產品帶回家。

零陵香豆近年算是開始捲土重來了。歐洲人可以在荷蘭的 Van Wees 零陵香豆酒（Van Wees Tonka Bean Spirit）、德國的利口酒 Michelberger 35％，以及法國的 Henri Bardouin 茴香酒裡喝到零陵香豆。使用零陵香豆

的主廚或調酒師認為，把香料磨到飲料或甜點上而吃進的微量的香豆素，不可能造成傷害——他們認為，其實肉桂也有高濃度香豆素，卻沒受到同樣的限制。扁平發皺的黑豆子很像大顆的葡萄乾，已經成了烹飪和調酒中的某種違禁品。

VANILLA
香草

香草　*Vanilla planifolia*

蘭科　Orchidaceae

西班牙探險家最先嚐到香草的時候,或許沒想到他們遇到的這種香料是多麼稀有。香草豆莢是原生於東南墨西哥的一種蘭科植物的果實。通常很難栽培。像大部分的蘭科植物一樣,香草是附生植物,表示香草的根必須曝露在空氣中,而不是種在土裡。香草會爬到樹幹上,生長在離地三十公尺的分枝,在兩個月的期間裡,每天只會綻放一朵花,等待一種微小而沒有針的蜜蜂(Melipona beecheii)授粉。花朵授粉之後,接下來六到八個月之間,就會長出一個豆莢。雖然每個豆莢裡含有數以千計的小種子,但這些種子如果沒有一種特別的菌根菌(mycorrhizal fungus),就無法發芽。

更複雜的來了,豆莢剛採下時其實沒什麼味道,需要先發酵,啟動酵

素，幫忙釋放香草的風味。傳統的方式是把豆莢泡在水裡，然後在太陽下曬乾，包在布裡「發汗」（sweat）過夜。結果很值得：用香草調味的熱巧克力飲料是西班牙人最令人興奮的發明之一。

難怪第一次嘗試把香草園搬回歐洲的溫室種植時會遭遇失敗。十九世紀中葉之前，沒人知道怎麼替香草授粉。最後終於發展出用細小竹鑷子幫忙授粉的方式，不過即使這樣也不簡單：每朵花都只開一天，所以得有人待命，準備擔起蜜蜂的工作。儘管今日大部分的香草都來自馬達加斯加，但原生的蜜蜂無法外銷，因此香草的花朵仍然需要人工授粉。難怪香草可以和番紅花爭奪世上最昂貴香料的頭銜。

香草中已測得的揮發性化合物超過一百種，所以純香草萃取物的風味才會那麼複雜：木質、香脂、皮革、水果乾、藥草、香料的氣味讓香草醛的甜味更加圓滿。因此形成了香水、烹飪、各式酒類之中迷人而萬用的風味。可口可樂失策推出「新可樂」（New Coke）時，《華爾街日報》報導，馬達加斯加差點因為香草的用量下跌而發生經濟危機。可口可樂公司一如往常，拒絕說明他們的祕密配方，不過推測原先的可樂配方需要香草，而新的配方不需要。

現在高品質的香料來自馬達加斯加和墨西哥，不過有些人喜歡大溪地香草比較強烈的果香。使用香草的利口酒種類廣泛得不可思議，從香料柑橘酒到咖啡和堅果的利口酒，還有甜鮮奶油及巧克力飲料。香草味強烈的產品琳琅滿目，例如卡魯哇咖啡利口酒（Kahlúa）、加利安諾利口酒和班尼迪克丁香甜酒。

WORMWOOD
苦艾

苦艾　*Artemisia absinthium*

蘭科　Asteraceae

從來沒嚐過艾碧斯的人，發現艾碧斯嚐起來一點也不像苦艾（*Artemisia absinthium*），一定很意外。苦艾是地中海地區一種銀葉的草本植物，氣味刺激，產生揮發性的精油和苦味物質，讓香料酒和利口酒增添一種類似薄荷腦的苦味，但通常不是最主要的風味。其實艾碧斯多虧了另一個成分——大茴香，所以嚐起來比較像甘草。不過艾碧斯的名聲的確來自於苦艾。

　　卡爾·林奈（Carl Linnaeus）是現代分類學之父，他在1753年發表《植物種誌》（*Species Plantarum*）的時候，替這種植物取了拉丁文學名。「absinthe」這字當時已經用來描述這種植物，因此林奈重新命名時，只是將傳統的名稱改為正式用法。幾十年後，名為艾碧斯的飲料開始出現在

酒類廣告中。除了苦艾和大茴香，傳統上，艾碧斯還會加入茴香，並且依據蒸餾酒師的喜好，再加入一些其他的成分，例如：胡荽、白芷、杜松、八角茴香等等。

把苦艾加入酒和烈酒的作法，可以追溯到埃及時代。西元前1500年的古代醫學文獻《埃伯斯莎草古卷》（Ebers Papyrus）可能謄寫自更早於幾個世紀前的作品，其中建議用苦艾殺死蛔蟲、治療消化問題。同時，在中國也做出含有苦艾的藥酒。考古地點發現的酒器經過化學分析，證實這種處理方式由來已久。

人類終於發現，將苦艾加入葡萄酒和其他蒸餾烈酒中，其實會增進風味，至少有助蓋過劣酒的難聞味道。

像許多滋補藥一樣，苦艾做成的酒最後變成了宜情的飲料——苦艾酒。在啤酒開始使用啤酒花之前，苦艾也在啤酒裡加入一點苦味和殺菌劑的味道。現在用於各式義大利和法國的利口酒裡。

雖然苦艾（*A. Absinthium*）是最著名的香料，但有其他幾個原生於阿爾卑斯山的種通稱為蒿類植物（génépi），也用在利口酒中，製成的利口酒有一種稱為蒿酒（génépi），或許最能捕捉苦艾的真正味道。蒿類植物通常嬌小而粗壯，有些只長到十幾公分，可以在岩石偏布的嚴苛環境中茂盛生長。野生種受到保護，只能在極度受限的條件下才能採收。

苦艾的危險性被大幅誇大了。苦艾的植株雖然的確有側柏酮（thujone），高劑量時可能造成癲癇或死亡，不過艾碧斯和利口酒裡殘存的側柏酮其實很少。十九世紀晚期，法國的波西米亞人流傳苦艾讓人產生幻覺和瘋狂行為的故事，大多是虛構的。或許成因是艾碧斯超高的酒精濃度。按傳統，苦艾是在酒精濃度70～80％的時候裝瓶，酒精濃度會比琴酒和伏特加都高上一倍。

現在，艾碧斯在歐洲和美國與全球許多地方已經合法。有些政府會規範最後產品中側柏酮的含量——然而許多食材（包括鼠尾草）之中的側柏酮含量更高，卻完全不受規範。

與綠仙子共舞

把方糖浸在艾碧斯裡，然後點火？算了吧。喝艾碧斯的傳統方式只和冷水有關，如果希望你的酒甜一點，再加入一塊方糖（現代的手工蒸餾酒師不贊成加糖）。

加入水可以產生化學變化，釋出風味，改變顏色，這個現象稱為乳化（louche），不過可能會讓你想起綠色的小精靈降臨。

* 艾碧斯 …… 1 盎司
* 方糖（可省略）…… 1 顆
* 摻冰塊的冰水 …… 4 盎司

將艾碧斯倒進乾淨的香檳杯。把一支湯匙橫放在玻璃杯上（盡量使用金屬的溝槽匙〔slotted spoon〕或傳統的苦艾酒糖匙）。可把方糖放在湯匙上。（也可試試完全不加糖，或半糖或更少的方糖。）

把冰水非常緩慢地滴在方糖上，一次滴幾滴，讓方糖緩緩溶解，糖水滴進杯裡。如果跳過加糖的步驟，就只要一次一滴，緩緩將冰滴入玻璃杯裡。

苦艾裡的精油在酒精溶液裡非常不穩定。所以加進冰水會打斷化學鍵結，釋出油分。可以看到艾碧斯隨著精油釋出，變成渾濁的淡綠色──這就是乳化。因為不同的氣味分子釋出時的稀釋比例稍稍不同，所以慢慢地稀釋，可以讓風味逐一浮現。

繼續滴入冰水，愈慢愈好，直到水和艾碧斯的比例是三到四比一。然後用同樣悠閒的速度啜飲，不用特別讓酒保冷酒。隨著艾碧斯變溫，風味也會繼續顯現。

自己動手種

苦艾

全日照

低水量

耐寒至 –29℃／–20℉

　　如果覺得艾碧斯很迷人，不妨自己種一點苦艾──能喝的艾碧斯都需要蒸餾，所以不是種來喝的──只是因為苦艾是美麗又有趣的植物。

　　園藝中心或是提供郵購的藥草專賣苗圃有許多種苦艾，這些苦艾都有精緻美麗的葉片。不過你想種的那種植物通常不是標名為苦艾，可以直接用拉丁文學名向對方詢問。苦艾可以在低達 –29℃／–20℉ 的冬季溫度中存活，不過比較偏好溫暖的地中海氣候。適合全日照，但用不著種在肥沃的土壤裡──只要給它貧瘠、排水良好的乾燥土壤就好。植株的高度和寬度最終會到達六十到九十公分，不過如果沒修枝，可能會變得瘦長。如果想讓枝葉維持好看的圓拱狀，就在六月時修去一半的葉子。

　　不建議把苦艾當成調酒的調配物，因為苦艾葉的氣味刺激，不適合加入飲料。不過，如果你打算邀請一些詩人和畫家到你家度過一個艾碧斯之夜，倒是可以剪下幾枝苦艾拿進室內，召喚綠精靈的靈氣。

利口酒中的蒿屬（Artemisia）植物入門

銀葉艾草（Black génépi, A. genipi）

冰河艾（Glacier wormwood, A. glacialis）

西北蒿（Roman wormwood, A. pontica）

岩蒿（Sagewort, A. campestris）

白色苦艾（White génépi, A. rupestris）

苦艾（Wormwood, A. absinthium）

細葉山艾（Yellow génépi, A. umbelliformis）

花

花：

被子植物的複雜器官，由生殖器官和花被組成，通常包括一到多個雄蕊，或雌蕊、一個花冠和一個花萼。

CHAMOMILE
洋甘菊

德國洋甘菊　*Matricaria*
chamomilla、
羅馬洋甘菊　*Chamaemelum nobile*
菊科　Asteraceae

這兩種不同的菊科植物都叫作洋甘菊。羅馬洋甘菊是低矮的多年生草本植物，常見於草地上，德國洋甘菊則是高挺的一年生草本植物。德國洋甘菊較廣泛用於烹飪和藥用，也比較不容易引起過敏反應；羅馬洋甘菊則常有引發過敏的問題。

　　洋甘菊黃色圓形的中心其實是由許多小花融合而成，這是向日葵和其他菊科花朵常見的特徵。德國洋甘菊的學名有時又稱為 *M. recutita*、*recutita* 或 *recutitus* 這個拉丁文是指「被行割禮」之意，顯示許久以前的植物學家看到圓形的花頭覺得很眼熟。德國洋甘菊中含有母菊藍烯（chamazulene），這種成分讓洋甘菊的萃取物呈現一種不可思議的藍綠色。

洋甘菊的花富含芳香及藥用物質，這些物質在花朵成熟、乾燥之後的效用最強。除了廣為人知的鎮靜效果，藥理學研究還發現，洋甘菊的消炎、消毒效果的確有助於緩和胃部。

　　亨利爵士琴酒的製造商聲稱他們的成分含有洋甘菊，一些蒸餾酒師將洋甘菊當作他們利口酒的主要成分。加州的 J. Witty Spirits 酒廠製造洋甘菊利口酒，而義大利的馬洛羅（Marolo）酒廠在渣釀白蘭地中浸泡洋甘菊，做成甜而順口、意外帶著花香的餐後酒。洋甘菊也是苦艾酒的關鍵成分，也是在參觀苦艾酒廠時，製造商少數承認的幾個配方。

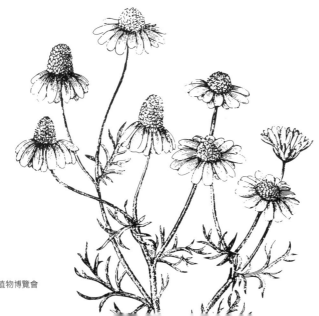

ELDERFLOWER
接骨木花

歐洲接骨木　*Sambucus nigra*

忍冬科　Caprifoliaceae

接骨木灌木的花朵有一種香氣，美國人直到近年才認識這個味道。之後，2007年，聖杰曼接骨木花酒（St-Germain）這種淡黃色的利口酒進入了調酒的舞臺。雖然行銷時當成優雅的法國利口酒，但聖杰曼的味道卻是讓英國的飲用者比較熟悉，因為接骨木花酒或無酒精的接骨木花甘露酒，他們都已經喝了許多年。

　　接骨木的灌木遍及歐洲和美國各地。這是典型的樹籬植物：在鄉間恣意生長，每年都從龐大的根基冒出新芽。這種灌木會結出紫黑色的小漿果，可以榨成汁，煮成果醬，或做成手工水果酒。接骨木酒有一種強健、帶果香的風味，不是所有人都喜歡，不過十九世紀沒良心的酒商知道他們可以用接骨木酒來稀釋葡萄酒和波特酒，誰也分不出其中的差異。

然而接骨木花利口酒那種美妙的香水香氣並不是來自接骨木的果實，而是接骨木的花。除此之外，沒有別的酒嚐起來會如此像繁花盛開的草地。如果有人試圖想像蜜蜂穿梭花瓣間的時候嚐到什麼，這種飲料就是最好的解答。

　　聖杰曼的蒸餾酒師幾乎不透露這種酒的酒譜，揭露的少數內容還包裹著華麗的辭藻。蒸餾酒師說，法國農夫會在春天採收花朵，用特製的腳踏車從法國境內的阿爾卑斯山運到「當地的倉庫」。他們宣稱花朵沒有浸過熱水，而是用某種祕密的辦法，促使風味散發出來。萃取物接著混合葡萄的生命之水、糖，大概還有一些柑橘（不過這裡他們說得非常含糊）。做成的利口酒嚐起來有花香、蜂蜜味，還隱約有一系列的果香風情──或許是西洋梨，或是瓜類。

珊布卡是用接骨木做的嗎？

珊布卡（Sambuca）是一種大茴香味的義大利利口酒，很適合餐後單獨飲用。（把咖啡豆泡進珊布卡然後點火的說法，全是鬼話。只要在晚餐後倒一點在玻璃杯裡，像大人一樣啜飲就好。）除了強烈的甘草香，接骨木果也可能讓珊布卡多了果香的層次。有些黑珊布卡（black sambucas）濃厚的午夜紫色來自接骨木果壓碎的果皮，有些則用人工色素。

接骨木花甘露

- 水 ⋯⋯ 4 杯
- 糖 ⋯⋯ 4 杯
- 新鮮（沒發褐或腐敗）的接骨木花 ⋯⋯ 30 簇
- 切片檸檬 ⋯⋯ 2 顆
- 切片柳橙 ⋯⋯ 2 顆
- 檸檬酸（可在健康食品店買到） ⋯⋯ 1¾ 盎司

水加糖煮沸之後放涼。等待糖水冷卻時，出去剪下新鮮的接骨木花，最好的時機是溫暖的午後，這時接骨木花的香氣最強；採下之後用力甩去蟲子。立刻帶進室內，用叉子齒把花朵和枝葉分開。把所有材料放進大碗或瓶子裡，靜置二十四小時，視需要攪拌或嚐味道。二十四小時後，把混合液過濾到消毒過乾淨的廣口玻璃瓶裡。冷藏保存最多一個月，冷凍可保存更久。

自己動手種

接骨木莓

全日照

頻繁灌溉

耐寒至 −34℃／−30℉

雖然接骨木的果實（elderberries，接骨木莓）可以用來做果醬、酒和甘露酒，卻有輕微的毒性。植株全株都含有會產生氰化物的物質及其他毒素。即使漿果也需要完全成熟才能採收。北美的接骨木，包括紅果接骨木（*Sambucus racemosa*）、美國接骨木（*S. canadensis*）和其他種的接骨木，毒性都可能比英國樹籬常見的歐洲接骨木（*S. nigra*）更強。漿果煮過之後，可以減輕毒性。

除了酷寒之外的氣候，接骨木都可以忍受，可以在最低 −34℃／−30℉ 的寒冬中存活。根系為淺根，偏好在春天均衡地施頂肥，夏天頻繁澆水。想讓灌木多產，可以選擇冬天或早春修剪所有三年以上的枝幹或莖。枯死或病害的莖也要除去。York 和 Kent 是兩個很熱門的品種，不過可以找最適合你住的地區的接骨木。

黑色蕾絲（Black Lace）是接骨木一個觀賞用品種的商品名，因為其黑色的葉片和粉紅的花簇而成為全球流行的園藝植物。不論是否有其他同種的植株，都會開花。但如果希望長出果實，附近就必須有另一棵接骨木。

飲用接骨木花

聖杰曼這類接骨木花的利口酒或自製的甘露酒幾乎和什麼都能搭配，可以加上花香和蜂蜜的香氣，又不會甜膩。可以用以下的方法嘗試。

● 在香檳裡加入少許，放朵黃色的董花漂在酒上。
● 調配一份馬丁尼，用 ½ 盎司的接骨木花利口酒（或甘露酒）和 ½ 盎司的蓽麻酒（如果想冒個險，可以試試綠蓽麻酒，不然就用黃色的）取代苦艾酒。用檸檬皮裝飾。
● 用蘇打水和接骨木花利口酒取代琴通寧裡的通寧水，以檸檬取代萊姆擠汁加入。

HOPS
啤酒花

蛇麻　*Humulus lupulus*、

葎草　*H. japonicus*

大麻科　Cannabaceae

啤酒不是用啤酒花做的，而是用大麥（有時是其他穀類）釀造，之後再用啤酒花調味。不過很難想像啤酒少了這種古怪甘苦的藤蔓會變得如何。

　　人類大約在西元800年發現啤酒花可以加入啤酒，增進風味，幫助保存，在那之前，釀酒人在啤酒裡加入各式各樣的古怪藥草。Gruit這個德文古字是指曾經加入啤酒裡的眾多藥草成分。西洋蓍草、苦艾、繡線菊，甚至毒芹、顛茄、莨菪這些有興奮作用的致命藥草都進了發酵槽，時常造成不幸的結果。不過中世紀時啤酒花從中國傳到歐洲以後，隨即改變了這種情況。

　　最早的啤酒花農場在西元736年建立於巴伐利亞（Bavaria）。當時釀

酒和這類的科學與醫藥的研究都掌握在修道士手上。啤酒花農場開始在歐洲各地的修道院裡普及，於十六世紀出現在英格蘭。隨著啤酒花農場的到來，一種新型的啤酒於是誕生。

　　現在很難了解早期釀造者遭遇的儲藏問題。想像一下，在悲慘漫長的冬天裡，把活嘴插進地窖裡的最後一個小桶，卻發現細菌在幾個月前就已經毀了這桶酒。乘著「五月花號」來到新世界的拓荒者可能面臨這樣的問題——記載第一批移民經歷的《摩多記事》（Mourt's Relation）描述到移民到達北美的狀況，認為啤酒短缺迫使他們改變計畫，在普利茅斯靠岸：「我們目前無暇進一步搜索或考量——我們的糧食幾乎耗盡，尤其是啤酒。」他們無法消毒淡水，四周也只有海水，漫長的航程中想必是靠著啤酒活下來。啤酒一旦喝完或腐敗，他們就麻煩大了。

　　不過啤酒花出現，把啤酒變成了更美妙的飲料。啤酒花的圓椎花序（一簇雌花）上充滿黃色腺體，會分泌蛇麻素（lupulin），這種樹脂中含有酸性物質，能幫助啤酒起泡，賦予啤酒一種苦味，並且延長保存時間。這種所謂的 α 酸（alpha acid）是釀造好啤酒不可或缺的元素，因此啤酒花會依其中的 α 酸含量來評等。香型啤酒花的 α 酸比較少，不過會產生迷人的風味和香氣，苦型啤酒花的 α 酸含量比較高，能延長啤酒的保存期限，苦味也能抵銷麥芽的酵母味。

　　這種生命力旺盛強健的藤蔓是大麻的近親，濕黏的大麻花芽和同樣黏而帶香氣的啤酒花雌花的圓椎狀花序之間，有隱約相近的家族特徵。啤酒花和大麻一樣，也是雌雄異株。即使附近沒有雄株，雌株也能產生珍貴的圓椎花序，但不能結子、繁殖。啤酒花農選出他們的雌株，並在田裡搜尋任何不請自來的雄株，然後迅速清除。他們不希望雌株授粉，因為釀酒師不會買有種子的圓椎花序。

　　啤酒花也不是哪裡都能種，這種高大的多年生藤本植物在生長時，每天需要十三小時的陽光，而全球能滿足這個條件的地方，只存在於南、北緯35～55度的狹窄地帶。因此在德國、英國和歐洲其他地方十分常見。

麥酒（Ale）和淡啤酒（Lager）
有什麼差別？

　　問題的答案取決於你問的是誰，以及發問的時間。回到兩千年前，在今日的德國，會發現麥酒是指類似啤酒的發酵飲料，不過確切的了解並不多。回到西元1000年的英國，會聽到麥酒和啤酒指的是兩種不同的飲料，當時的麥酒是我們現在所知的啤酒，而當時的啤酒則是蜂蜜和果汁發酵製成。

　　之後出現了啤酒花，隨之而來的是德國的淡啤酒，這個詞原先是用來區分酒裡有沒有啤酒花的成分。不過今日幾乎所有的啤酒都經過啤酒花調味。現在的淡啤酒和麥酒，其實是分別指啤酒釀造時使用下層或上層發酵的酵母菌。更複雜的來了，在英國很受推崇的傳統麥酒運動（Campaign for Real Ale）正在宣揚啤酒不需要用上層發酵，而是要用傳統的英國方式，也就是讓啤酒在酒桶裡經過二次發酵，之後就在酒吧裡從酒桶中直接販售，中間不經過裝瓶。

　　不過酵母菌活在發酵槽的什麼地方，一般飲用者恐怕不大在意。更重要的是知道大部分的英國啤酒都稱作麥酒，大部分德國和美國的啤酒則稱為淡啤酒，而世界各地的酒吧裡，有時語言無法溝通時，某些手勢就能讓你喝到一杯。

在美國，啤酒花主要種植在西部；白粉病（Powdery mildew）和露菌病（downy mildew）使得啤酒花無法種在東部的州，種植啤酒花的地帶因此向西推移。啤酒花工業在奧勒岡州和華盛頓州有另一個優勢——農人把乾燥的啤酒花賣到亞洲，因此從禁酒時代存活了下來。

種植啤酒花的南緯35～55度地帶位於澳洲和紐西蘭，北半球的地帶則位在中國和日本。雖然試圖在辛巴威和南非種植，但少了最理想的日照長度，因此需要在啤酒花園裡架起街燈。而樂觀的植物學家正在研究日照中性的啤酒花品種，這樣的啤酒花在開花季可以適應較長或較短的日照。

為什麼啤酒瓶是咖啡色的？

釀酒師很久以前就發現深色的酒瓶可以保護啤酒不受光線影響，而且防止啤酒出現討厭的「曝光」味。不過直到 2001 年，北卡羅萊納大學教堂山分校（University of North Carolina at Chapel Hill）的科學家才發現究竟是什麼造成了討厭的味道。啤酒花裡的某些物質，也就是異蛇麻草酮（isohumulone），會在接觸到光的時候分解成自由基。這些自由基的化學特性和臭鼬的分泌物很像。而且轉變的過程用不了多久的時間：有些飲用者會發現一品脫的啤酒放在陽光下，喝的時候就有臭鼬的味道。

那為什麼有些啤酒裝在無色透明的瓶子裡呢？首先，這樣的瓶子比較便宜。第二，有些大量生產的啤酒，啤酒花的物質經過化學處理，不會分解。不過如果看到瓶子透明的啤酒裝在密閉盒子裡販售，很可能是因為釀酒師知道這些啤酒的味道在光線下會迅速變差。那麼把萊姆角加進啤酒裡的傳統呢？那只是掩蓋臭鼬味的行銷手法。

啤酒花的品種

◆ 香型（舊世界）啤酒花

Cascade   Hallertauer

Cluster   Hersbrucker

East Kent Goldings   Tettnang

Fuggle   Willamette

- -

◆ 苦型（高 α 酸）啤酒花

Amarillo   Eroica

Brewer's Gold   Nugget

Bullion   Olympic

Chinook   Sticklebract

- -

◆ 國際苦味指數（International Bitterness Unit, IBU）：

這個國際的單位是用來量測啤酒花裡的 α 酸造成的苦味程度。

大量銷售的美國啤酒	5 ～ 9 IBUs
波特酒／PORTER	20 ～ 40 IBUs
皮爾森式啤酒／PILSNER LAGER	30 ～ 40 IBUs
烈性黑啤酒／STOUT	30 ～ 50 IBUs
印度淡麥酒／INDIA PALE ALE	60 ～ 80 IBUs
三倍印度淡麥酒／TRIPLE IPAS	90 ～ 120 IBUs

生長季裡，啤酒花的生命力非常強，一天就能抽高將近兩公尺。藤蔓在白天從主幹向外延伸，夜晚則纏繞在鐵絲或其他支撐物上。一位奧勒岡州的啤酒花農蓋爾‧葛斯基（Gayle Goschie）說：「傍晚走過田裡，會看到這些藤蔓沿四十五度角伸出。然後隔天早上出來，就看到它們緊緊纏在格子棚上了。」它們用順時針螺旋纏在格子棚上，因此引起兩個植物學上的都市傳說：據說啤酒花的藤蔓在南半球是逆時針生長。另一說是啤酒花藤蔓順時針生長，是為了跟著從東到西的太陽。這兩個傳言都不是真的。就像左撇子是遺傳，啤酒花也是因為遺傳的傾向而順時針成長，和植株與太陽、赤道的相對位置無關。（研究「纏繞癖性」〔twining handedness〕的植物學家發現，啤酒花順時針纏繞的癖性其實並不尋常。九成的爬藤植物其實比較喜歡逆時針纏繞。）

啤酒花不只會爬在鐵絲網上。啤酒花的藤蔓上有細小倒鉤，因此能爬到樹木或其他植物上。羅馬人覺得這種藤蔓會絞勒樹木，使樹木死亡，因此稱之為「小狼」，這就是啤酒花的屬名 *Lupulus* 的由來。

啤酒花乾燥爐（Hop kiln）：在英國又稱乾燥窯，這種獨特的穀倉裡有錐狀的塔，用來把田裡收成的啤酒花乾燥。啤酒花會在塔上部的一個網格上攤平，下方點火，讓啤酒花乾燥。之後啤酒花就裝袋、存放在穀倉中。

農人都覺得這種藤蔓不大友善。一位華盛頓州的栽培者達倫‧加馬什（Darren Gamache）很了解像他祖父輩一樣用手採啤酒花是什麼情況。「啤酒花藤有這種粗糙的小刺，非常刺手，甚至會留下紅腫。尤其外面很熱的時候，鹹鹹的汗水流過破皮的傷口──實在很不舒服。」他說。「很多人還會過敏。」因此今日大部分的啤酒花都是用機器採收。

自己動手種

啤酒花

全日照

經常澆水

耐寒至 −23℃／−10℉

　　啤酒園裡少了觀賞用的啤酒花藤，就不算完整。專門栽培啤酒花的苗圃會賣釀酒師最愛的品種，例如卡斯卡特（Cascade）和法格（Fuggle），不過優良的園藝中心也會有外表比風味重要的觀賞品種。金黃（Aureus）的金黃啤酒花藤有著黃色到萊姆綠的葉片，是廣為販售的觀賞品種，比安卡（Bianca）這個品種則有淡綠的葉子，成熟時轉成深綠，形成美麗的對比。

　　啤酒花可以種植在全日照或部分遮蔭的地方，需要肥沃潮濕的土壤。最適合生長的緯度是南、北緯 35～55 度之間，耐寒至 −23℃／−10℉。啤酒花藤的地上部在冬天枯死；溫和的冬天裡，如果地上部沒因為霜而枯死，仍需要修剪，以促進生長。啤酒花會在仲夏長到七公尺高，第三年開始開花。圓椎花序出現之後，藤蔓的重量會大幅增加，要準備堅固的格子棚讓藤蔓攀爬。

採收完之後，危險還沒完——剛採下來的啤酒花會像堆肥一樣發熱，容易起火燃燒。大捆大捆的啤酒花裝進倉庫，可能自燃，把倉庫都燒掉。太平洋西北地區早期種植啤酒花時，啤酒花田時常發生火災。

　　大部分的釀酒師不清楚農人如何忍受刺痛人的藤蔓，對抗倉庫的火災，把愛昏頭的雄株趕出田裡，好將收成的農作送到市場。啤酒花到達釀酒廠的時候，通常看起來也不像圓椎花序了——這時的啤酒花已經被壓成球狀，裝在真空包裝的袋子裡。少數釀酒師在收穫季前後釀製當季啤酒時會用新鮮的啤酒花。如果想體驗現摘的啤酒花，可以在秋天尋找新鮮啤酒花釀的啤酒（fresh hop, wet-hopped brews）。

JASMINE
茉莉

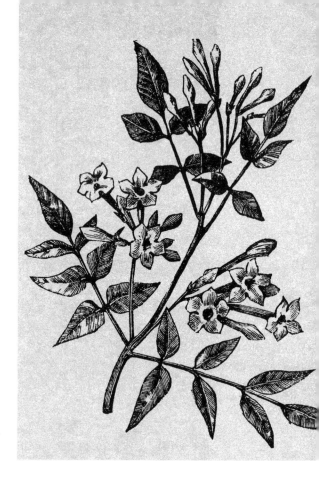

摩洛哥茉莉　*Jasminum officinale*

木犀科　Oleaceae

第一個聞到茉莉花香的人一定想過用茉莉做飲料。誰能抗拒這種令人沉醉的香甜香氣呢？茉莉花的確出現在甘露酒和利口酒的早期配方裡：1757年出品的安布羅斯·古柏（Ambrose Cooper）的《蒸餾酒師指南》（*The Complete Distiller*），就寫到一份茉莉花水的配方，配方裡有：茉莉花、柑橘、水和糖。十八、十九世紀的烹飪書裡有許多類似的配方，1862年的倫敦萬國博覽會（Great London Exposition）顯示，希臘愛奧尼亞島（Ionian island）的茉莉花利口酒即將拔得頭籌。

最常用在香料和利口酒的茉莉是摩洛哥茉莉（又稱小花茉莉〔*Jasminum officinale*〕），有時稱為詩人的茉莉。（大花茉莉〔*J. grandiflorum*〕也稱為詩人的茉莉，或是西班牙茉莉，不過這是不是另一

個種，植物學家目前還沒有定論。）雙瓣茉莉（*J. sambac*）又稱阿拉伯茉莉或pikake，常用在夏威夷花園，也用於亞洲的茉莉花茶和香水（茉莉花茶其實是綠茶噴上茉莉花精油，而不是真正的茉莉花做的茶）。這些都不是常見的園藝種茉莉，不過熱帶和芳香植物的收集者應該不難找到。

茉莉花的香氣來自幾種有趣的物質，包括乙酸苯甲酯（benzyl acetate）和金合歡醇（farnesol），這兩種物質都帶有甜美的花香，還帶了一絲蜂蜜和西洋梨的氣味。沉香醇是揮之不去的柑橘類香氣和花香，也存在於茉莉花，苯乙酸（phenylacetic acid）也一樣。蜂蜜中也有苯乙酸——它的副產物會隨尿液排出。香水製造商知道，由於我們對香味的經驗取決於遺傳差異，因此聞到茉莉花的人，半數會想起蜂蜜，倒楣的是另外的半數會想到尿液。而兩者都都沒錯。

現在茉莉花不是利口酒常見的成分，一部分是價格因素：喜悅（Joy）香水的製造商喜歡吹噓，一萬朵茉莉花才能做出一盎司的精油。賈克・卡登（Jacques Cardin）生產了一款浸泡茉莉花的干邑白蘭地，另外，芝加哥的Koval和洛杉磯的GreenBar Collective這兩家美國的蒸餾酒廠也生產茉莉花利口酒。

OPIUM POPPY
鴉片罌粟

罌粟　*Papaver somniferum*

罌粟科　Papaveraceae

這種一年生植物有著美麗花朵，大花瓣摸起來像揉過的面紙，卻在世界各地被禁止種植，只因為花苞產生的乳白汁裡充滿了鴉片。這種藥雖然可作為止痛藥——嗎啡、可待因（codeine）和其他鎮定劑都是以這種植物提煉的——卻也能用於製造海洛因，在美國被列為第二級麻醉藥。不過園藝家不會因為擔心觸法而不種這種植物，這種植物反而還滿常見的。罌粟子可以用在烘焙食物，所以只有種子能合法販售。在園藝中心和種子型錄也藉著這個漏洞販售罌粟子。

最早對於鴉片調酒的描述，或許來自荷馬的《奧德賽》。故事中特洛伊的海倫靠著一種叫忘憂藥（nepenthe）的萬靈丹逃避憂傷。雖然沒有明確提到鴉片，但許多學者認為那種混合了「可以除去任何煩憂和壞情緒的

藥草」的酒，一定是指一種摻有鴉片的飲料。

　　這樣的藥劑，在維多利亞時代仍然被當作藥用飲料和手術的麻醉劑。那時，鴉片酊（鴉片製成的滋補藥，作法是把鴉片浸泡在酒精裡）被用來控制疼痛，紓解種種疾患帶來的痛苦。為了減緩痛風的痛苦，英王喬治四世（King George IV）喜歡在他的白蘭地裡倒一點點鴉片酊——然後隨著極易上癮的麻藥控制了他，他會多倒一點、再多一點。

　　1895 年，隨著拜耳（Bayer）用海洛因（Heroin）之名開始販售一種鴉片糖漿，使之受到重視。鴉片糖漿在 1920 年代遭禁用，鴉片調酒也成了舊時代的遺物。

再三警告

在這個自製浸泡酒和苦精的年代，你可能會想嘗試鴉片罌粟，走走夜路。不過這種植物並不合法，副產物也很危險。切勿嘗試。

ROSE
玫瑰

大馬士革玫瑰　*Rosa damascena*、
普羅旺斯玫瑰　*Rosa centifolia*
薔薇科　Rosaceae

「紅玫瑰的確能強化心臟、胃和肝，增強記憶力。可以緩和熱病造成的疼痛，消炎，讓人放鬆、入睡，平息女性的白帶、經血，或是淋病，以及腹瀉；汁液能淨化、清潔身體的膽汁和痰。」尼可拉斯‧卡爾培波（Nicholas Culpeper）在他 1652 年的醫藥手冊《英國醫生》（*The English Physician*）裡這麼寫道。他對一長串驚人病症開的處方都是玫瑰酒、玫瑰甘露酒和玫瑰糖漿。

　　玫瑰這種植物的歷史悠久，最早的化石紀錄始於四千萬年前。我們今日認識的花園玫瑰帶著香氣，那是在過去幾千年之間從中國傳到歐洲的。製作利口酒最受歡迎的玫瑰是芬芳的大馬士革玫瑰，這種玫瑰來自敘利亞，在當地蒸餾之後用來製造香水。歐洲的植物學家開始培育成花園玫

瑰，用於他們古怪的藥物調配劑裡，但中東仍然是生產玫瑰香水和玫瑰水的中心。

大馬士革玫瑰有著香波伯爵（Comte de Chambord）和里昂條紋（Panachée de Lyon）這類浪漫的名字，常是豔麗、盛開的圓形花朵，芳香撲鼻，花瓣密合，呈粉紅、紅色或白色。普羅旺斯玫瑰（又稱百葉玫瑰〔R. centifolia〕）是荷蘭植物學家在十七世紀為了強烈香氣而培育的成果。淡粉紅色的方丹·拉圖爾（Fantin-Latour）是芳香的普羅旺斯玫瑰之中相當著名的品種之一。

卡培波爾（Culpeper）等許多玫瑰花瓣利口酒的配方，都需要將芳香玫瑰花瓣、糖和水果浸泡在白蘭地裡。玫瑰花水是玫瑰花瓣經過蒸氣蒸餾，取走精油後剩下的液體部分，是中東傳統料理的重要材料。

玫瑰花水最近成為熱門的調酒材料，通常會灑在飲料表面。歐洲和美國生產了幾款上好的玫瑰花瓣利口酒，包括法國米洛酒廠（Distillerie Miclo）的玫瑰花瓣浸泡利口酒，還有 Chrispin 的玫瑰利口酒，基底是北加州生產的蘋果烈酒。波士（Bols）的完美之愛（Parfait Amour）這支利口酒宣稱成分中有玫瑰花瓣以及紫羅蘭、柳橙皮、扁桃和香草。亨利爵士琴酒（Hendrick's Gin）中含有蒸餾之後加入的大馬士革玫瑰精油及小黃瓜，賦予一種花園的芳香。

多花薔薇（Eglantine），又稱甜野薔薇（sweet briar rose, R. rubiginosa）遠遠不如大馬士革玫瑰那麼炫麗，栽培的重點不是花朵，而是果實。多花薔薇的果實稱為玫瑰果，會在花瓣落下之後留下來。玫瑰果富含維生素 C，用於製作茶、糖漿、果醬和酒。阿爾薩斯幾家蒸餾酒廠生產一種多花薔薇的生命之水，巴林卡（Pálinka）這種匈牙利白蘭地也是玫瑰果做的。也有玫瑰果蒸餾酒（schnapp）和利口酒，例如芝加哥的蒸餾酒廠 Koval 就生產一種玫瑰果的利口酒。

SAFFRON
番紅花

番紅花　*Crocus sativus*

鳶尾科　Iridaceae

番紅花這種香料古老而重要，卻意外地難以照顧，更難採收。今日所謂的番紅花其實是三倍體——表示植物體含有三套染色體，而不是一般的兩套——因此其實不孕。番紅花無法結子，只能靠著產生更多球莖（類似球根的構造）來繁殖。這可能是從西元前1500年開始持續栽培至今的一種突變種。

　　每個球莖都會在秋天的兩個星期之間長出一朵紫花。這朵花綻放之後，露出珍貴的三根花絲，就是我們所知的番紅花。四百朵花才能收集到一盎司的番紅花。每隔幾年，球莖就必須挖起、分球，重新種下，確保收成良好。番紅花（saffron crocus）在秋天開花，但小心別和劇毒的秋水仙（autumn crocus, *Colchicum autumnale*）混淆。

番紅花富含氣味和芳香物質。其中的苦味主要來自番紅花苦素（picrocrocin）。採收、乾燥後，番紅花苦素會分解成一種油，番紅花醛（safranal）。科學家對這種物質非常感興趣，他們發現番紅花用作藥草的歷史由來已久。至今有限的研究顯示，番紅花醛能抑制腫瘤，幫助消化，有助於清除自由基。

除了作為印度、亞洲和歐洲料理的調味料，幾世紀以來，番紅花也替啤酒和烈酒增添風味。考古學家派屈克・麥高文認為古時候曾經把番紅花作為苦味劑，他和角鯊頭釀酒廠合作，根據邁達斯王（King Midas）墓中酒器裡殘留物的分析結果，用麝香白葡萄、大麥、蜂蜜和番紅花，做出了「點石成金」（MidasTouch）這款酒。

今日的番紅花在伊朗、希臘、義大利、西班牙和法國等地種植。全球的生產量估計約三百噸，一盎司的番紅花零售價格大約是三百美元，價格會依品質而有不小的起伏（良好的生長環境和優良的栽培種可以得到最高級的番紅花，品質優良的番紅花值得多花點錢購買。）番紅花之中的橙色色素來自於 α - 藏紅花素（α-crocin）這種類胡蘿蔔素，因此讓西班牙海鮮飯和女巫利口酒這類黃色利口酒染上黃色的色調。西班牙、法國和義大利製造的許多傳統黃色或綠色類似蕁麻酒利口酒的黃色版本，也歸功於番紅花。班尼迪克丁香甜酒的製造商幾乎不透露他們的配方，只承認加入了番紅花浸泡。

菲奈特布蘭卡的苦味驚人，有個流傳甚廣的謠言指稱，其中大部分風味來自番紅花，甚至耗去了全球四分之三的番紅花產量。這個謠言恐怕誇大不實。按酒業雜誌刊載的數據，這種酒的年產量是三百八十五萬箱，換算下來每瓶含六分之一盎司的番紅花──零售價大約是二十五美元。而每瓶菲奈特的零售價是二十到三十美元，不大可能含有那麼大一撮昂貴香料──即使有大包裝特價也不大可能。

VIOLET
紫羅蘭

香菫菜　*Viola odorata*

菫菜科　Violaceae

飛行（Aviation）這種調酒就像在酒杯裡的切爾西花展（Chelsea Flower Show），結合了琴酒、黑櫻桃利口酒、檸檬汁和紫羅蘭利口酒（Crème de violette）。這種調酒在幾年前還無法正確調配，因為紫羅蘭利口酒已經從架上消失很久了。

　　多虧了哈斯·阿爾彭斯（Haus Alpenz）的老闆艾瑞克·席德（Eric Seed），紫羅蘭利口酒才再現於世人眼前。艾瑞克·席德專門進口難以取得的酒類。他一直在尋找真正的紫羅蘭利口酒，一路找到了奧地利，發現 Destillerie Purkhart 會替特別的客人生產限量的紫羅蘭利口酒——他們的主顧是把紫羅蘭利口酒用於巧克力和蛋糕的烘焙師傅。利口酒裡加了兩個品種的紫羅蘭：夏洛特王后（Queen Charlotte, Königin Charlotte）和三月

（March）。

香菫菜是屬於往昔的花朵。一百年前，紫羅蘭栽培十分普遍，還會做成小花束在花店裡販售。紫羅蘭的花朵在水中只能維持一、兩天，佩戴或攜帶短短一個晚上，將獨特的香氣當作女人的香水。

香菫菜有時又稱為帕馬紫羅蘭（Parma violet），不過帕馬紫羅蘭比較可能是很類似的白花菫菜（*V. alba*）這種紫羅蘭的特定品種。紫羅蘭和非洲紫羅蘭完全無關，卻和菫菜花與三色菫這兩種花園的重點花卉是近親。

紫羅蘭的香氣（和風味）很微妙。紫羅蘭酮（ionone）這種化合物會干擾鼻子裡的嗅覺受器，讓人吸幾口氣之後，就無法聞到這種香氣。我們嗅到的紫羅蘭酮也受遺傳的因素影響──有些人完全聞不到也嚐不到，有些則聞不到花香，只聞到煩人的肥皂味。

飛行

- 琴酒 …… 1½ 盎司
- 黑櫻桃利口酒 …… ½ 盎司
- 紫羅蘭利口酒 …… ½ 盎司
- 新鮮檸檬汁 …… ½ 盎司
- 紫羅蘭花 …… 1 朵

把紫羅蘭花之外的所有材料加冰塊搖勻，倒在雞尾酒杯裡飲用。有些版本的酒譜需要的紫羅蘭利口酒或檸檬汁比較少，可以依照個人喜好調整比例。最後用紫羅蘭花裝飾（三色菫和菫菜花在植物學上是適當的代替品）。

樹木

樹木：

挺直的多年生植物，有單一可以自我支撐的樹幹或莖，組
成是外面的樹皮包覆內裡的木質組織，時常長到驚人的高
度。

ANGOSTURA
安格斯圖拉

安格斯圖拉　*Angostura*
trifoliata

芸香科　Rutaceae

安格斯圖拉苦精的製造商花了幾十年的時間在法院為自己爭取他們商品名稱的專利，同時卻一直拒絕講明商品是否真的是用安格斯圖拉的樹皮做的。十九世紀末和二十世紀初，商標法還是新概念時，這場戰役在世界各地創下了判例。

我們先來看看這種樹：安格斯圖拉的名字林林總總，幾乎和宣稱成分中有這種樹的苦精一樣多。德國探險家兼植物學家亞歷山大・馮・洪保德（Alexander von Humboldt）在 1799 至 1804 年至拉丁美洲探索的時候，描述了這種樹。他想稱之為 *Bonplandia trifoliata*，以紀念在那趟旅程中陪伴他的植物學家艾梅・普蘭邦（Aimé Bonpland）。安格斯圖拉也曾在植物學文獻中被稱為 *Galipea trifoliata*、*Galipea officinalis*、*Cusparia trifoliata* 和 *Cusparia febrifuga*。這種類似灌木的喬木原生地位於阿根廷的安格斯圖拉附近（現在稱為波利瓦爾城〔Ciudad Bolívar〕）。深綠色的葉片三枚相連（因此得到 trifoliata 之名，意思就是三片葉子），果實則有五瓣（類似柑橘類的果實，而柑橘類也是芸香科的植物），每一瓣含有一、兩粒大種子。

植物學家對它的名字爭論不休，藥師爭論的則是它的藥物性質。亞歷山大・馮・洪保德寫道，樹皮的浸泡液是委內瑞拉印地安人的「補藥」，修道士則把這種植物送回歐洲，希望能抵抗熱病和痢疾。十九世紀裡，安

香檳雞尾酒

這種經典調酒最能享受安格斯圖拉樹的風味。費氏兄弟（Fee Brothers）的苦精可以理直氣壯地說他們的苦精中含有安格斯圖拉樹皮。

- 方糖 …… 1 顆
- 費氏兄弟的古典芳香苦精（Old Fashion Aromatic Bitters）…… 3～4 毫升
- 香檳
- 扭轉檸檬皮

方糖放進香檳杯，在糖上灑幾滴苦精，倒滿香檳。杯上裝飾扭轉檸檬皮。

格斯圖拉的樹皮在製藥文獻中都被描述為滋補藥和興奮劑，可以治療熱病和多種消化疾病。安格斯圖拉苦精的配方結合了安格斯圖拉樹皮、奎寧和香料，浸泡在蘭姆酒裡，在當時的醫療刊物中非常常見。

那家公司聲稱，我們所知的這個品牌始自 1820 年，那時德國醫師約翰尼斯·G·B·席格特（Johannes G. B. Siegert）來到委內瑞拉的安格斯圖拉這座城市。他用當地的植物製成一種藥用苦精，以芳香苦精（aromatic bitter）的名稱販售，並標示製造地為委內瑞拉的安格斯圖拉。1846 年，那座城的名字改成波利瓦爾城，以紀念獨立運動的領導者西蒙·波利瓦爾（Simón Bolívar）。1870 年，席格特醫師去世，之後他的兒子把公司搬到政治比較安定的千里達（Trinidad）。不過「芳香苦精」的酒標上還是寫著安格斯圖拉的席格特醫師，並標上公司的新地點。

當時，美國和歐洲國家開始通過商標法，而席格特兄弟也想在這波活

動裡摻一腳。1878 年，他們一狀告上英國法庭，聲明大家都將他們生產的苦精命名為安格斯圖拉苦精，因而控告對手販賣安格斯圖拉苦精。然而他們的苦精其實不是在安格斯圖拉製造，而「安格斯圖拉苦精」這個詞在對手開始用這名字之前，都不曾出現在他們的標示上。

蘇打水和苦精

如果坐在酒吧，卻發現自己不想或不能喝酒，不妨點一杯加苦精的蘇打水。這種飲料有個好處：看起來像實實在在的飲料，又意外地能令人振奮。

他們的競爭對手是特奧多羅・邁因哈德醫生（Dr. Teodoro Meinhard）——他的辯詞很聰明。他聲稱他的苦精之所以叫作安格斯圖拉苦精，是因為苦精裡含有安格斯圖拉樹皮。苦精的製造商通常不會透露配方，但法律規定，如果是直接反應商品成分的名字就不能當成商標。誰也不能用柳橙汁、巧克力棒或皮鞋這類的名字稱呼自己的產品，這些名字只是明白地說出產品是什麼。邁因哈德不打算把安格斯圖拉苦精這個名字據為己有，他只是想阻止席格特家把這名字據為己有。他的策略還算成功，法官雖然判定邁因哈德使用安格斯圖拉苦精是為了誘導消費者不買席格特家族的產品，改買他家的，不過判決中也指明，安格斯圖拉苦精沒資格受到英國法律的完整保護。

在美國，訴訟繼續進行。1884 年，席格特兄弟和 C・W・雅培公司（C. W. Abbott & Co.）之間發生一連串起因雷同的法律行動。雅培也聲稱安格斯圖拉樹皮是他苦精裡的關鍵成分，他因此受到法律保護。席格特家族又一次不肯透露他們自己的配方，只說產品的名字來自那座城市，而不是那種樹。不過，這次事情的發展不如席格特預期。法官裁定誰也不能獨

占一座城市的名稱使用權，即使這座城市已經在數十年前改了名。而誰也不能把成分或描述產品的名詞當作商標。此外，法官指出，席格特在競爭對手開始用安格斯圖拉苦精之前，從未使用過這個名字。他們一直稱自己的產品為芳香苦精，只是大眾習慣稱之為安格斯圖拉苦精而已。

法官繼續檢視證據後，責備席格特的標籤上仍寫著「由席格特醫師調配」，但醫師本人早已不在人世。席格特家族就這麼輸了他們的官司，雅培則繼續賣他們的安格斯圖拉苦精。之後的判決中，法官更有理由不喜歡席格特的案子了，據說其中一個原因是他們宣稱這種苦精有療效。他們在德國也吃了驚，在申請商標的時候被法官駁回，法官斷然指出，安格斯圖拉樹皮是調配安格斯圖拉苦精的成分，因此不能當作商標。

直到 1903 年，法官的判決終於開始對席格特家族有利，讓他們得到使用安格斯圖拉苦精的獨占權。雅培公司不只批評他們涉入的案例，也批評了其他判決有利於席格特家族的案子，並且發表聲明，表達他們有多麼失望，「我們的苦精是用安格斯圖拉樹皮製造的，這是我們官司的論點。但法官沒採信。」

1905 年 2 月，美國修改了商標法。席格特兄弟只花了三個月，就靠著新法提出他們的申請。申請中宣稱「過去七十四年，這個商標一直由我們和我們公司的前人使用」，而「沒有其他人、公司、法人或團體」有資格用這個商標。結果他們的申請通過了。

現在的酒標幾乎和原先的專利申請沒什麼差別，只有幾個改變。1952年，公司提出新版的酒標設計，取消了療效的聲明和暗示兒童適用的用詞，並且加上一句話，「不含安格斯圖拉樹皮」。

所以席格特醫師的配方中曾經有過安格斯圖拉樹皮嗎？或者安格斯圖拉樹皮只存在於他競爭對手的苦精裡？席格特家族撐過了三十年的訴訟，從來沒在公開的法庭紀錄中揭露他們的祕密配方。他們的確曾經聲稱他們

的苦精能治療胃痛和熱病——正是安格斯圖拉樹皮應當有的功效。他們也聲稱苦精不該用來「調配雞尾酒」，但附注說明苦精應該滴進酒杯，加上蘭姆酒或其他烈酒，然後「在早、晚餐前或任何想到的時候飲用」，聽起來頗像調酒。他們也建議加入「蘭姆的新酒」，增進風味。

　　另一個原始配方的古怪線索來自1889年席格特公司在一份戲劇雜誌上刊登的廣告。廣告上說1839年席格特醫師在委內瑞拉遇到亞歷山大・馮・洪保德，在這位探險家生病時用自己的苦精治療他。這故事只有一個問題：1839年，洪保德其實在柏林。他其實是1799到1805年在委內瑞拉探險的時候患了病，用安格斯圖拉樹皮治療——正是這牌子的苦精現在聲明不在配方裡的這個成分。

　　很難相信在阿根廷安格斯圖拉發明的一種苦精，既號稱能治療熱病和胃病，卻又不含當地種植而且已經用於治療那些問題的著名植物。十九世紀時，利用安格斯圖拉樹皮製藥的方式已有充分的紀錄。其實，藥劑師發現安格斯圖拉樹皮有時會摻入馬錢樹（strychnine tree）的毒樹皮，因此普遍會在調配自己的安格斯圖拉苦精時提高警覺。可見安格斯圖拉樹皮有段時間非常普及。席格特醫師的配方裡為什麼少了這一味？

　　那個世紀末通過的商標法說明了一件事：任何人只要製造含有安格斯圖拉樹皮的苦精，就能合法地稱他們的產品為安格斯圖拉苦精，因為這只是平鋪直敘地說明產品是什麼。唯有堅持品名和成分無關，才可能把那個名字商標化——這正是席格特兄弟的手法。如果他們的成分裡曾經含有安格斯圖拉樹皮，他們是何時改掉這個成分的？有可能席格特醫師很早就發現這種樹皮可能和馬錢樹皮混淆，因此決定乾脆避開。或者他的確用了安格斯圖拉樹皮，但後來改變了配方，時間點可能是在公司搬到千里達的時候，或在席格特的法律難題變得顯而易見之後。

　　聰明的讀者也許猜到另一個可能——說不定配方從來沒改過。畢竟今日的酒標只說苦精裡沒有安格斯圖拉的「樹皮」，沒提到任何有法律認可的成分，例如安格斯圖拉萃取物，或樹幹、葉、根、花或種子。

AGARIC

苦白蹄

藥用擬層孔菌　*Laricifomes officinalis*

擬層孔菌科　Fomitopsidaceae

苦白蹄，又稱落葉松菌，是唯一已知用來為酒調味的真菌，這種貝形的真菌生長在落葉松和其他幾種闊葉樹上。由於多年來過度採集，歐洲已經很少見，且因為可能含有毒性，使用上受到嚴格的限制。大量使用可能造成嘔吐或其他身體問題，不過和許多蕈菇一樣，苦白蹄的治療用途也經過研究。雖然如此，還是允許以非常有限的量製作酒類的苦味劑，而苦白蹄也是菲奈特的阿馬羅苦精已知的成分之一。這種真菌有許多俗名，不過絕不能和毒蠅傘（Amanita muscaria）這種有精神刺激作用的蕈菇混淆。

BIRCH
白樺

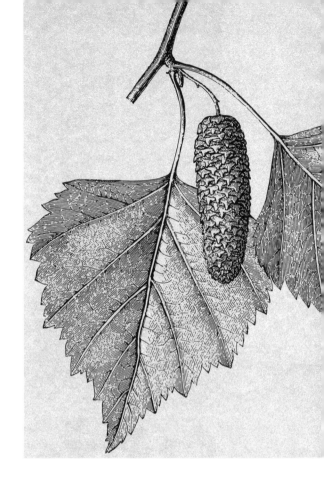

紙樺　*Betula papyrifera*

樺木科　Betulaceae

　　白樺啤酒或許不是美國人發明的，但美國人絕對改良了白樺啤酒。白樺的分布遍及北美、歐洲和亞洲，幾世紀以來，白樺用於生產木材、樹脂、造紙、染劑以及藥物。考古學家在歐洲找到西元前 800 年之前的酒器，其中有白樺樹汁的殘餘物，顯示白樺樹汁就像蜂蜜一樣用於釀酒。

　　十七世紀早期，就有幾位科學家描述過白樺樹汁用於藥酒或純粹宜情養性的酒類。法蘭德斯（Flanders）的約翰尼斯・巴提斯塔・馮・海爾蒙特（Johannes Baptista van Helmont）醫生寫道，白樺樹汁可以在春天採集，「大部分冒泡和發酵平息之後加進麥酒裡，這是葡萄酒和麥酒在大酒桶裡會自動進行的步驟。」他建議用這種自動發酵的樹汁治療腎臟、尿道

和胃腸問題。

　　過了幾十年，1662 年，約翰‧艾弗林（John Evelyn）在史上第一本森林學書籍《森林誌》（*Sylva*）裡提供了這個配方，「每一加侖的白樺水裡加入一夸脫蜂蜜，充分攪拌。然後加入幾粒丁香、一點檸檬皮，煮沸將近一小時，讓表面浮著厚厚一層浮渣。充分沸騰、冷卻之後，加入三、四匙的上好麥酒，使之發酵（像新釀的麥酒一樣），等到酵母逐漸停止發酵，再像製作其他葡萄類的酒一樣煮沸。成品會成為非常輕盈、高雅的飲料，並且維持好一段時間。」

　　不過早期移民最需要酒的時候，產生大量甜樹汁的是美國紙樺——白樺的學名裡，種名就叫 *papyrifera*。拓荒者看著美洲原住民春天時在白樺樹上劃出刻痕，汲取樹汁，但他們沒發現原住民會用樹汁釀酒。雖然糖和穀物的來源充足，北方的部落似乎沒有像西南方或拉丁美洲的原住民一樣發展出釀酒文化。不過歐洲人很清楚他們找到了酒類的理想來源，他們把香甜的樹汁、樹皮和水、蜂蜜，以及他們找到的所有香料混合，做出酒精濃度很低的啤酒。黃樟木常常加入其中，沙士就藉著這個傳統在賓州的荷蘭村（Dutch country）普遍了起來。

　　快進入禁酒時期時，釀酒師正著手釀造一種無酒精的版本，也就是軟性飲料，以規避禁令。無酒精的白樺啤酒到了二十世紀仍然是地方的特產。今日，這種風味在根酒（Root）裡捲土重來。根酒是賓州根據美國早期樹皮和樹根酒的風味做成的利口酒。蘇格蘭高地有幾家酒廠專門釀造白樺酒，還有一家烏克蘭伏特加蒸餾酒廠將這種風味加入他們的雷米諾白樺特調伏特加（Nemiroff Birch Special Vodka）。

　　白樺樹汁可以用於生產木糖醇（xylitol），這是天然的甜味劑，研究顯示可以防止蛀牙，而有些種的樹皮含有高濃度的水楊酸甲酯（methyl salicylate），也就是冬青油的主要成分。老樣子，拿白樺樹皮治療疾病的早期醫生不算完全錯了，科學家正在研究白樺萃取出的樺木酸（betulinic acid）的抗癌性質。

CASCARILLA
苦香樹

苦香樹	*Croton eluteria*
大戟科	Euphorbiaceae

這種香氣強烈的小樹就像酒類天生的添加物。樹皮裡的精油含有許多松樹、桉樹、柑橘類、迷迭香、丁香、百里香、冬季香薄荷和黑胡椒裡含有的物質，因此不只是迷人的香料，也是香水裡的基調。

苦香樹原生於西印度群島，十八世紀末由歐洲人在一波植物學探險中率先記錄。所有新世界來的芳香樹皮都被評估過當作藥物的可能性，而這種植物則用於苦精和各式的滋補藥裡。原先的描述中，苦香樹有著銀色樹皮，不過植物學家不久就發現銀白色是來自長到樹上的地衣。在地衣下面是深色軟木質的樹皮，從前用作褐色的染料。苦香樹有粉白色的細碎花朵，深色的葉片帶著光澤，因此成為迷人的植物。不過和大戟科的其他成員（包括聖誕紅）一樣，接觸樹汁可能使皮膚刺痛。

苦香樹的樹皮至今仍然是苦精和苦艾酒的重要成分，謠傳也是金巴利的成分之一。長久以來都是菸草的添加物。1989年，香菸製造商被要求公布成分時，苦香樹仍然在清單上。

CINCHONA
金雞納樹

金雞納樹屬　*Cinchona* spp.

茜草科　Rubiaceae

沒有哪種樹木在調酒歷史上比產自南美的這種樹更重要了。金雞納樹皮提煉出的奎寧不只是通寧水、苦精和香料酒、其他酒類的調味，也拯救世界不受瘧疾肆虐，更在幾場全球戰爭中讓植物學家和植物收集家站上舞臺中央。

　　金雞納樹屬裡有二十三個不同的樹種和灌木，大多都有深色光澤的葉片，以及白與粉紅的芳香管狀花，由蜂鳥和蝴蝶授粉。安地斯山的部落將這種紅褐色的樹皮作為藥用。這種樹皮能治療瘧疾，不過有些歷史學家認為瘧疾是從歐洲帶來南美洲的，歐洲人當時已經受瘧疾折磨了幾世紀。

　　耶穌會的教士在 1650 年發現金雞納樹治療瘧疾的功效，直到又過了半個世紀，歐洲人才明白這種苦粉的重要性，然後開始派船到南美，裝載

砍下的金雞納樹。當地人很擔心他們的森林受到掠奪，因此通力合作，隱瞞金雞納樹的位置。

　　不是每一種金雞納樹都能產生有效濃度的奎寧，植物學文獻中充滿對這種植物的辨別錯誤和誤稱。1854年，《金雞納學》（*Quinologie*）這本漂亮的書在巴黎出版，書中手工上色的圖版描繪了不同品種的特徵，讓藥劑師能區分不同種類的樹皮。我們現在知道大葉金雞納樹（*Cinchona pubescens*）裡的奎寧劑量最高，白金雞納樹（*C. calisaya*）和幾種雜交種

馬曼尼琴通寧

用墨西哥辣椒和番茄這兩種原產於南美的植物向曼紐爾‧英克拉‧馬曼尼致意，這個男人為了把奎寧帶給全世界，失去了一切。

- 琴酒（試試 Aviation American Gin 或亨利爵士琴酒）⋯⋯ 1½ 盎司
- 墨西哥辣椒（也可用比較溫和的辣椒），去籽、去芯，切碎 ⋯⋯ 1 顆
- 新鮮的胡荽葉或羅勒葉 ⋯⋯ 2～3 枝
- 小黃瓜（需要厚厚一片和攪拌棒粗細的一條）⋯⋯ 1 根
- 優質的通寧水（找沒有加高果糖玉米糖漿的牌子，像 Fever-Tree 和 Q Tonic）
- 紅或橙色的櫻桃番茄 ⋯⋯ 3 顆

在調酒杯裡加入琴酒和兩片墨西哥辣椒，一枝胡荽葉和一塊小黃瓜，搗碎。
高球杯裡盛滿冰塊，放進一、兩片墨西哥辣椒，一枝胡荽葉，和一片小黃瓜。
過濾琴酒，倒在冰上。在杯中倒滿通寧水，最後用牙籤插著櫻桃番茄裝飾。

也有高劑量的奎寧。雖然棕金雞納樹（*C. officinalis*）的學名聽起來很正式，應該是生產奎寧的標準，實際上其中奎寧的含量卻很少。

在叢林裡打轉的歐洲探險家常常也身陷熱病，其實很難想出這個答案。奎寧這齣鬧劇中最著名的角色是查爾斯・雷哲（Charles Ledger）這位英國商人。1860年代，雷哲將一些種子賣給英國政府，卻發現其中會奎寧含量並不高。他僱了一位波利維亞人，曼紐爾・英克拉・馬曼尼（Manuel Incra Mamani）替他蒐集更多種子，被當地官員逮到。雷哲自己描述道，「可憐的曼紐爾也完了，他被克羅伊科（Coroico）的鎮長關進監牢，遭屈打成招，說出他身上這種子是為誰採集的。他在牢裡關了大約二十天，遭到毆打，餓得半死，最後才重獲自由。他的驢子、毯子和他僅有的一切都沒了，而他也在不久後過世。」

曼紐爾倒是設法運了些種子給雷哲。不過這時英國政府再也不接受雷哲的計畫，他只好把計畫賣給荷蘭人，得到大約二十美金的報酬。荷蘭人把種子送去爪哇，當地人長久以來已經有控制香料園的歷史。不像雷哲賣給英國的種子，這些種子還有活力，不久荷蘭人就得到了全球的獨占生意。他們發展出砍伐這種樹木的替代辦法——把樹皮剝成條狀，用苔蘚包住樹幹，促進傷口癒合，以便再次長出樹皮。

第二次世界大戰後，日本軍隊占領了爪哇，德國奪下阿姆斯特丹的一座奎寧倉庫，一切都改變了。在日本占據菲律賓之前，最後一架飛離的美國飛機載了四百萬粒奎寧種子，但金雞納樹長得不夠快，無法供給同盟軍所需的瘧疾藥物。

當時急於尋找人造的替代品，不過在此同時，美國植物學家雷蒙・佛斯布（Raymond Fosber）被美國農業部派到南美尋找更多奎寧。他追尋著昔日探險家的路徑，設法得到一千二百五十萬噸的金雞納樹皮，運送回國。但這樣還不夠。在哥倫比亞的一個晚上，佛斯布聽見敲門聲，發現納粹的間諜準備跟他談條件。他們跟著他穿越南美，提議把他們從德國走私的純奎寧賣給他。他用不著考慮太久就決定接受了提議，美軍如果想繼續

作戰，就需要奎寧——即使來自納粹手中也好。

從還是藥物開始，奎寧的一個問題就是苦味。用蘇打水混合，或許再加點糖，有點幫助。英國移民發現加入少許琴酒可以大幅改善這種藥的味道，琴通寧於是誕生。奎寧也成為苦精、藥草利口酒和苦艾酒裡的重要成分。Byrrh（發音和啤酒 beer 相同）混合了葡萄酒和奎寧；Maurin Quina 則是白酒開胃酒裡加入奎寧、野莓、檸檬和櫻桃白蘭地，中國馬丁尼（China Martini）和 Liquore Elixir di China 這些義大利開胃酒，以及西班牙的柑橘利口酒 Calisay 也是以奎寧為底。各式各樣加入奎寧的開胃酒開始上市，或是捲土重來，這些都值得嘗試。

利萊酒是使用奎寧最美妙的方式，這種酒混合了柑橘、藥草和一點奎寧。利萊酒有白酒、玫瑰紅酒和紅酒三種，最好像葡萄酒一樣品嚐，冰涼地盛在杯裡，最好正值春天，坐在小餐館旁的人行道上啜飲——而調酒師也善加利用，把這種酒加進調酒裡。

為什麼奎寧會在紫外光下發亮？

用不可見光照向一瓶通寧水，會發出明亮的藍色螢光。奎寧會被紫外光「激發」，也就是電子吸收了光，得到額外的能量，跳躍到正常的軌道之外。為了回到自然的能階（它們的「鬆弛態」），電子會放出能量，也就是我們看到的鮮豔光亮。

CINNAMON
肉桂

錫蘭肉桂　*Cinnamomum verum*

樟科　Lauraceae

誰也不知道肉桂棒是哪裡來的。有一種叫作肉桂鳥的鳥從某個不知名的地方收集樹枝，用樹枝築巢。為了收成肉桂，人類會在箭上加上重物，射下鳥巢。

事實不是這樣，但西元前350年，亞里斯多德在他的《動物誌》（*Historia Animalium*）是這麼描述肉桂的。之後我們明白了肉桂的來源，再也不用射下神祕鳥類的巢了。

肉桂其實是現今斯里蘭卡地方一種樹的樹皮。當時的阿拉伯商人設法隱瞞地點，但葡萄牙水手發現後，消息就便傳了出去。他們學會等到雨季再砍下嫩枝，這種處理法稱為矮林作業（coppicing），會阻礙樹木發育，迫使樹木長出一根又一根新枝幹，不會長成熟成的樹木。這些樹幹會被刮

除灰色的外層樹皮，以便切下長條淡色的內樹皮。切下的樹皮在太陽下曬乾，捲成我們買到的肉桂棒。

十八世紀前，肉桂都是從野生的樹木上採收，但在那之後便種植在樹園裡了。現在，優質的肉桂來自斯里蘭卡，不過印度和巴西也供給了全球市場中的肉桂。這些肉桂通常標示為真肉桂（true cinnamon）或錫蘭肉桂（Ceylon cinnamon）。

另一種原產於印度和中國的肉桂——玉桂（*Cinnamomum aromaticum*），生產出的肉桂稱為中國肉桂（cassia cinnamon）。美國很容易買到中國肉桂，而這種肉桂和錫蘭肉桂不難分辨——中國肉桂的肉桂棒比較厚，通常由兩側向內捲，而錫蘭肉桂的肉桂捲則用薄樹皮捲成緊實的一束。磨成香料粉末之後，二者比較難分辨，但還是有必要檢查標籤——中國肉桂可能含有較高濃度的香豆素，有些對香豆素敏感的人吃下了，可能使肝臟受損。因此有肝臟問題又想吃大量肉桂的人，錫蘭肉桂是比較安全的選擇。目前雖然禁止使用零陵香豆這種香豆素含量較高的香料，可是並沒有禁止使用中國肉桂。

肉桂葉含有高濃度的丁香酚，這也是丁香的成分之一。樹皮中主要的成分是肉桂醛（cinnamaldehyde），不過也存在沉香醇這種常見而帶著香料味與花香的物質。肉桂在調酒世界裡隨處可見，出現在琴酒、苦艾酒、苦精和香料利口酒裡。最廣為人知的肉桂利口酒或許是金箔肉桂酒（Goldschläger），這種清澈的肉桂蒸餾酒有一點金黃的葉片沉在瓶底。法國蒸餾酒師保羅·德瓦耶（Paul Devoille）做出一種薑餅利口酒——香料麵包利口酒（Liqueur de Pain d'Épices），在酒瓶裡完美地展現了肉桂。

DOUGLAS FIR
花旗松

錫蘭肉桂　*Cinnamomum verum*

樟科　Lauraceae

波特蘭的蒸餾酒師史蒂分・麥卡西（Stephen McCarthy）從阿爾薩斯傳統的松樹利口酒得到靈感，想做出一種摻有當地針葉樹花旗松的烈酒。這種威嚴的常綠樹木在奧勒岡州的海岸可以長到六十公尺高，是奧勒岡州的州樹。花旗松是許多蛾和蝴蝶的食草植物，堅固的樹幹是上好的木材，也是很棒的聖誕樹樹材。

麥卡西為了做出酒，他進入森林，親手從樹幹尖摘取嫩芽，試圖從中萃取香氣，卻徒勞無功。他無法做出想要的酒，主要原因是芽（深色幼嫩的嫩枝，隔年會形成針葉）在摘取、處理時會氧化。

最後，他帶著他的中性葡萄烈酒進入林子，倒進桶子裡，直接提到樹下。「我們直接把芽丟進桶子裡。」他說。「我們其實是在林子裡做出了生命之水。」他將浸泡的烈酒帶回蒸餾酒廠，放置兩星期，然後過濾混合物，重新蒸餾。「生命之水非常令人難忘。」他說。「沒在橡木桶裡熟成，因此烈酒或材料裡任何異味都不會在桶裡受到校正。」

他很滿意最終產品的風味，但覺得顏色不對。他說：「這是常綠樹做的，應該是綠色。可是第二次蒸餾去掉了顏色。」只有一個辦法可以得到他要的顏色。他把第二次蒸餾的產物帶回林子，倒回桶裡。「我們再摘芽丟進桶子裡，讓芽在酒裡浸泡直到溶出顏色為止。」

麥卡西花了幾年才想出怎麼把顏色、清澈度和風味調整到理想的狀

態。不過他的實驗還沒結束，他得讓聯邦政府核准酒標。「我想把花旗松的拉丁學名（*Pseudotsuga menziesii*）放到酒標上，因為這個產品和這種樹完全脫不了關係。」他說。「聯邦酒菸稅務暨貿易局的人員不相信有種樹叫花旗松，而他們根本不曉得該拿拉丁學名怎麼辦。」酒標上由他妻子（藝術家露辛姐・派克〔Lucinda Parker〕）畫了花旗松的圖案，最後終於被核准了。麥卡西的清溪河酒廠（Clear Creek Distillery）現在每年生產兩百五十桶這種綠色的烈酒。

花旗松探險

史蒂分・麥卡西喜歡把他的花旗松生命之水調配 1 盎司的清爽美酒，在餐後飲用。不過也能做成美味的調酒。這種樹的英文名字 douglas fir 是以大衛・道格拉斯（David Douglas）為名，這位植物學家在 1824 年踏上了一趟西北太平洋著名的植物採集之旅。他把將近兩百五十個新種引入英國，包括以他為名的花旗松。道格拉斯在爬夏威夷一座火山的時候過世，享年三十五歲。這種飲料是對他早期在倫敦皇家園藝學會（Royal Horticultural Society）的日子致意（皇家園藝學會也就是這是資助他探險之旅的團體）。

- 倫敦琴酒 ⋯⋯ 1 盎司
- 花旗松生命之水 ⋯⋯ 1 盎司
- 聖杰曼接骨花甘露酒 ⋯⋯ ½ 盎司
- 檸檬角的檸檬汁 ⋯⋯ 1 個

把所有材料加冰塊搖盪，倒入雞尾酒杯。

EUCALYPTUS
尤加利樹

桉樹屬　*Eucalyptus* spp.

桃金孃科　Myrtaceae

1868年，羅馬附近的三泉修道院（Tre Fontane Abbey）幾乎荒廢。土壤貧瘠，附近的聚落無人居住，更糟的是，瘧疾肆虐到令人無法忍受的程度。當時的人依然相信瘧疾不是蚊子帶著寄生蟲造成的，而是空間中有某種東西，「malaria」這個字在拉丁文就是「壞空氣」的意思。修士想到一個特別的解決辦法：在修道院周圍種植尤加利樹。這種生長快速的澳洲樹木帶著藥味，想必會消毒空氣，讓修道院不再有瘧疾流行，並且改善土壤，讓修士有某種可以賺取收入的作物。他們甚至用葉子做茶，相信能阻擋瘧疾。

美國醫學會（American Medical Association）在1894年一篇名為〈桉樹風光不再〉（"The Passing of the Eucalyptus"）的期刊文章裡，斥之為無

稽之談。文章指出，自從有人栽種這種樹木，瘧疾就開始發生，揶揄尤加利樹「傳聞中的醫療價值」。不過，修士並非完全不對——2011年，檸檬桉（Eucalyptus citriodora）的萃取物，也就是所謂的檸檬尤加利精油，成為美國疾病控制與預防中心（Centers for Disease Control and Prevention）推薦的防蚊劑。

　　修士被迫安於數以千計毫無用處的尤加利樹。他們是好農夫，因此想辦法把他們的農作物裝進酒瓶裡。今日參觀修道院的人，可以買一瓶甜甜的三泉尤加利利口酒（Eucalittino delle Tre Fontane），這種利口酒是用尤加利樹樹葉浸泡製成。他們也提供帶苦味的尤加利苦甜利口酒（Estratto di Eucaliptus），製造時沒添加糖，適合在寒冷的冬夜飲用。

　　或許有人覺得尤加利樹的風味比較適合咳嗽糖漿，不適合利口酒，不過薄荷腦（menthol）或樟腦（camphor）的香氣有助於放大松樹或杜松的木質香氣。尤加利樹也用於苦精、苦艾酒和琴酒。菲奈特布蘭卡（Fernet Branca）之所以有名，就是因為強烈的尤加利樹香氣。

　　尤加利樹在原生的澳洲長久以來都被視為有毒。加檸桉（Cider gum eucalyptus, E. gunnii）這種樹會分泌一種甜而黏稠的樹汁，在流下樹幹時，已經經歷了天然的發酵。一棵樹每天可以生產四加侖的樹汁，讓原住民善加利用。1847年，英國植物學家約翰·林德利（John Lindley）寫道，樹汁「供給塔斯曼尼亞（Tasmannia）的居民大量清涼、提神、有輕瀉效果的液體，會發酵而擁有啤酒的特性。」今日的坦伯林山酒廠（Tamborine Mountain Distiller）生產的尤加利葉伏特加（Eucalyptus Gum Leaf Vodka）和澳洲的藥草利口酒（Herbal Liqueur）都是用這種葉子調味。

　　調酒師開始實驗用尤加利糖漿和浸泡酒，不過要注意，只有生長在美國西部所謂的藍桉（blue gum, E. globulus）才被FDA核准為安全的食物添加劑，而且只准許使用葉片，而不是萃取的精油。

喝醉的吸蜜鸚鵡

每一年，澳洲鳥類學家都會接到一些詢問電話，解釋當地東南部麝香吸蜜鸚鵡族群的古怪行為。這些顏色鮮豔的鸚鵡有時飛不了，在地上跟蹌走動，舉動幾乎像喝醉的粗人。牠們隔天甚至看起來像宿醉似的。這種情況發生在牠們平常的食物來源，也就是尤加利的花蜜在樹上發酵的時候。這似乎是野生動物因為了天然發酵的酒精而喝醉的真實事件。不幸的是，這些吸蜜鸚鵡喝醉時容易被掠食者獵捕，也容易受傷，因此鳥類救援組織時常收留喝醉的吸蜜鸚鵡，幫助牠們清醒過來。

MASTIC
乳香黃連木

乳香黃連木　*Pistacia lentiscus*

漆樹科　Anacardiaceae

乳香黃連木是開心果的遠親，原產於地中海地區，樹脂自古就有許多
用途。樹皮被劃開時，會汩汩流出乳香黃連木樹脂，乾燥後形成黃
色的物質，嚼食時會軟化成類似口香糖的東西。可以當作漆料，至今還有
畫家把乳香黃連木運用在他們的畫布上。乳香黃連木也有黏合的功能，用
於可分解的縫線、繃帶和局部藥膏。樹脂似乎能抑制蛀牙，所以也用於一
些牙膏產品。乳香黃連木的味道是明顯的藥味（想像一下松樹、月桂和丁
香的混合體），但也是希臘烈酒的風味。乳香酒（Mastika）是一種高酒精
濃度的大茴香味烈酒，通常以白蘭地為基底，作為餐後酒飲用。

乳香黃連木是樹型矮小的灌木，香氣濃郁，有著細小的紅色果實，成熟之後變黑。希臘的基歐斯島（Chios）以生產乳香黃連木樹脂聞名，歐盟視基歐斯島生產的乳香黃連木為原產地名稱保護制度下的產物，類似香檳或卡瓦多斯（calvados）的情形。

MAUBY
莫比

椭圓葉濱棗　　*Colubrina elliptica*

鼠李科　Rhamnaceae

人們造訪加勒比海地區，尤其是千里達和巴貝多時，可能遇到「莫比」這種糖漿。這種又甜又苦的奇妙糖漿是用大海蛇藤（*Colubrina arborescens*）和椭圓葉濱棗（*C. celliptica*）兩種樹的樹皮製成。配方各有不同，通常是將樹皮與糖、水和一些肉桂、多香果、肉豆蔻、香草、柑橘皮、月桂、八角茴香和茴香子混合，賦予一種辛香的甘草風味。莫比糖漿可以倒入冰水或蘇打水裡使用，傳統上視為一種萬靈藥。加勒比海的居民相信莫比糖漿可以治療糖尿病，刺激食欲，不過莫比糖漿有益健康的唯一可靠證據來自《西印度醫療期刊》（*West Indian Medical Journal*）上的一個小型研究，研究發現這種糖漿可以減輕高血壓。

全球的濱棗屬（Colubrina）有超過三十個種，全都生長在氣候溫暖的地區。椭圓葉濱棗最常用於製造莫比，其實原產於海地（Haiti）和多明尼加共和國（Dominican Republic），但莫比樹皮流通到附近的島嶼。大海蛇藤也用來製造莫比，原產於巴貝多。大海蛇藤的樹皮堅韌異常，又名鐵木（ironwood，但鐵木這個名字同時適用於幾種樹木）。樹皮中含有單寧和苦皂素（saponin，在這裡稱為 mabioside）。佛羅里達州的大海蛇藤也稱為野咖啡，顯示的樹皮早期也作為茶或咖啡的代替品。

二十世紀初，「莫比女郎」用錫製容器盛著自家釀的酒頂在頭上，在街上兜售。現在製造糖漿的規模變大了，市面上也能買到。而莫比也出現在加勒比海風味的調酒裡，包括在北美最棒一些的提基（tiki）調酒師——不過他們都不肯透露他們的酒譜。

MYRRH
沒藥

沒藥　*Commiphora myrrha*

橄欖科　Burseraceae

沒藥這種樹難看得很——又矮又多刺，沒什麼葉子。沒藥生長在索馬利亞（Somalia）和衣索比亞貧瘠的淺土壤層，是荒涼風景中陰鬱的灰色身影。要不是樹幹會分泌濃郁芬芳的樹脂，誰也不會多看它一眼。

小小一塊形狀和大小都和葡萄乾相仿的乾燥樹脂，在埃及、希臘和羅馬等地都非常珍貴。從前這種樹脂用來密封酒器，因此不難看出沒藥和酒怎麼相遇。羅馬人在耶穌被釘死於十字架時提供了摻有沒藥的酒，他們將酒拿給耶穌，但他拒絕了。

沒藥的味道苦而帶有某種藥味。沒藥精油中的成分也出現在松樹、尤加利樹、肉桂、柑橘類和小茴香。法國的康皮耶酒廠把沒藥列為高級的柳橙利口酒皇家康皮耶（Royal Combier）的成分。此外，沒藥也是苦艾

酒、香料酒和苦精裡的常見成分。菲奈特布蘭卡的製造者毫不隱瞞他們的
配方裡有沒藥；沒藥有一種古色古香的強烈風味，也難怪菲奈特的滋味如
此強勁。

PINE
松樹

松屬　*Pinus* spp.

松科　Pinaceae

考古學遺趾發現摻了樹脂的葡萄酒殘餘物，時間可以追溯到新石器時代。或許是用來保存，或加入類似木桶陳化會產生的木質風味。或許也有療效，樹脂似乎能治療樹木的傷口，由此可知喝樹脂或許能治療體內疾病。羅馬的製酒師把雜七雜八的材料加進酒裡，除了樹脂，還包括乳香、沒藥和篤耨香樹（terebinth tree）的萃取物，松香就是用篤耨香樹製造的。

　　即使今日，在希臘也能找到一種浸泡松樹脂的酒，稱為松香酒（retsina）。希臘蓋婭酒莊（Gaia Estate）生產的松香酒稱為 Ritinitis Nobilis，以地中海白松（Aleppo pine, *Pinus halepensis*）的萃取物調味。菲奈特布蘭卡據說也含有一點松樹脂。

不過成分中有松樹的酒裡，最有趣的顯然是阿爾薩斯的松樹利口酒：松芽酒（bourgeon de sapin）。或許不是人人喜愛，不過這種擁有特別歷史意義的利口酒很稀少，調酒師很愛拿來實驗。（想像直接來一杯甜而醉人的聖誕樹。）澳洲 Zirbenz Stone 松樹利口酒的淡肉桂色調和花香正是來自瑞士石松（arolla stone pine, *Pinus cembra*），這種松生長在阿爾卑斯山的高處。按照蒸餾酒師的說法，生長五到七年才會收集松果，只會摘取不到四分之一的數量。收集的工作是由大膽的山區居民負責，他們在七月初辛苦越過阿爾卑斯山，爬上密生的松樹，來到有松果的地方，這時松果正好是最紅潤、香氣最強的時候。

皇家聖誕樹

根據萊拉‧葛瑞西（Lara Greasy）刊載於 2008 年 11 月號《Imbibe》雜誌的酒譜。

- 倫敦琴酒 ⋯⋯ 1½ 盎司
- 松樹利口酒（例如 Zirbenz Stone 松樹利口酒）⋯⋯ ½ 盎司
- 新鮮的迷迭香 ⋯⋯ 1 枝

把琴酒和松樹利口酒加冰塊搖盪，過濾並盛入雞尾酒杯。
用迷迭香樹細枝裝飾。

SENEGAL GUM TREE
阿拉伯膠樹

松屬　*Senegalia senegal,*
syn. *Acacia senegal*

豆科　Fabaceae

蘇丹沙漠裡長了一種帶刺小樹，功能五花八門，可以讓報紙的油墨附著在紙上，保存埃及木乃伊，也能安定軟性飲料裡的糖和顏色。它也是傳統阿拉伯膠糖漿中的主要成分，可以為調酒製造出一種順口柔滑的口感，防止糖分結晶。

　　不久以前，有超過一千種樹木被分類為金合歡屬（Acacia），幾乎全數來自澳洲。少數幾種來自歐、亞、非洲和南、北美洲較溫暖的地區。不過分類學家最近將金合歡屬拆成幾個不同的屬，由於這個決定太具爭議，因此出現了許多請願書，植物學家公開彼此抨擊，平常沉悶的植物命名會議上，科學家被指為貪婪、腐敗。他們重組了金合歡屬，是以蘇丹農夫不再種植 Acacia senegal，他們現在種的是 *Senegalia senegal*。阿拉伯膠的英文原來是 Acacia gum，恐怕也得更改了。

　　植物學的爭論不是這種植物面臨的唯一爭論。阿拉伯膠樹生長在蘇丹，因此陷於無情戰火的中心。生膠產生的方式是割傷樹木，然後用人力收集冒出的樹脂塊，而那地區的戰爭威脅了生膠的生產。1997 年，美國國務院警告奧薩瑪‧賓‧拉登可能在阿拉伯膠公司（Gum Arabic Company）投資鉅額，這個所屬於政府的獨占企業將阿拉伯膠外銷歐洲，再進行處理。但這家企業否認與恐怖分子有關連。經過軟性飲料產業的強烈遊說，才修改了對蘇丹的經濟制裁，對阿拉伯膠網開一面。

對阿拉伯膠樹的另一個威脅是氣候變遷——乾旱的狀況日益嚴重，蘇丹的阿拉伯膠生長區域因此成了更小的帶狀。農業援助人員努力擴大阿拉伯膠樹的棲地，教導農夫用特別的集水技術種植「膠樹園」，幫助阿拉伯膠樹靠著微乎其微的降雨存活，產生足夠支撐一個家庭的阿拉伯膠。農夫也必須對抗蝗蟲、白蟻肆虐、真菌病害，還有飢不擇食的山羊和駱駝。

　　這種樹木的樹高六公尺，主根卻能深入地下三十公尺，所以能在嚴苛的沙漠環境中生存。小型葉片有助於減少水分散失，而傘型的樹冠則讓這些葉片曝露於最多的陽光下，徹底利用葉片的面積。又甜又黏的阿拉伯膠對樹木本身也有用處，有助傷口癒合，防止昆蟲侵害，並且抵抗病害。

　　埃及人在西元前 2000 年左右，發現割傷樹皮會讓樹處於逆境，產生更多的樹膠。他們用這種膠製作墨水，混進食物中，並且當成製作木乃伊的黏著劑。（法文的古字 gomme 來自樹膠更古老的字彙——埃及文的 komi，和希臘文的 komme。）阿拉伯膠持續被用來做墨水、顏料和其他工業產品中的結合劑，也是藥用糖漿、醬料、錠劑裡的乳化劑。烘焙師在冰淇淋、糖果和糖霜裡加入阿拉伯膠，不久後，香甜的阿拉伯膠糖漿（sirop de gomme）就成為調酒裡好用的成分。這種糖漿能增添一種絲滑的口感，絕非簡易糖漿所能媲美。

　　阿拉伯膠以調酒專用糖漿的成分捲土重來，不過在家裡自己調配並不困難。食用級的阿拉伯膠可以在香料店或烘焙材料店買到。（材料行賣的阿拉伯膠品質比較差，通常用在美術製作。）

阿拉伯膠糖漿

- 食用級阿拉伯膠粉 ⋯⋯ 2盎司
- 水 ⋯⋯ 6盎司
- 糖（或酌量減少） ⋯⋯ 8盎司

把阿拉伯膠和2盎司的水在平底鍋裡混合，加熱到快要沸騰，讓阿拉伯膠溶解後倒出，待涼。用糖和4盎司的水在平底鍋製作簡易糖漿。把糖漿煮滾，讓糖溶解。把阿拉伯膠的混合液加進去，加熱兩分鐘，靜置冷卻。有些人喜歡等量的水和糖做成的簡易糖漿，所以可以先做少量，然後按口味調整。冷藏保存，至少可以放幾個星期。

SPRUCE
雲杉

雲杉屬　*Picea* spp.

松科　Pinaceae

1930 年代前，人們還不清楚缺乏維生素 C 會導致壞血病，不過船長有時能靠著遠航前囤積檸檬和萊姆來防止這種疾病。無法取得柑橘類時，他們會用其他的維生素 C 來源取代，包括雲杉嫩綠的枝梢。

詹姆斯・庫克（James Cook）船長在他的船員身上實驗了他從植物學家喬瑟夫・班克斯（Joseph Banks）那裡得到的一個配方。這配方是將雲杉嫩枝和一點茶葉加水煮沸，改善風味，之後摻入糖蜜和一些啤酒或酵母，使之開始發酵。庫克在他的日誌中寫道，漿果或雲杉啤酒治好了船員的壞血病。

珍・奧斯汀（Jane Austen）對雲杉啤酒很熟悉，她 1809 年寫給她姊姊的信裡提到釀造了「一大桶」的雲杉啤酒。《艾瑪》（*Emma*）一書中的關

鍵時刻，甚至圍繞著雲杉啤酒的酒譜：奈特利先生和埃爾頓先生分享一份酒譜，埃爾頓先生跟艾瑪借了筆寫下。在珍·奧斯汀的經典轉折裡，她的朋友哈麗葉偷了埃爾頓先生用過的筆，寫下配方，留作紀念。後續這橋段的重要性就會顯現出來。

十八、十九世紀的日誌中充滿雲杉啤酒的酒譜。許多人都認為班傑明·富蘭克林發明了這種啤酒的其中一份酒譜，不過這並不是他的發明。他在擔任駐法大使時，從一本食譜《簡單易懂的烹飪藝術》(*The Art of Cookery Made Plain and Easy*)裡抄出了幾份酒譜，這本書是由漢娜·格拉斯(Hannah Glasse)於1747年寫成。(順道一提，格拉斯寫了不少富蘭克林遺漏的有趣酒譜，包括 Hysterical Water，這種酒裡有歐防風、牡丹、檞寄生、沒藥和乾燥的馬陸，作法是將這些材料浸泡在白蘭地裡，「酌量加糖」。)富蘭克林從來沒打算把她的酒譜據為己有，只是抄下來自己用。然而後人在他的文件中發現這個酒譜，而建國勳貴創造雲杉酒譜的故事太棒了，令人難以抗拒。現代重新創造的酒譜只列出他的名字，卻漏了漢娜·格拉斯。

雲杉這種樹很古老，可以追溯到侏儸紀晚期，大約一千五百億年前。不同的植物學家有不同的意見，總之現在的雲杉屬裡大約有三十九個種，分布在亞洲、歐洲和北美比較寒冷的地區。雲杉和許多針葉樹一樣生長緩慢，如果沒死在鏈鋸下，可以活到驚人的高齡。世界上最老的神木是一棵挪威雲杉，根系的年齡約有九千九百五十年。

雲杉會產生抗壞血酸(ascorbic acid)，以及其他有助於防止壞血病、促進維生素C吸收的養分，這是一種幫助它們在寒冷中存活、長毬果的防禦機制。紅雲杉(red spruce, P. rubens)和黑雲杉(black spruce, P. mariana)含有高濃度的維生素C，但FDA只核准黑雲杉和白雲杉(white spruce, P. glauca)為安全的天然食品添加物。外行人眼裡，雲杉可能和其他含有劇毒的針葉樹(例如紅豆杉)很像，所以手工釀造者在森林裡採集之前，最好先請教專家。

SUGAR MAPLE
糖楓

糖楓　*Acer saccharum*

楓樹科　Aceraceae

1790年，湯瑪斯‧傑佛遜買了二十公斤的楓糖加在他的咖啡裡。看似廚房裡的決定，卻有政治考慮——他的朋友兼獨立宣言的共同簽署人班傑明‧羅許醫生（Dr. Benjamin Rush）催促他提倡用自家種的楓糖取代蔗糖，因為蔗糖是奴工的產物。

湯瑪斯‧傑佛遜雖然也蓄奴，但他明白這個主意蘊涵的智慧。他寫信給他的朋友，英國外交官班傑明‧沃恩（Benjamin Vaughan），說美國有大片土地「密密麻麻長滿了糖楓」，而收取楓糖「不需要女人、小孩之外的勞力……把只需要兒童勞力的一種糖，取代據說非得用上黑人奴隸的糖，何樂而不為」。

用童工取代奴隸，可能並不是早期美國人那麼喜歡楓糖的唯一原因。

楓糖被視為營養的甜味劑——楓糖漿裡含有鐵、錳、鋅和鈣，還有抗氧化劑與多種揮發性的有機芳香物質，讓楓糖有股奶油、香草的風味，以及在橡木桶裡熟成的酒當中也會出現的溫暖木質辛香。雖然提倡戒酒的羅許醫生不會贊同，不過楓糖漿也能釀成美酒。有些人說他們看過伊羅奎（Iroquois）人用樹液做出輕微發酵的飲料，不過這在北方的部族並不尋常，他們在接觸歐洲人之前很少碰酒。但拓荒者顯然著手釀酒了——有個1838年的配方講到濃縮楓樹汁，在大麥無法取得的時候加入小麥或裸麥，並加入啤酒花，發酵之後在大桶裡熟成。

　　糖楓這種楓樹原產於北美洲，而全世界約有一百二十種已知的楓樹。大部分的楓樹其實原生於亞洲（例如很受歡迎的紅葉日本楓〔*A. palmatum*〕），雖然有許多歐洲種，但都不會產生那麼美妙的甜樹汁。他們直到拓荒者看到伊羅奎人劃開楓樹收集楓糖，才看出利用楓糖的潛力。

馴鹿

- 紅酒 ⋯⋯ 3 盎司
- 威士忌或裸麥威士忌 ⋯⋯ 1½ 盎司
- 楓糖漿 ⋯⋯ 少許

把所有材料加入冰塊一起搖盪後過濾。這個酒譜有個變化版，是改成等量的波特酒和雪莉酒，少許白蘭地，少許楓糖漿。要怎麼實驗都行，不過務必使用天然的楓糖漿，別用人造楓糖漿。

糖槭樹的邊材（也就是樹幹外側還在生長的部分）很特殊，有空洞的細胞，細胞在白天裡充滿二氧化碳。寒冷的晚上裡，二氧化碳的體積縮小，產生真空，把樹汁往上吸。如果隔天天氣溫暖，樹汁又會往下流，糖槭農就知道要採收樹汁了。樹汁煮滾，製成糖漿，或是繼續加熱，做出楓糖。

　　加拿大魁北克省（Québec）以他們的楓糖傳統聞名。馴鹿調酒（Caribou）這種家喻戶曉的冬日飲料是用葡萄酒、威士忌和楓糖漿做成的。這個地區產的浸泡楓樹的威士忌利口酒和生命之水，以及楓糖酒與啤酒都很值得一嚐。佛蒙特州也產出優良的楓糖酒，包括創意無限的佛蒙特酒廠（Vermont Spirits）出產的上好楓樹伏特加。這間蒸餾酒廠也用他們從乳糖蒸餾出的佛蒙特白伏特加（Vermont White），讓佛蒙特州的酪農業不至於沒落。

果實

果實：

花的卵細胞形成，之後子房成熟形成果實。通常有肉質或
硬質的外壁，包覆著一或多個種子。

APRICOT

杏

杏　*Prunus armeniaca*

薔薇科　Rosaceae

替自己倒一杯阿瑪雷多（amaretto），這種酒的風味非常好辨識：是扁桃，對吧？恐怕不是。世上最受歡迎的阿瑪雷多──Amaretto di Saronno 裡的扁桃味其實來自杏核。

扁桃有甜有苦，苦扁桃的品種有高濃度的苦杏素（amygdalin），在腸胃裡會變成氰化物。杏仁也可以分成甜和苦兩種。美國種植的多數品種都是為了杏的果實而種植，果核是苦的。不過地中海地區比較容易找到甜杏核或甜杏仁的品種。把甜品種的果核剖開，裡面的核仁（也就是種子）外觀和味道都很像它的近親：甜扁桃。

杏樹從大約西元前4000年起就在中國被栽培，到了西元前400年，農人開始選擇特定的品種。距今超過兩千年前，杏樹傳到了歐洲。現在有

瓦倫西亞

1927年，國際調酒師工會（International Bartenders Union）在維也納聚會，舉辦一場調酒比賽。優勝者是德國人強尼·漢森（Johnnie Hanson），他調製的飲料混合了杏桃白蘭地、柳橙汁和柳橙苦精。歐洲的調酒師把這消息傳到美國，對反沙龍聯盟（anti-saloon league）碰碰帽子致意，先謝謝他們鼓吹禁酒，因為禁酒只會讓更多喝酒的人跑到歐洲。

瓦倫西亞被納入經典的1930年《薩伏依雞尾酒手冊》（*Savoy Cocktail Book*）。在這本書裡，搭配的是真正用杏桃做的澳洲利口酒。現榨的果汁當然不可或缺。

- Rothman & Winter Orchard 杏桃利口酒 ⋯⋯ 1½ 盎司
- 現榨的柳橙汁 ⋯⋯ ¾ 盎司
- 柳橙苦精 ⋯⋯ 4 毫升
- 柳橙皮

將除了柳橙皮之外的所有材料加冰塊搖盪，過濾到雞尾酒杯。用橙柳皮裝飾。《薩伏依雞尾酒手冊》裡的作法是把成品倒進高球杯，加入不甜的西班牙卡瓦氣泡酒或香檳。艾瑞克·艾勒斯塔德（Erik Ellestad）這位調酒作家在他的部落格「Savoy Stomp（savoystomp.com）」記錄了撰寫《薩伏依雞尾酒手冊》書稿的過程。他建議的變化版或許更出色：使用等量（各¾盎司）的柳橙汁、杏桃利口酒和雅馬邑白蘭地（Armagnac），柳橙苦精則改成安格斯圖拉苦精，最後加入卡瓦氣泡酒。

數百種品種，許多適應了單一的特定地區。英國有個最老的甜杏仁栽培種 Moor Park，至少可以追溯至 1760 年。在 Moor Park 之前最受歡迎的品栽培種是 Roman（羅馬人），其實是在古羅馬培育出來的。

用杏替酒調味的傳統，似乎在杏樹一傳入西方就發展出來了。在杏仁酒（Ratafia）最早期的一些酒譜裡，需要把杏仁和肉豆蔻皮、肉桂和糖一起浸泡在白蘭地裡，不久就發明了阿瑪雷多。直到現在，許多這類的酒仍然是用杏仁而不是扁桃製成。法文中的 noyau（複數是 noyaux）就是指核果的核，而取了這個名字的利口酒則通常是用杏仁做的。果核利口酒（Crème de noyaux）雖然出現在老式調酒的酒譜裡，但在美國幾乎找不到，法國蒸餾酒廠 Noyau de Poissy 製造兩個不同的版本，只是恐怕需要去法國走一趟才能買到。

杏的果實本身當然也可以釀造白蘭地、生命之水和利口酒。瑞士的杏桃烈酒稱為 abricotine。以白蘭地的現代定義而言，稱為杏桃白蘭地的烈酒應該是由杏桃發酵蒸餾而成。不過十九世紀和二十世紀初的時候，杏桃白蘭地和桃子白蘭地其實是用葡萄釀製的白蘭地摻入果汁。事實上，1910 年有一個摻果汁的杏桃白蘭地使用調味成分的案子，率先援引了 1906 年通過的食品藥物法案。這個歷史細節，對於想重新調配出禁酒時期飲料的調酒愛好者有某種重要性——需要杏桃白蘭地（或桃子白蘭地）的酒譜，其實可能是指比較接近甜利口酒的飲料，並非酒精濃度高而澀的白蘭地。

BLACK CURRANT
黑醋栗

黑茶蔍子　*Ribes nigrum*

茶蔍子科　Grossulariaceae syn.

Saxifragaceae（虎耳草科）

修道院的女院長兼植物學家聖賀德嘉修女（St. Hildegard）在十二世紀寫下這段文字，建議用黑醋栗的葉子治療關節炎，「如果有痛風困擾，可以取等量的黑醋栗葉和紫草（comfrey），用研缽磨碎，加進狼的油脂。」將這種植物和狼的油脂混合可以治療，和酒混合卻更受歡迎。黑醋栗就是黑醋栗利口酒（Crème de cassis）這種深紅色、甜如糖的利口酒裡唯一的調味。

　　歐洲黑醋栗並不是原產自法國第戎（Dijon）地區的植物，而是來自比較寒冷的北歐國家，以及北亞、中亞的部分地區。不過第戎的農人更上一層樓，讓這種植物結出的果實更小，顏色更深更飽滿，滋味更濃郁。

　　除了中世紀的配方之外，最初用這種果實做成的利口酒是黑醋栗白蘭

地（ratafia de cassis），混合了白蘭地和黑醋栗，將黑醋栗在酒裡浸泡六星期，過濾之後加入糖漿。今日的黑醋栗利口酒是將果實碾碎，在烈酒裡浸漬兩個月（通常是中性的葡萄烈酒）。之後榨乾果實，釋出殘餘的果汁，然後過濾。利口酒抽到另一個桶子裡，混合甜菜糖和水，調整甜度，讓酒精濃度來到大約 20%。

　　一夸脫的瓶子可能含有將近五百公克果實的萃取物。高檔的「超級黑醋栗」（supercassis）利口酒，果實萃取物的含量可能是一般的兩到三倍，使利口酒更濃郁、果香更強烈。判斷黑醋栗利口酒品質的方式，是把酒瓶搖一搖，觀察利口酒覆著在酒瓶上的情形，超級黑醋栗會留下濃濃酒紅色的糖漿。第戎的廚師不只喝黑醋栗利口酒，他們還會把酒倒在白乳酪上，或加入紅酒燉牛肉裡。

必也正名乎——黑醋栗與葡萄乾

Currant 這個字在美國有時是指沒有籽的小葡萄乾。這是和黑醋栗沒有關係的茶藨子屬（Ribes）乾燥葡萄。

　　黑醋栗在十九世紀突然大受歡迎。法國的酒館常常在每張桌上放上一瓶黑醋栗利口酒，讓顧客加進他們自己的飲料裡。第二次世界大戰之後，第戎市長菲利克斯・基爾（Félix Kir）每次都為來訪的顯貴倒一杯黑醋栗利口酒和白酒混合的飲料。這種飲料逐漸變得世界知名，為了紀念他，現在稱為基爾（Kir）。

　　黑醋栗真正的治療用途大約也是在當時才比較為人所知。第二次世界大戰及戰後，英國的柳橙短缺，利賓納（Ribena）這種黑醋栗汁開始免費供應給孩童。利賓納有大量的維生素 C、抗氧化劑和其他健康的物質，讓許多兒童不至於營養不良。黑醋栗的果實現在仍然標榜為「超級食物」

黑醋栗利口酒（Crème de cassis）裡
為什麼沒有鮮奶油（cream）？

◆ CRÈME DE：Crème 這個字加上一種水果的名字，在歐洲是指利口酒，每公升酒中最少含有兩百五十克的轉化糖（一種糖漿），酒精濃度至少15%。不過黑醋栗利口酒每公升至少要含有400克的轉化糖。

◆ CRÈME：以前有些非常甜的利口酒，將商品名稱取為 crème cassis 或在 crème 後面加上其他水果名稱，表示其中的含糖量更高。這名詞沒有官方法定的定義，不過通常是指特別甜的利口酒。

◆ CREAM：酒瓶上標著 cream 字樣的利口酒（例如愛爾蘭奶油〔Irish cream〕），含有乳固形物。

◆ LIQUEUR：根據法律上的定義，crème 這個字在美國被利口酒（liqueur）或甘露酒（cordial）取代，這兩種酒都是指調味的甜蒸餾酒，酒中含糖的重量比濃度至少是2.5%。

自己動手種

黑醋栗

全日照／半日照

低水量或經常灌溉

耐寒至 −32℃／−25℉

　　叢叢類似小粒葡萄的果實。最適合生長在肥沃、潮濕、微酸性的土壤中，需要經常覆草護根，偏好全日照、經常灌溉，耐寒至 −32℃／−25℉。

　　一年以上的枝條才會結果，因此新生的枝條必須一整年不要動，讓它長出果實。黑醋栗最好在乾燥結實的時候採下，成熟的樹叢每年可以產生四公斤的黑醋栗。冬天裡，把二到四年生的枝條剪去地上部，選擇一些比較老的枝幹，修剪到年輕側枝萌發的部位。如果樹叢不再結果，可以把整個地上部修剪掉，等兩年之後會再次結果。

　　去當地的果樹苗圃選擇最適合當地氣候、對當地病蟲害抗性最好的品種。Noir de Bourgogne 是最常用來做法國利口酒的品種，不過在美國很難取得，也不大適合美國各地的氣候。班羅蒙（Ben Lomond）和 Hilltop Baldwin 這兩種栽培種也很強健優良。美國原生的黑醋栗，包括香茶藨子（clove currant, *R. odoratum*）和美國黑醋栗（*R. americanum*）都會產生可以食用的漿果，但沒那麼常加入利口酒。

　　紅醋栗和白醋栗也很值得種，適合當調酒的裝飾品，或直接從樹叢上摘下來當成小點心。珍珠似的白醋栗 Blanca 可以釀造一種醋栗酒，而 Jonkheer Van Tets 這種紅醋栗的生命力旺盛、滋味豐富。

（superfood），被認為有助於對抗許多疾病。

黑醋栗和黑醋栗做的利口酒在美國的知名度並不高，一部分原因是由於農業法反覆無常。黑醋栗是白松泡鏽病（White pine blister rust）這種病害的宿主，而這種病害會害死東部的松樹。病害無法自行在松樹之間傳遞，必須先傳到黑醋栗灌木，產生一種特別的孢子，使之能夠再度感染松樹。1920年代，木材工業發起遊說活動，希望禁止種植黑醋栗，但其實簡單的育林施業就能打斷病害的循環。孢子可以從松樹飛到最多五百六十公里外的黑醋栗灌木，但從黑醋栗灌木要往松樹的方向飛回去，卻只能飛三百公尺。因此阻止病害傳布的辦法很簡單，只要別讓森林裡的黑醋栗進入松樹周圍三百公尺之內就好。至少有兩成的松樹有天然抗性，而孢子飛散時如果天氣格外潮濕，才會感染其他松樹。

1966年，全美的禁令解除，不過許多州仍然有這種限制。康乃爾大學的農業學家史蒂芬・麥凱（Steven Mckay）學生時代在歐洲旅行，對黑醋栗有很美好的回憶。他致力於廢除黑醋栗的種植限制，鼓勵農民種植這種作物。現在有抗病的品種、現代的殺真菌劑，加上了解這種病害如何傳播，使得泡鏽病已經成為過去式。但東岸仍然有幾個州繼續禁止種植黑醋栗灌木。

黑醋栗在歐洲還陷入另一個著名的法律糾紛。黑醋栗是歐盟成立早期一件極為重要的法律案件議題。法國的黑醋栗利口酒（Crème de cassis）是在酒精濃度15～20％時裝瓶，但有個出口商發現商品在德國無法當成「利口酒」販售，因為在德國，利口酒的酒精濃度必須在25％以上。接著在1978年的案件（現在稱為第戎黑醋栗酒案〔Cassis de Dijon case〕）決定一個成員國通過的法律必須在另一個成員國裡通過，建立相互承認的原則，為歐盟成員國之間更熱絡的貿易鋪路。

基爾

- 不甜的勃根地白酒（例如阿里哥蝶〔Aligoté〕，或其他不甜的白酒）
  …… 4盎司
- 黑醋栗利口酒 …… 1盎司

把黑醋栗倒進葡萄酒杯，加入白酒。調整至適當的比例。皇家基爾（Kir Royal）用香檳取代葡萄酒；紅酒做的共產基爾（Kir Communiste）需要薄酒萊（beaujolais）；諾曼第基爾（Kir Normand）則是在這種利口酒中加入蘋果酒。如果想要不那麼烈的酒，可以將一份的黑醋栗利口酒混合四份的氣泡水。

CACAO
可可

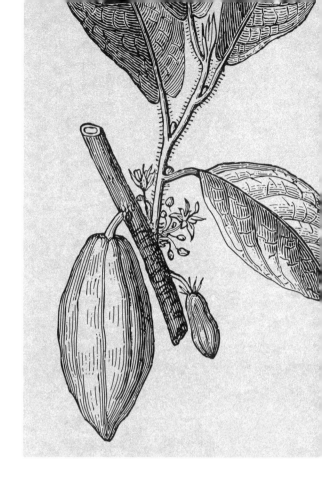

可可樹　*Theobroma cacao*

錦葵科　Malvaceae

可可是世上最不可思議的果實。可可來自一種熱帶的常綠喬木，喜歡生長在赤道兩旁，北緯和南緯10度之間的位置。成熟時，一季會開一萬朵花。只有不到一半的花會成熟結果，而且需要經過搖蚊或特定種的螞蟻授粉。

果實是巨大的果莢，大小和形狀都和足球類似。每個果莢裡面有六十顆可可豆，外面包覆著柔軟的果肉。果漿富含糖分和脂肪，會吸引鳥和猴子。可可豆帶有苦味，因此對哺乳類沒那麼具有吸引力，會被留下來發芽。

不只叢林動物喜歡多汁的果莢。如果讓果莢掉在地上不去管，可可會自動發酵。西班牙探險家在瓜地馬拉驚訝地發現獨木舟裡裝滿了可可果

實，果實會發酵，直到獨木舟裡充滿「大量的酒，滋味滑順，又酸又甜，最能消暑。」西班牙人來到這裡找黃金，卻找到了簡直和黃金一樣美好的巧克力。

自然界產生天然的巧克力和酒，可是天大的奇蹟。直到今天，巧克力的作法仍然是讓可可豆發酵幾天，使之產生更濃郁、複雜的風味。之後會將可可豆乾燥、烘烤、壓開，分離可可碎粒（可可豆多肉的部分）。碎粒會磨成粉末或糊狀，加上少許的糖，這就是黑巧克力。如果加入牛奶，就是牛奶巧克力。如果提取出其中的脂肪（可可脂），加入糖，就是白巧克力。

現今，巧克力也被加入了一些糖漿狀的甜利口酒。糟糕的是，太多酒吧賣一種恐怖的調酒——巧克力馬丁尼。喝之無妨，但其實可以用更細緻、更巧妙的方式品味巧克力酒。角鯊頭釀酒廠生產一種巧克力啤酒——Theobroma，從古代奧梅克（olmec）酒譜的重新創作。他們的配方根據可以追溯到西元前 1400 年的陶器殘留物分析，加上西班牙探險家報告中的一點線索，其中含有蜂蜜、辣椒、香草和胭脂樹紅（annatto）。胭脂樹紅是一種紅色的香料，來自胭脂樹（Bixa orellana），這種樹也是起司和其他加工食品的天然食物色素。巧克力啤酒帶有土味和香料味，以及隱約的巧克力味道。

想在酒裡運用巧克力，有一種比較現代而優雅的方式。美國波特蘭的 New Deal Distillery 的泥潭（Mud Puddle）是無加糖的浸泡酒，把烤過的可可碎粒泡進伏特加裡，得到純粹的巧克力風味，而且完全沒有令人生膩的甜味。

FIG
無花果

無花果　*Ficus carica*

桑科　Moraceae

無花果樹是古老又奇怪的植物。我們稱之為無花果果實的，其實完全不是果實，而是隱花果（syconium）──淚滴狀的植物組織，內部有叢集的細小花朵。只有把隱花果切開才看得到裡面的花，不過迷你的榕小蜂（fig wasp）知道怎麼從小孔鑽進去，替花朵授粉。這些花產生的果實，其實是我們咬下所謂的無花果時吃到的那種肉質、黏稠的組織。

　　搞混了嗎？還不止這樣呢。有些無花果需要藉著黃蜂授粉，才能結子、繁殖，但黃蜂會在這種果實的組織裡產卵，而且常常死在其中。因此無花果裡其實有細小的黃蜂屍體──恐怕不大吸引人。不過大約西元前11000年左右，有人注意到有些無花果樹可以完全不用授粉就產生果實。沒授粉當然會使這些無花果無法傳宗接代，因此人類必須剪下插條，幫助

它們生存，如此運作了數千年。

感謝我們在中東的石器時代祖先，現在我們用不著吃滿是黃蜂屍體的無花果，或是從蒸餾設備裡把牠們挑出來。今日的無花果可能完全沒授粉，也可能長出的花比較長，讓黃蜂不需要真正爬進去就能完成牠們的工作。

1560 年，無花果傳進了墨西哥，之後陸續在世界各地比較溫暖的氣候帶種植，品種數以百計。無花果乾一向是易於保存攜帶的營養來源，其中含有大量的蛋白質和重要維生素、礦物質。

無花果和幾乎所有水果一樣，也可以蒸餾。突尼西亞（Tunisia）的布卡（boukha）就是無花果白蘭地；土耳其的拉克酒（raki）是清澈的茴香風味烈酒，也是用無花果製成。1737 年的一份無花果利口酒酒譜，是將無花果與肉豆蔻、肉桂、肉豆蔻皮、番紅花和甘草浸在白蘭地裡，「直到所有的精華都被萃取出來。」當時有一份更古怪的酒譜，是把蝸牛加上牛奶、白蘭地、無花果和香料煮沸，給肺結核的人喝。即使治不好他們的病，至少也讓他們有別的事可以煩心。

幸好現代的無花果利口酒改良了不少——建議試試法國的無花果利口酒（Crème de figue）、無花果茴香酒（fig arak）和黑無花果伏特加（black fig-infused vodka），以及世界各地無花果產區製造的生命之水。

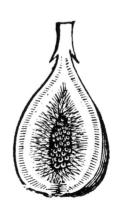

MARASCA
CHERRY
馬拉斯加櫻桃

馬拉斯加櫻桃　　*Prunus cerasus*

var. *marasca*

薔薇科　Rosaceae

在遙遠而微醺的過去，馬拉斯加櫻桃還不是加了人工色素染色且過甜的糟糕東西，而是一種稱為馬拉斯加的深色漿果，滋味酸而濃烈，主要生長在克羅埃西亞（Croatia）的札達爾城（Zadar）附近。那地區是以馬拉斯加櫻桃加少許的糖，發酵製成清澈的烈酒聞名，這種酒也就是黑櫻桃利口酒。接著櫻桃可以在利口酒裡浸漬保存──也就是正統的馬拉斯奇諾櫻桃。

　　想了解我們為什麼把馬拉斯奇諾櫻桃和義大利連在一起，需要上一堂簡短的歷史課。札達爾是亞德里亞海（Adriatic sea）的一個港都，由於具有地理優勢，札達爾時常遭到攻擊，附近幾乎所有國家都曾經占領這個城市。樂莎杜公司（Luxardo）是最知名的黑櫻桃利口酒製造商，他們的歷

史反映著該地區的歷史。這間蒸餾酒廠在 1821 年創立於札達爾，第一次世界大戰由義大利占領之前，一直是持續政治鬥爭的中心。許多克羅埃西亞的農民發現自己成了義大利人，於是理所當然地帶著他們櫻桃樹的插條和酒譜，逃往義大利。

第二次世界大戰的反覆轟炸之後，樂莎杜酒廠剩下斷垣殘壁。樂莎杜家族只有一個人倖存，他也去了義大利振興事業。現在許多義大利的蒸餾酒廠生產一種馬拉斯奇諾利口酒，多少是克羅埃西亞戰火頻仍的歷史結果。

FDA 的前身，食品與藥品檢查委員會（Board of Food and Drug Inspection）在 1912 年發布了一條規定，限制只有保存在馬拉斯奇諾中的馬拉斯加櫻桃才能標上「馬拉斯奇諾櫻桃」（Maraschino cherry）。美國農民喜歡又大又甜的櫻桃（屬於不同的種，歐洲甜櫻桃〔Prunus avium〕），他們發展出一種醃漬的作法，需要把櫻桃在二氧化硫裡脫色，不旦淡化了櫻桃的色澤，還失去彈性。為了解決問題，他們加入碳酸鈣讓櫻桃更結實（當時在油漆行很容易買到）。一份美國的農業報告指出，這樣剩下的東西只是「櫻桃形狀」的脫色纖維素，之後再用煤焦油染料染成紅色，用一種化學萃取核果得到的苯甲醛（benzaldehyde）調味，然後裝進糖漿裡。得到的不論是什麼，總之稱不上馬拉斯奇諾櫻桃。

不過多虧有禁酒令，情況變了。撙節運動和汽水製造商聯手，抵抗浸泡在烈酒裡的邪惡歐洲櫻桃。他們擁護用化學藥品處理過的「無酒精美國櫻桃，既沒有異國風味」，也不用「和某個異國省分做出的蒸餾物掛勾。這些蒸餾物的原料是由低薪佃農採集，處理、販售的過程會讓食物供應商和購買這種產品的人興致全消」。多虧了他們的努力，酒裡真正的馬拉斯加櫻桃在美國人腦中變得噁心，脫色再染色的櫻桃卻顯得健康。1940年，FDA 放棄反抗，同意任何經過化學處理、人工染色的罐裝櫻桃型纖維素都可以用馬拉斯奇諾櫻桃的品名販售。FDA 還允許罐子裡最多 5% 的櫻桃帶有蛆，他們稱之為「無法避免的瑕疵」。這樣的規定就像落井下

石。幸好，現在可以在食物專賣店買到樂莎杜和其他公司出產的正統馬拉斯奇諾櫻桃當作代替品，而且在家裡自製並不難。

　　亞洲或中歐都沒有原生的甜櫻桃，早期的考古學證據指向兩個地理位置：羅馬時代至少有十種品種。酸櫻桃也已經在歐洲種植了超過兩千年。

　　雖然美國各地都種植櫻桃，但奧勒岡州的氣候最有利於櫻桃生長。奧勒岡州櫻桃產業的一個早期先驅是賽斯・勒維林（Seth Lewelling），他在1850年和他的家人從印地安那州來到奧勒岡。勒維林是植物學家，幫忙當地一個新的反奴隸政治組織「共和黨」（Republican party）開啟了新的一章。他因為反對蓄奴而被稱為「黑共和黨人」（black Republican）。他告訴他的批評者，他會讓他們好好享受這名詞的滋味。他將一個櫻桃的新種命名為黑共和黨人（Black Republican）讓他們不得不把自己說的話吞下去。「黑共和黨人」曾經是最常用來做罐頭、醃漬的櫻桃，不過現在皇家安（Royal Anne）和萊尼爾（Rainier）比較常見。

自製馬拉斯奇諾櫻桃

去籽的乾淨櫻桃（盡量用酸櫻桃）。

將櫻桃鬆散地放進乾淨的廣口玻璃瓶。

將馬拉斯奇諾櫻桃利口酒（或白蘭地或波本酒）倒在櫻桃上，直到完全蓋過櫻桃。

密封罐子，放進冰箱，四星期之內使用完畢。

櫻桃酒指南

櫻桃和幾乎所有水果一樣，發酵、蒸餾的方式不勝枚舉。以下幾種方法值得一試：

◆ **櫻桃白蘭地／CHERRY BRANDY**：通常是指櫻桃利口酒，也就是把櫻桃和糖浸在白蘭地之類的基酒中。櫻桃喜靈（Cherry Heering）是個好例子，這種酒用杏仁和香料調味。美國水果酒廠（American Fruits）的酸櫻桃甘露酒（Sour Cherry Cordial）也是另一款出色的櫻桃利口酒。

◆ **櫻桃酒／CHERRY WINE**：釀造櫻桃酒的原料是櫻桃而不是葡萄。其中最知名、或許也是最正統的，是克羅埃西亞的馬拉斯加櫻桃酒。

◆ **GUIGNOLET**：法國櫻桃利口酒，通常是用又大又甜的紅色或黑色的長柄黑櫻桃（guigne）品種。

◆ **KIRSCH／KIRSCHWASSER**：加入櫻桃核發酵的清澈白蘭地或生命之水，增添了淡淡的杏仁風味。生產於德國、瑞士等地，有時僅用櫻桃生命之水當作品名。

◆ **馬拉斯奇諾／MARASCHINO**：不特別甜的利口酒，蒸餾或浸漬馬拉斯加櫻桃製成，通常經過二次蒸餾使之變得清澈。樂莎杜是少數幾家製造馬拉斯奇諾利口酒的蒸餾酒廠。

布魯克林雞尾酒（混合版）

- 裸麥威士忌或波本酒 …… 1½ 盎司
- 澀味苦艾酒 …… ½ 盎司
- 黑櫻桃利口酒 …… ¼ 盎司
- 安格斯圖拉苦精或柳橙苦精 …… 2～3 盎司
- 馬拉斯奇諾櫻桃 …… 1 顆

除了櫻桃之外的材料都加入冰塊攪拌，過濾裝進雞尾酒杯，用櫻桃裝飾。純正主義者會提出異議，説按照傳統，布魯克林是用皮康苦酒（Amer Picon）這種苦味的柳橙開胃酒調配，而不是安格斯圖拉苦精或柳橙苦精。如果可以拿到皮康苦酒，務必加入 ¼ 盎司。不然的話，這個版本其實也很不錯，可以透過兩種方式利用馬拉斯加櫻桃。

自己動手種

櫻樹

全日照／半日照

低水量或經常灌溉

耐寒至 −32℃／−25℉

　　櫻樹共有至少一百二十種，許多種不是為了得到果實而種植。例如華盛頓特區春天綻放的櫻樹主要是吉野櫻（*Prunus* × *yedoensis* 'Yoshino Cerry'）和關山櫻（*P. serrulata* 'Kwanzan'）這兩種日本櫻。大部分的栽培種都會產生無法食用的小型果實，或根本就不孕，因此完全不會產生果實。歐洲酸櫻桃（Sour cherry, *P. cerasus*）無法和甜櫻桃樹雜交，但其實可以自花授粉，也就是不需要附近另一棵樹的花粉。

　　酸櫻桃的品種可以概略分成 morello（顏色較深）和 amarelle（顏色較淺）兩類。這兩類各有幾百種栽培種，大多適應特定的氣候。馬拉斯加是 morello 的一種，在美國不常販售，不過在後院種樹的果園經營者大可以依據當地氣候，選擇其他酸櫻桃代替，例如蒙特羅西（Montmorency）、北極星（North Star）或英國莫雷羅（English Morello）。

　　櫻樹的砧木可以分矮種或正常大小。選擇砧木時，務必參考現有的空間。別忘了，鳥類喜歡啄食樹上的櫻桃，所以矮種的櫻樹或許比較容易用網子保護。記得確認需不需要另一棵樹幫忙授粉。

　　櫻樹在晚春時需要稍微修枝，讓枝幹分布均衡，所需器材可以跟園藝中心或農業推廣處購買。切記不能在冬天進行修枝，否則會引來病害入侵。

PLUM
歐洲李

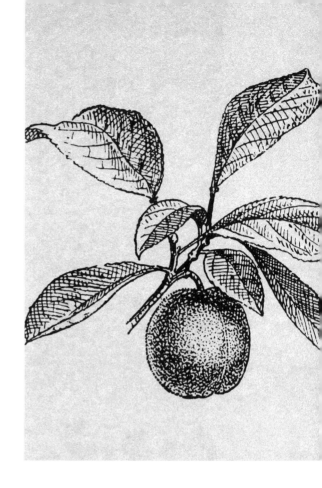

歐洲李　*Prunus domestica*

薔薇科　Rosaceae

美國人想到李子的時候，想到的是日本李（Prunus salicina）的品種。這些又大又甜，果肉紅或金黃的李子是二十世紀最著名的植物育種師路德・博班（Luther Burbank）所研發。博班從他在加州聖羅莎（Santa Rosa）的農場裡培育出八百種植物的新品種，包括大濱菊（Shasta daisy）、棕皮布爾班克（Russet Burbank potato）和聖羅莎李（Santa Rosa plum）。其實美國現在種植的李子，幾乎都是博班培育的成果，是他 1887 年從日本引進的幼樹雜交的後代。

這些李子雖然了不起，但我們吃得卻不多。一般美國人每年只吃不到五百公克的李子，用在酒裡的更少。一些大膽的蒸餾酒師正努力改善這個現象。

歐洲李（European plum, *P. domestica*）用在酒精飲料的歷史已經很悠久。歐洲李有超過九百五十個品種以及許多亞種，它們的名字和分類都時常變動。對一般飲酒人最重要的李子包括歐洲李這個種的四個成員：藍紫色卵形的西洋李（damson，這名字來自 Damascus，代表古代源自敘利亞），金黃小型的黃香李（mirabelle）、圓形而顏色多樣的野李（bullace），還有淡萊姆色的青梅李（greengage）。前三種通常歸於 insista 亞種，青梅李則在 italica 這個亞種之下，不過還有爭議。西洋李、黃香李、野李和青梅李有許多品種，即使果農也未必能辨識所有的品種，問農民他的果園裡種了什麼品種的西洋李，他可能只會聳聳肩。

不過這些李子都能做出美妙的利口酒、生命之水和白蘭地。美國琴酒公司（American Gin Company）生產的新 Averell Damson Gin Liqueur 是用日內瓦種植的西洋李製造。西洋李酒或浸泡西洋李的白蘭地可以追溯到1717年，到了十九世紀晚期，西洋李琴酒在英國鄉間是很普遍的飲料。雖然是甜的利口酒，但甜而不膩——現代的上好西洋李琴酒明亮純淨，展現了野生天然的李子風味。西洋李、青梅李和野李都在英國籬笆茂盛之處生長，兩種都可用來做自製或商業生產的利口酒。

青梅李在植物學方面有個不解之謎。許多十九世紀的植物學期刊聲稱青梅李的名字「greengage」來自蓋奇（Gage）家族，他們在1725到1820年間（不同文獻中的時間不同）把這種樹從沙特勒斯（Chartreuse）修道院帶回英國。這個趣聞足以讓有創意的調酒師忙著發明出結合李子生命之水和蕁麻酒的調酒，只可惜無法證明這個說法的真偽。1820年記載的英國水果歷史寫道，蓋奇家族成員在修道院挖了一些樹，運回薩福克郡（Suffolk）的亨格雷夫莊園（Hengrave Hall）。運送途中顯然有張標籤掉了，而法國的克勞德王后李（Reine Claude）就這麼被標上「Green Gage」以說明水果的顏色，並且標示種植的莊園。也有人說蓋奇家的另一個旁系在他們的費勒莊園（Firle）發生過類似的事情。

我們只能確定，「青梅李」（gage plum）在1726年出現於園藝文獻

中，因此在那之前已經種植於英國，也就是說，如果蓋奇家與沙特勒斯修道院的標籤混淆事件確有其事，也是早於 1725 年以前，否則李子根本來不及種下、長出果實，更別說吸引園藝家的注意了。一份早期的記載（1693 年的英國植物目錄）提過青梅李，顯示應該有前幾代的蓋奇家族也參與其中。二十世紀初，皇家園藝學會的副會長亞瑟‧西蒙斯（Arthur Simmonds）果敢地澄清了這個混亂，他的結論是，在前往沙特勒斯以及標籤混淆的多年間，植物學文獻中提到的蓋奇家可能人選若不是已經離世、太年老，就是依然年幼。蓋奇家族和青梅李之間的關連，目前為止仍然只是臆測。

法國金黃色的黃香李是洛林（Lorraine）地區的特產。在附近的阿爾薩斯，當地產的李子是紫香李（quetsche），有著紫羅蘭色的外皮和黃綠果肉。這兩種李子都可以製作果醬、水果派、糖果、利口酒和美妙的生命之水。西歐國家著名的 slivovitz 是通過猶太認證的藍李（blue plum）白蘭地，常常加入整顆水果和果核蒸餾，因此有一種淡淡的扁桃膏（marzipan）香氣，有時會在橡木桶裡熟成，增添香草和香料的風味。slivovitz 的便宜仿冒品是用糖釀製的劣酒和李子汁做成，得到的評價自然很差，不過上好的李子白蘭地或生命之水則是令人驚喜的享受。

其他李屬（Prunus）的植物也用於製作利口酒。例如日本梅酒通常是用梅子（*P. mume*）製成，這種中國種的李屬植物和杏的親源比較接近。混合糖和燒酒（米、蕎麥或番薯做的酒，裝瓶時的酒精濃度是 25%），並且將梅子浸泡在其中，靜置一年後再飲用。雖然市面上可以買到梅酒（有時瓶子裡還泡著梅子），但果實成熟的時候，許多人仍會在家裡自己釀造。

QUANDONG
檀香

密花澳洲檀香
Santalum acuminatum

檀香科　Santalaceae

這種植物原生於澳洲，是半寄生植物，也就是植物體部分（並非全部）的養分是吸收自其他植物。檀香可以在貧瘠的土壤茂盛生長，根部長向附近的樹或灌木，穿透它們的根系，吸收水分、氮和其他養分。檀香會產生自己的醣類，不過並不足以供檀香生存。除非附近有其他植物，否則檀香無法存活，因此相當難培育。

檀香的紅色小果實是澳洲獨特的珍饈。想像一下比較酸澀的桃子、杏桃或芭樂。這種原始的佳餚可以做成果醬、糖漿和餡餅的餡料且果核是傳統的藥材；果核包在堅硬的殼裡，因此可以毫髮無傷地通過鴯鶓（emus）的消化道，而從鴯鶓的排遺中收集。

其實用不著挖鴯鶓糞也可以品嚐檀香調酒。創意十足的澳洲蒸餾酒師一心想頌揚本土的植物，因此利用了檀香的果實。坦伯林山（Tamborine Mountain）酒廠製作了一款檀香和龍膽的苦味利口酒，這款酒與其他產品都有助檀香登上澳洲各地上好的調酒酒單。

ROWAN BERRY
歐洲花楸

歐洲花楸　*Sorbus aucuparia*

薔薇科　Rosaceae

這種開花樹木的英文又稱 European mountain ash（直譯為歐洲山楂），但是和梣樹（ash tree）完全沒有關係，反而和玫瑰與黑莓是親戚。歐洲花楸在英國與歐洲大部分地區的樹籬生長得很茂盛，橘紅色的小漿果富含微生素 C，很有營養價值。歐洲花楸的漿果用於製作手工精釀的餐酒，或替傳統的麥酒與利口酒調味。Vogelbeer 這種澳洲的生命之水以花楸果蒸餾而成，是花楸果酒 Vodgebeershnap 的完美詮釋。阿爾薩斯的蒸餾酒師不想落在澳洲人之後，因此做了他們自己的美妙版本，稱為 eau-de-vie de sorbier（花楸果生命之水）。

SLOE BERRY
黑刺李

刺葉桂櫻　*Prunus spinosa*

薔薇科　Rosaceae

人們開始關注在地野生的當季水果，黑刺李終於不再默默無名。黑刺李琴酒（sloe gin，在十九世紀稱為 snag gin）不過是在琴酒裡浸泡糖及黑刺李荊棘灌木的刺激小果實，或許再加點香料。這種利口酒甜而帶著紅色，很像西洋李琴酒，從前的人會用鄉間採集的黑刺李在家裡自己釀造。二十世紀，濃稠而經過人工調味的版本讓黑刺李酒惡名昭彰，不過新鮮的材料和可靠的配方已經捲土重來。普利茅斯琴酒的製造商也幫了點忙，將他們的黑刺李琴酒販售到世界各地。於此同時，手工蒸餾酒師則仍然在實驗黑刺李的可能性。

　　黑刺李是李子和櫻桃的近親，但黑刺李和那些可愛的樹木不同，通常不會種植在果園或花園。黑刺李的外表是將近五公尺高的龐大灌木，全株

自己動手種

黑刺李

遮陰／陽光

一般的冬天

耐寒至 –29℃／–20℉

黑刺李在英國是很常見的樹籬植，可是在北美較為罕見，但仍然可能在專賣果樹的苗圃找到。這些強健緊韌的灌木如果有機會，可以形成無法穿透的灌木叢。做好心理準備，黑刺李可能長到約五公尺高，至少蔓延一公尺寬，不過可以加以修枝，維持較小的樹型。

把黑刺李種在全日照或輕微的遮蔭下，避開經常有人往來的地方，否則黑刺李的刺恐怕很煩人。黑刺李是落葉灌木，會在冬天掉葉子，早春開花，秋天結果。可以耐寒到 –29℃／–20℉。

把果實留在樹枝上，直到早霜使果實變得更甜。話說回來，酸澀的風味倒是會讓黑刺李在黑刺李琴酒裡嚐起來很美味。

遍布刺棘和硬邦邦的枝幹。雖然適合種成樹叢和樹籬，但模樣零亂，果實又酸又小，因此還是留在鄉村就好。黑刺李生長在全英國和歐洲大部分地區，在北美只有最熱血的罕見植物種植者才會栽培。

　　黑刺李的星狀白花是春天綻放的第一批花朵，秋天會結出黑紫色的果實，可以在早霜時採收。黑刺李甜度不足，無法直接食用，經常被做成果醬和餡餅。不過最高級、最理想的加工方法是做成黑刺李琴酒。採下果實洗淨，用刀子劃開果皮，泡在琴酒或中性的穀類烈酒裡，加入糖，最多可以存放一年。黑刺李利口酒可以直接啜飲，是冬季很棒的提神飲料。或是混合成經典調酒，例如黑刺李琴費士（Sloe Gin Fizz）。

黑刺李琴費士

- 黑刺李琴酒 …… 2 盎司
- 檸檬汁（大約是 ½ 顆檸檬的分量）…… ½ 盎司
- 簡易糖漿或糖 …… 1 茶匙
- 新鮮的蛋白 …… 1 個
- 蘇打水

把蘇打水之外的所有材料加入搖酒杯，不加冰塊，用力搖盪至少十五秒。（這種「不加冰塊搖盪」〔dry shake〕的方式有助蛋白在搖酒杯裡產生泡沫。如果不想加蛋白，可以省略。）之後加進冰塊，至少再搖盪十到十五秒。倒進盛滿冰塊的高球杯，加入蘇打水。有些人會用不甜的琴酒取代一半的黑刺李琴酒，不過先試試上述的方式，那酸味會讓人精神一振。

西班牙的巴斯克地區（Basque）和法國西南部有一種叫作帕恰蘭（pacharán or patxaran）的利口酒，是用黑刺李浸泡在 anisette 茴香酒或摻有大茴香的中性烈酒裡，可能再加入其他幾樣香料，例如香草和咖啡豆。雖然有大量生產的模式（例如 Zoco 這種酒），但當地的人家常常自己製作，小型餐廳也會供應這種自製的酒。類似的飲料包括德國的 Schlehenfeuer 和義大利的 bargnolino 或 prugnolino，是結合了黑刺李和高濃度的酒、糖和紅酒或白酒。法國的阿爾薩斯地區也出產一款野黑刺李生命之水（eau-de-vie de prunelle sauvage）。

黑刺李琴酒摻進人工香料之前，也成了一種添加物──加進劣酒裡，在廉價的賣酒店可以充當波特酒。1895 年《新森林：傳統、居民與習俗》（*The New Forest: Its Traditions, Inhabitants and Customs*）書中，作者羅斯・錢皮恩・克里斯皮尼（Rose Champion De Crespigny）和霍瑞斯・哈欽森（Horace Hutchinson）寫道，「波特酒退流行時，我們聽說那是用墨水樹和舊靴子做的。重新流行之後，對黑刺李的需求大幅上升，因此他們很有理由推論波特酒的成分裡除了墨水樹和靴子，還有其他東西。」

Attention!!

柑橘類

柑橘屬：植物學的屬名，包括檸檬、柳橙、萊姆、香水檸檬、柚子以及其他品種與栽培種。因為柑橘屬之下又分為幾個組，柑橘類水果被分類為柑果（hesperidium），或是有厚革質果皮的漿果。

柑橘：調酒師的橘園

柑橘屬　*Citrus* spp.

芸香科　Rutaceae

想像一下，如果去掉所有要用到柑橘類的酒譜，調酒師的工作會變得多困難。莫希多？需要新鮮的萊姆。瑪格麗特？需要萊姆和橙味香甜酒，而橙味香甜酒是柳橙利口酒。馬丁尼？琴酒用了柑橘皮調味。柑橘類為大部分的飲料增添了某種清爽的風味和刺激。可以放大前味，增強轉瞬即逝、消失在繁複蒸餾過程中的花草香。有一些最酸、最難下嚥的柑橘類，居然能做出最棒的利口酒。

今日的柑橘類品種是幾世紀來實驗、雜交的成果，確切的家系因此難

以追溯。我們今日熟悉的所有柑橘類，包括檸檬和萊姆，可能都源自三種誰也想不到的植物：柚子（類似葡萄柚的厚皮大水果）、香水檸檬（有不容易剝開的果皮和難吃的果肉），以及皮薄肉甜的橘子。有些植物學家認為現代柑橘類還有其他幾種已經絕種的祖先。

早期記載中的柑橘類來自中國，四千年前，中國有文字描述人們帶著一包包小柳橙和柚子。兩千年後，香水檸檬傳入歐洲。很難想像地中海地區和北非沒有柑橘類會是什麼景況，阿拉伯商人直到八百至一千年前，才將酸橙、萊姆和柚子帶到那些地區。甜橙在歐洲僅有四百年的歷史，由葡萄牙人自中國帶回。那時柑橘類已經傳遍了世界各地，並且有時意外造成奇妙的結果。

1493年，哥倫布第二次航行到美洲時帶了甜橙，設法在加勒比海地區種植，數十年後，佛羅里達出現了第一棵柳橙樹。不過，探險家只熟悉他們家鄉地中海氣候的生長環境，卻將柑橘類種在加勒比海地區炎熱的熱帶，於是發生了意想不到的事。

首先，許多樹長不出柳橙。在最熱的天氣裡，柑橘類可能固執地維持綠色的外表。原來只有在夜間空氣帶有一絲寒意時（像在加州或西班牙、義大利），柳橙才會呈現鮮豔的顏色。寒涼的溫度會讓果皮裡的葉綠素分解，使橙色的色素展現出來。在炎熱的氣候裡，果實嚐起來或許會有甜味，但果皮仍然是綠色和黃色。

其他驚喜呢？有些果樹種到熱帶島嶼之後，成了變種的怪胎，產生充滿白色中果皮的苦澀果實，還長了厚厚的果皮，看似沒有食用價值。不過移民一心想利用他們辛苦種植的作物結果發現浸泡在烈酒裡，可以大大改善滋味。

BITTER ORANGE
苦橙

苦橙　*Citrus aurantium*

苦橙（Bitter orange，又稱酸橙〔sour orange〕或塞維爾柑橘〔Seville bitter orange〕），在十八世紀由摩爾人帶到西班牙。恐怕沒有人會直接吃苦橙，不過苦橙的皮很快就被用於製作利口酒、香水和果醬。果汁直接喝很恐怖，卻是 mojo 裡的關鍵成分，這種醬料結合了苦橙汁、藥草和大蒜。

苦橙也賦予了橙味香甜酒（Triple Sec）的風味。雖然許多柳橙利口酒都叫橙味香甜酒，法國酒廠康皮耶卻握有原始的配方。他們提出關於王室的傳說，解釋他們這種萬靈藥的起源。這家公司的故事中說道，一位藥劑師法蘭斯瓦・拉斯培（François Raspail）和拿破崙三世一起競選，結果拉斯培落敗，敗選之後他發起叛亂，試圖推翻拿破崙三世，最後被關進監牢。拉斯培也是著名的植物學家，他是率先用顯微鏡辨識出植物細胞的人之一，而他用芳香植物做出一種藥劑。故事是說，他在牢裡遇到糕餅師尚・巴提斯特・康皮耶（Jean-Baptiste Combier），此人也是因為公然質疑拿破崙三世的獨裁統治而被關。那時康皮耶已經和妻子一起設計了一份柳橙利口酒的酒譜。拉斯培與康皮耶兩人同意在出獄後一起做生意，結合兩人的酒譜，把做出的成品稱作皇家康皮耶（Royal Combier）。

先不管被囚禁的藥劑師，現代飲酒者要知道的是，康皮耶做出的橙味香甜酒其實是加了苦橙皮的甜菜酒。即使這種高品質的版本也仍舊不夠複雜，無法單獨飲用；優質的橙味香甜酒嚐起來多少都像柳橙糖。不過還是

很值得找出上好的柳橙利口酒，調配成瑪格麗特、側車（Sidecars）和其他用得到柳橙利口酒的調酒。

多虧了西班牙探險家把他們的塞維爾苦橙帶到古拉索島（Curaçao，委內瑞拉海岸外小安地列斯群島〔Lesser Antilles〕的一個島嶼）這些早年被丟棄的種子所產生的品種，後來被稱為古拉索橙（Laraha, Citrus aurantium var. curassaviensis），嚐起來難以下嚥，不過走投無路的水手在經歷漫長的海上航行之後，還是會為了治療壞血病而吃下肚。其實，這座島的名字或許就來自「治療」（cured）的葡萄牙文。而古拉索橙當然被做成了利口酒。原先是將果皮曬乾，和其他香料一起泡在烈酒裡。現在，根據真正的古拉索利口酒製造者的說法，那座島上仍然有最初種植四十五棵古拉索橙的果園。果農一年收成兩次，只產生九百顆柳橙。把皮在太陽下曬五天乾燥，再裝進麻布袋裡，掛在蒸餾器中，以萃取柑橘的風味。接著加入其他調味——實際的配方是祕密，不過很可能有肉豆蔻、丁香、胡荽和肉桂——裝瓶時可能添加食用色素。古拉索最著名的是鮮豔如加勒比海的藍色，但只是人工色素。也可以買到沒添加色素的真正古拉索酒。

苦橙的萃取物也出現在柑曼怡（Grand Marnier）這種干邑白蘭地為基底的利口酒裡。苦橙皮在陽光下曬乾，泡入高濃度的中性烈酒，萃取風味。接著將那種精華和干邑白蘭地及其他幾種祕密配方結合，然後在橡木桶裡熟成。柑曼怡可以當作任何需要柑橘利口酒的調酒調配物，讓成品有一種其他柳橙利口酒無法賦予的豐富優雅。

來點植物學的爭議

柑曼怡的蒸餾酒師說他們調味時用了 *Citrus bigaradia* 這種植物的果皮。不過別想在苗圃找到這種植物，這名字可以追溯到1819年，但植物學家已經不再使用了，頂多可以用來指苦橙的一個特定品種：*Citrus × aurantium* var. *bigaradia*。

紅獅混合版

這個經典調酒紅獅的變化版和原版一樣,是為了展現柑曼怡的風味,同時展現當季柳橙汁新鮮的風味。冬天正逢橘子的產季,很適合調配這種調酒。

- 普利茅斯琴酒或伏特加 …… 1 盎司
- 柑曼怡 …… 1 盎司
- 現榨柳橙或橘子汁 …… ¾ 盎司
- 現榨檸檬角
- 石榴糖漿(grenadine) …… 少許
- 柳橙皮

除了柳橙皮,所有材料加冰塊搖盪,裝進雞尾酒杯。用柳橙皮裝飾。

柳橙皮上噴了什麼？

　　美國的佛羅里達州和德州，以及溫暖的加勒比海群島種植的柑橘樹叢不會經歷讓果實由綠變橘的涼快夜晚。果農不得不想辦法利用完全成熟但毫不吸引人的綠色水果。這問題多少解釋了為什麼佛州的果汁工業這麼興盛，而夜裡比較涼快的加州卻賣出比較多新鮮的柑橘類。有些果農讓果實接觸乙稀，改變果皮的綠色，這種天然產生的氣體會加速果實成熟，分解葉綠素。

　　美國的果農也允許把人造染劑柑橘紅色二號（Citrus Red No. 2）噴灑在水果上。這種染劑在加州禁用，但德州和佛州的果農仍然可以使用。染劑只能用於會剝皮食用或榨汁的水果。一般認為商店賣的水果都會直接食用或榨汁飲用，因此這些水果上可能噴了染劑，而且未必會標示。

　　柑橘類也可能噴上蠟，而蠟如果要用在有機柑橘類上，就不能是人造蠟或石化原料製成的蠟。如果想避免在調酒、檸檬酒（limoncello）或其他浸泡酒裡加入人工染劑或蠟，記得選用有機柑橘類。

精油

精油是指用植物透過蒸餾法、壓榨法或溶劑的方式萃取的揮發性油分。柑橘類之中最常見的精油有：

橙花精油 NEROLI OIL	萃取自苦橙花，通常用水蒸餾法。
苦橙葉精油 PETITGRAIN OIL	柑橘類樹木的葉和細枝蒸餾得到的精油。
甜橙精油 SWEET ORANGE OIL	萃取自柳橙皮，通常用冷壓法。

CALAMONDIN
金橘

金橘　*Citrofortunella microcarpa* syn. *Citrus microcarpa*

金橘可能是橘子和金柑的雜交種，保有這兩種柑橘類最好的特性——果實小、皮薄，果汁酸而不苦。所有柑橘類果樹中最耐寒的就是金橘，即使溫度降到冰點之下，仍然得以存活，而且安於當室內盆栽，因此成為熱門的室內盆栽植物。常見於菲律賓各地，在當地也稱為calamansi。

金橘的果汁夠酸，可以代替調酒中的萊姆。果皮加糖浸泡伏特加，就能做成利口酒。在菲律賓，金橘果汁是伏特加和蘇打水的調配物。

CHINOTTO
桃金孃葉橙

桃金孃葉橙　*Citrus aurantium* var. *myrtifolia*

桃金孃葉橙（Chinotto，唸法為 key-No-toe）的迷你果實頂多長到像高爾夫球大小，細小的葉片呈菱形，收集柑橘類果樹的人都會想在橘

園種一棵。雖然果實常被形容為又酸又苦，但酸度並不如萊姆或檸檬，大可以直接吃。桃金孃葉橙樹在地中海生長良好，果實在一月成熟。

　　桃金孃葉橙獨特的風味常被認為是金巴利的主要成分，最適合調配成內格羅尼，或在蘇打水裡加入少許。義大利或世界各地專賣義大利食品的市場可以找到桃金孃葉橙酒（Chinotto）這種無酒精的蘇打水。千萬要忍耐衝動，別混合金巴利和桃金孃葉橙酒，這兩種飲料調在一起，恐怕是畫蛇添足。

內格羅尼

這個經典調酒紅獅的變化版和原版一樣，是為了展現柑曼怡（Grand Marnier）的風味，同時也為了展現當季柳橙汁新鮮的風味。冬天正逢橘子的產季，很適合調配這種調酒。

- 琴酒 …… 1盎司
- 甜的苦艾酒 …… 1盎司
- 金巴利（campari）…… 1盎司
- 柳橙皮

柳橙皮以外的材料加冰塊搖盪，倒進雞尾酒杯。用柳橙皮裝飾。

CITRON

香水檸檬

香水檸檬 *Citrus medica*

香水檸檬是最早出現的柑橘類之一，也是許多其他柑橘類的祖先，有著令人感到麻煩的厚皮和酸得幾乎無法入口的果肉。古羅馬詩人維吉爾（Virgil）在大約西元前30年寫到，香水檸檬「有一陳不變的壞味道，卻是毒物的絕佳解藥」。香水檸檬皮加入酒裡就成為藥酒，會引起嘔吐，所以恐怕不推薦加入調酒裡。

香水檸檬是柑橘類世界的恐龍。外表像極了爬蟲類，有著皺巴巴的果皮和古怪的畸形外表。佛手柑（Buddha's hand citron, Citrus medica var. sarcodactylis）是香水檸檬的品種之一，果實的外形像長了很多隻手指的手，整顆果實幾乎只有果皮，沒有果肉。佛手柑和其他香水檸檬一樣可以浸鹽水、用糖漬，做成果皮結晶的糖漬蜜餞。不過佛手柑充滿滋味的果皮表面積太大，因此也能整顆浸在伏特加裡。

巴貝多有不少香水檸檬樹，有個可以追溯到1750年的「香檸水」配方，當時可能用來替苦艾酒調味。香水檸檬切碎或削皮，也能浸在各種烈酒裡，加糖，做成類似檸檬酒（limoncello）的甘露酒。

柑橘類果皮：工欲善其事，必先利其器

剝下柑橘類果皮的最佳工具是有柄的刨皮器，這東西的外表就像又胖又短的叉子。末端的齒可以用來削下果皮，但齒下有個有銳利緣的洞，可以削出完美細長的果皮。

自己動手種

柑橘類

全日照

頻繁灌溉

耐寒至 −1℃／30℉

住的地方如果冬季氣候溫和，後院卻沒有一棵柑橘類果樹，等於浪費了大好機會。沒什麼比現摘一顆新鮮的檸檬或萊姆做調酒更棒了，而且即使不大照顧而長出幾乎不能吃的果實，完美的果皮還是能用來裝飾。

盡量找專門培育柑橘類的果樹苗圃，選擇柑橘類時，重點是選擇個人偏好的果實，而且那種果樹必須能在你住的地區生長良好。如果是找一般的園藝中心就要多多詢問，找個專長柑橘類的員工，請教你所在地區可能發生的病蟲害，以及幼樹需不需要預防霜害。

金橘、改良的梅爾檸檬和大部分的萊姆樹都能在盆裡長得很好，只要光線明亮，就能在室內存活（不能只有透光的窗戶，而是需要照明良好的暖房、溫室或生長燈）。冬天的暖爐可能讓空氣太乾燥，不合它們的胃口，所以盡可能讓它們生長的環境保持潮濕。濕冷的根可能腐爛，因此冬天應該讓柑橘類盆栽的含水量偏低。

生長季中，每個月施用柑橘類專用的肥料，但在冬天停用，以免低溫逆境下的根部灼傷。幾乎所有柑橘類都能自花授粉，也就是不需要附近有其他的柑橘類，就能授粉。

GRAPEFRUIT
葡萄柚

葡萄柚　*Citrus* × *paradisi*

葡萄柚是甜橙和柚子的雜交種，1790年左右出現在巴貝多，幾乎像突變種，或是意外出現的雜交種。葡萄柚迷人地混合了柑橘類的強烈氣味和苦味，因此成為意外的理想調配物——適合加入內格羅尼的變化版，和蘭姆或龍舌蘭酒搭配也都很美味。

葡萄柚利口酒不容易找到。吉法葡萄柚香甜酒（Giffard Pamplemousse）是個好例子，這種利口酒是用粉紅葡萄柚浸泡製成。Tapaus 這家阿根廷蒸餾酒廠生產柚葡萄柚利口（Licor de Pomelo），pomelo 在這裡其實是葡萄柚的西班牙文。這兩種利口酒都可以單獨啜飲，或是拿來實驗，加進需要柑橘利口酒的調酒中。

宜昌橙（Ichang papeda, C. ichangensis）：這是世界上最強韌的常綠柑橘類，可以在華氏零度的喜馬拉雅山麓丘陵存活。果實通常完全不含果汁，只有種子和中果皮，因此香味濃郁，卻幾乎無法食用。

植物收集家法蘭克‧N‧梅爾

1880 年代，日本移民開始把甜檸檬帶進美國，但梅爾檸檬的名字是來自正式把這種檸檬引入美國的人。法蘭克‧N‧梅爾（Frank N. Meyer）在 1875 年生於阿姆斯特丹，1901 年來到紐約市。他四度由美國農業部前往俄羅斯、中國和歐洲收集美國農民可能會想利用的種子和植株。他總共引入了兩千五百種新植物，包括柿子、銀杏和種類驚人的穀物、水果與蔬菜。他曾經歷超乎想像的痛苦，包括外傷、病痛、搶劫，還因為航運問題或在海關通關時延誤而失去無數的植物樣本。

1908 年，他在北京發現了現在所謂的梅爾檸檬，設法把這種檸檬帶回美國。接下來數十年，農民發現這種樹的無性繁殖植株是南美立枯病（tristeza）這種病害的媒介，但本身毫無病徵；因此許多最初的梅爾檸檬都被銷毀。1950 年代，加州的四方苗圃（Four Winds Growers）發現了不帶病毒的選種。現在改良後的梅爾檸檬再次廣泛種植。

1918 年，梅爾先生悲劇性地結束了植物探索的生涯，在長江順流而下前往上海的途中過世，享年四十三歲。一星期後在河中找到他的遺體，實際的死因仍然是個謎。

美女你好（內格羅尼的變化版）

- 琴酒 …… 1 盎司
- 甜的苦艾酒 …… 1 盎司
- 金巴利 …… 1 盎司
- 葡萄柚汁 …… 1 盎司
- 葡萄柚皮

除了葡萄柚皮以外的材料加冰搖盪，倒進雞尾酒杯。
用大大一片葡萄柚皮裝飾。

LEMON
檸檬

檸檬 *Citrus limon*

檸檬很可能是萊姆、香水檸檬和柚子的雜交種。義大利索倫托檸檬（Sorrento lemon）、Femminello Ovale 顯然保有香水檸檬的特徵，有著厚果皮和酸溜溜的風味。

為了得到恰當的風味，索倫托檸檬的果樹會用草墊（義大利文是

pagliarelle）來遮蔭，最近則改用塑膠遮蔭布。這樣能保護果樹不受寒冷侵襲，幫助減緩成熟過程，讓收穫季落在夏天。索倫托檸檬整年都會結果，每次收成都有不同的稱呼：首先是冬天的 limoni，然後是 bianchetti，接著是夏季的 verdelli，最後是秋天的 primofiori。

優利佳檸檬（Eureka lemon）比較正式的名稱是 Garey's Eureka，是西西里檸檬（Sicilian lemon）的後代，也是味道較酸、果皮較厚的品種。最受園藝愛好者、廚師和調酒師歡迎的檸檬，是甜而多汁的梅爾檸檬。這其實是檸檬和橘子的雜交種，果皮的精油含量較低，因此調合飲料時，果皮不如果汁好用。

法蘭克梅爾的探險

這款調酒組合了烈酒、糖和梅爾檸檬，完美地展現了這種水果的氣味。香檳漂浮賦予一種愉快的興奮感。為朋友調配一杯，一起舉杯向梅爾先生和他大膽的探險致意。

- 伏特加 …… 1½ 盎司
- 簡易糖漿 …… ¾ 盎司
- 梅爾檸檬汁 …… ¾ 盎司
- 檸檬皮

不甜的氣泡酒（西班牙卡瓦氣泡酒很適合）或氣泡水。
把伏特加、簡易糖漿和檸檬汁加冰搖盪，過濾到雞尾酒杯裡。在上層加入氣泡酒，用檸檬皮裝飾。如果要製作不那麼容易醉的變化版，可以將酒倒在平底玻璃杯裡的冰塊上，不加氣泡酒，而改用氣泡水。

LIME

萊姆

波斯萊姆　Bearss lime, Tahiti lime, Persian lime, *Citrus latifolia*

墨西哥萊姆　Key lime, Maxican lime, West Indian lime, *C. aurantifolia*

泰國萊姆　Kaffir lime, *C. hystrix*

萊姆原產於印度或東南亞，在十五世紀傳到了歐洲。成熟的果實是黃綠色，必須在成熟前採下，才能維持消費者心目中萊姆的綠色。萊姆的糖分含量是檸檬的一半，酸味稍稍勝過檸檬，在調酒中扮演了很重要的角色。萊姆的化學分析顯示其中含有較高的沉香醇和 α - 松油醇，這兩種物質具有豐富的花香，果皮的精油則能增添溫暖、香料味的風味。

　　墨西哥萊姆的酸味比較強，是調酒師的好朋友，可以賦予瑪格麗特和莫希多恰到好處的熱帶風情。墨西哥萊姆在盆裡也長得很好，不會長得太大，而且幾乎全年都能結果。比較溫和的波斯萊姆被視為「真萊姆」，果實較大，耐寒能力較佳。泰國萊姆主要利用的是葉片，能為泰式料理調味，也能浸泡在伏特加裡。果皮可以磨粉加入咖哩中，但果實本身幾乎無法食用。

　　市面上有些萊姆利口酒，最好用的是絲絨法勒南（Velvet Falernum），是用萊姆、糖和香料做成（也有萊姆、香料和糖做成無酒精的調配物，稱為法勒南，可以用來代替飲料中的絲絨法勒南）。邁泰（Mai Tai）、僵屍（zombie）和其他熱帶調酒都需要法勒南。

1912年引入了一款法國利口酒，Monin的「原版」萊姆利口酒，最近重新上市，在美國很難找到，但很適合做以柑橘類為基底的飲料。聖喬治酒廠（St. George Spirits）可以調配成浸泡泰國萊姆的「一號機庫伏特加」，這是泰國風味調酒的完美基酒。

為什麼奎寧會在紫外光下發亮？

外果皮／FLAVEDO, EXOCARP or ZEST：含有油腺、脂肪酸、芳香分子、酵素、色素和一種帶苦味的芳香物質，檸檬油精。

中果皮／ALBEDO, MESOCARP or PITH：一層白色的海棉狀物質，通常不會食用，不過其中富含有益健康的植物化學物質。Pith也有襯皮之意，是指每瓣果肉上附著的纖維質薄膜。

內果皮／ENDOCARP：直接包覆在種子外的內層。柑橘類的內果皮是可以吃的部分。（桃子等其他水果的內果皮吃的是中果皮，內果皮則只是包在果核外的纖維狀厚膜。）

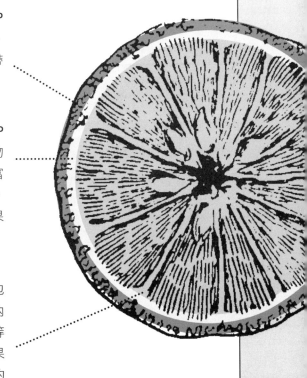

MANDARIN

橘子

橘　Tangerine, clementine, common mandarin, *Citrus reticulata*

柑　Chinese mandarin, *C. nobilis*

蜜柑　Satsuma mandarin, *C. unshiu* syn. *C. reticulata*

經過多次雜交的橘子是秋冬的香甜水果，外皮鬆垮，容易從果肉上剝落。拿破崙之橙（Mandarine Napoleon）這種干邑白蘭地為基底的利口酒就是以橘子調味。根據酒廠的說法，這種酒源自拿破崙的宮廷。拿破崙喜歡在白蘭地裡浸泡橘子皮，藥劑師安東·法蘭斯瓦（Antoine François，福克瓦伯爵〔Comte de Fourcroy〕）顯然是為拿破崙發明了這份酒譜。事實上，橘子生長在柯西嘉島（Corsica）這座北義大利海岸外的小島，正是這位法國皇帝的家鄉。聖喬治酒廠的「一號機庫伏特加」是由橘子花加上一點果皮調味的。

POMELO
柚子

柚子　*Citrus maxima* syn. *C. grandis*

柚子（pomelo, shaddock）是現代葡萄柚和苦橙的祖先。柚子又大又重，重量可達兩公斤。果皮厚，通常是綠色，在東南亞尤其普遍種植。

香波覆盆子利口酒（Chambord raspberry liqueur）的製造商查爾斯賈昆公司（Charles Jacquin et Cie）曾經做出一款以白蘭地為基酒的柚子蜂蜜利口酒「禁果」（Forbidden Fruit）。「禁果」是一些經典調酒的基本成分，例如坦塔盧斯（Tantalus）就是混合了等份的檸檬汁、「禁果」和白蘭地。（有些調酒師希望重新做出這種利口酒，將柚子或葡萄柚皮、蜂蜜、香料和香草浸泡在白蘭地裡，成果的品質參差不齊。）pomelo 和 pummelo 普遍用來指真的柚子或葡萄柚，因此名稱裡有 pomelo 的利口酒，風味可能是這兩者的其中之一。

SWEET ORANGE
甜橙

甜橙　*Citrus sinensis*

甜橙可能是柚子和橘子的雜交種。甜橙是全球最廣為種植的果樹之一，幾乎占了柑橘類產量的四分之三。瓦倫西亞（Valencia）、臍橙（Navel）和血橙（blood orange）是最知名的品種。雖然常新鮮吃或榨汁，卻不是蒸餾酒師做柑橘味利口酒的最佳選擇。柑橘味的利口酒通常會用風味更複雜而帶著酸苦的柳橙調味。不過很容易向香料批發商買到甜橙的果皮，因此常用來在琴酒和藥草利口酒裡加入明亮的風味。

橘園（Orangerie）這一款柳橙風味利口酒的確使用了甜橙，蒸餾酒師形容這種利口酒混合了肉桂、丁香和手刨皮的Navalino orange（植物學家不認得哪個品種叫作Navalino，不過他們或許是指Navelina，這是西班牙的甜臍橙，最先在1910年被描述），浸泡在蘇格蘭威士忌中。另一款是索倫諾血橙利口酒（Solerno Blood Orange Liqueur），這款甜利口酒是用Sanguinello血橙，將果實、果皮和檸檬皮分別蒸餾。這是橙味香甜酒的優質代替品，讓琴酒類飲料中多了一種香甜鮮活的滋味。

血橙側車

這個經典側車的變化版是用血橙汁代替檸檬。可以自己調整適當的比例。如果沒那麼喜歡白蘭地，也能用波本酒代替。（假使也沒那麼喜歡波本酒，就別讀這本書了⋯⋯開玩笑的。可以用你喜歡的酒做實驗。伏特加、琴酒、蘭姆酒？試試無妨！）

• 干邑白蘭地或白蘭地 ⋯⋯ 1½ 盎司
• 血橙汁 ⋯⋯ ¾ 盎司
• 索倫諾血橙利口酒（或橙味香甜酒等其他柑橘利口酒）⋯⋯ ½ 盎司
• 安格斯圖拉苦精 ⋯⋯ 少許

把苦精之外的材料加冰塊搖盪，過濾倒進雞尾酒杯。滴入少許苦精。

橙花純露（Orange flower water, orange blossom water）：是橙花的水溶性萃取物。也是拉莫斯琴費士（Ramos Gin Fizz）的主要成分。有些純露是製造橙花精油的副產物，蒸餾物是橙花精油，存起販售之後，剩下水溶成分。其他情況下，橙花的水萃取或蒸氣萃取可能單獨進行，以取得橙花純露，而不蒸餾精油。不論是哪種情形，水中都有微量的精油，還有一些精油裡沒有的水溶性風味和芳香物質。比起中東品牌，調酒師比較喜歡法國品牌，例如 A. Monteux，兩種都值得試一試。

YUZU
日本柚子

香橙　*Citrux* × *junos* syn. *C. ichangensis* × *C. reticulata* var. *austere*

香橙有著厚厚的果皮，果肉帶酸，苦澀古怪的宜昌橙和橘子的雜交種。香橙來自中國，在西元 600 年左右傳入日本。香橙的果實並不特別美味，果皮卻散發一種複雜而甜美的柑橘類香氣，特別受到日本廚師喜愛。一種叫作柚子醋醬（ポン酢〔ponzu〕）的醬油裡加入了香橙皮。香橙皮也可以用來調味味噌酒，也可以用來洗澡——傳統日本在冬至洗柚子澡浴時，就是讓香橙泡在熱水裡。

香橙可以替清酒和燒酒為基底的利口酒增添迷人的香氣。亞洲食品店可以買到韓國的柚子醬，這種糖漿摻入熱水就能泡成柚子茶，也是美妙的調酒材料。

香橙樹耐寒至 –12°C／10°F，因此可以在其他柑橘類都無法存活的山區生長。英國或美國較寒冷地區的園藝愛好者如果很想在戶外種植柑橘類，但嘗試了其他柑橘類都無法生存，不如試試香橙。

拉莫斯琴費士

這款飲料是 1888 年紐奧良調酒師亨利·拉莫斯（Henry Ramos）的傑作。
1915 年的嘉年華會之後，他讓三十五個身材結實的調酒師站成一排，搖盪
這種飲料，場面十分壯觀。許多酒吧擔心供應生蛋的問題，或怕調配起來很
麻煩，因此不供應這款調酒。不過倫敦的 Graphic 這家一流的琴酒酒吧裡，
拉莫斯琴費士常常在調酒師、女侍和顧客之間接力搖盪，直到泡沫到達完美
的狀態。

- 琴酒（原始的酒譜指定老湯姆琴酒）…… 1½ 盎司
- 檸檬汁 …… ½ 盎司
- 萊姆汁 …… ½ 盎司
- 簡易糖漿 …… ½ 盎司
- 鮮奶油 …… 1 盎司
- 蛋白 …… 1 顆
- 橙花水 …… 2～3 滴
- 蘇打水 …… 1～2 盎司

把蘇打水之外的所有材料裝進搖酒杯，不加冰塊搖盪至少三十秒。然後加進
冰塊，持續搖盪至少兩分鐘。需要的話，可以把搖酒杯傳給在場的其他人繼
續搖盪，以免凍傷。最後把蘇打水倒進高球杯，把費士過濾倒進杯裡。

杏仁糖漿（Orgeat〔發音是 or-zha，但很多美國人唸成 or-zhat〕）：通常是無酒精的糖漿，味甜，用扁桃仁、糖和橙花水製成，有時是用大麥水當基底。杏仁糖漿是邁泰的基本材料，可惜經常被省略。

邁泰

- 深色蘭姆酒（有些酒譜建議混合深色和淺色蘭姆酒） …… 1½ 盎司
- 萊姆汁 …… ½ 盎司
- 古拉索或其他柳橙利口酒 …… ½ 盎司
- 簡易糖漿 …… 少許
- 杏仁糖漿 …… 少許
- 馬拉斯奇諾櫻桃
- 鳳梨角

把所有材料搖盪、過濾。高腳杯或高球杯裡裝入碎冰，倒進調好的酒。用櫻桃和鳳梨角裝飾。如果你一直很想在酒杯裡插個小紙傘，現在正是好時機。

柳橙利口酒：入門介紹

利口酒	基酒	成分	是否在橡木桶熟成
君度 COINTREAU	甜菜酒	甜橙與苦橙的皮	否
康皮耶 COMBIER	甜菜酒（皇家康皮耶中也含有干邑白蘭地）	海地苦橙（Haitian）和瓦倫西亞甜橙	否
陳年古拉索 CURAÇAO	甘蔗酒	古拉索橙	否
柑曼怡 GRAND MARNIER	干邑白蘭地	苦橙、香草、香料	是
拿破崙之橙 MANDARINE NAPOLEON	干邑白蘭地	乾燥橘子皮、藥草、香料	是
橘園利口酒 ORANGERIE	蘇格蘭威士忌	柳橙皮、肉桂、丁香	是
索倫諾血橙利口酒 SOLERNO BLOOD ORANGE LIQUEUR	中性烈酒	血橙果實、皮和西西里檸檬	否
一般的橙味香甜酒 TRIPLE SEC 或古拉索 CURAÇAO	依蒸餾酒師而不同，通常是中性的穀物酒、甜菜酒、蔗糖酒或葡萄烈酒	甜橙和苦橙	否

堅果和種子

堅果：

乾燥的果實成熟時不會裂開而釋出種子，通常有堅硬的木質外層，裡面只包覆著一粒種子。

種子：

結構中含有一個胚，是植物授粉之後在子房裡形成。

ALMOND
扁桃

扁桃　*Prunus dulcis*

薔薇科　Rosaceae

「**甜**扁桃加入烈酒之後，會流出一種像乳汁的白色汁液。」英國理髮師兼外科醫生與藥草師約翰・傑拉德（John Gerard）這麼寫道。他在 1597 年出版了《草本植物，又名植物誌》（*The Herball, or Generall Historie of Plantes*），這本手冊寫得生動但充滿想像，內容有植物知識，也有半真半假的資料。他宣稱栗子可以預防馬匹咳嗽，羅勒葉的汁液能治療蛇咬——但他倒是說對了幾件事。甜扁桃？烈酒？傑拉德的確有兩把刷子。

　　扁桃是杏與桃的近親，可能都是從亞洲傳來的。中國一萬兩千年前就已種植扁桃樹，並且在西元前五世紀傳到了希臘。扁桃比較喜歡地中海氣候的溫和冬天和漫長乾燥的夏季，這樣的氣候幫助扁桃在亞洲傳布，最後

傳到南歐、北非以及美國西岸。扁桃在加州長得很好，因此西方蜂的蜂巢還送到不同的果園，替扁桃的果樹傳粉。

扁桃的堅果未必好吃。苦扁桃（Prunus dulcis var. amara）的堅果中含有氰化物，吃下五十到七十粒堅果的劑量就會致命。幸好誤食苦扁桃的機率不大，商店也不會販售，種植的目的通常是榨成扁桃油，程序中會去除有毒成分。

利口酒裡明顯的蜂蜜堅果味是來自甜扁桃（Prunus dulcis var. dulcis）。果農選擇比較甜、毒性低的扁桃，經過幾世紀以來的人擇，這個品種已經不再有毒。

扁桃利口酒自從文藝復興時代就很受歡迎，那是個充滿偉大發現的時代，其中一個發現是只要把水果、香料和堅果浸泡在白蘭地裡，就會發生一些美妙的事情。原先的目的可能是製藥，或只是想讓劣質的蒸餾酒比較順口。義大利的阿瑪雷多扁桃酒是知名的例子，但其實全球最暢銷的 Amaretto di Saronno 這一款酒裡完全不含扁桃，其中的堅果味是來自扁桃在植物學上的近親──杏仁。真正用扁桃做的阿瑪雷多不難找到：試試樂莎杜的 Amaretto di Saschira Liqueur 吧。

扁桃利口酒單獨喝很棒，不過也會用來調味義式脆餅（biscotti）。世上沒什麼比餐後來點加了扁桃的咖啡和義式脆餅更美妙了。

扁桃嚴格說來不是堅果。從植物學的角度來看，堅果是果實，有著乾燥堅硬的外殼。扁桃則是核果（drupe, stone fruit），果核包覆著肉質的種子。但是扁桃和桃子、杏和其他的核果不同，扁桃的「果實」不過是難吃的革質外膜。

COFFEE

咖啡

阿拉比卡咖啡　*Coffea arabica*

茜草科　Rubiaceae

我們稱之為咖啡豆的東西，其實是咖啡「漿果」這種紅色小果實裡的一對種子。這種果實長在衣索比亞的灌木上，奎寧和龍膽都是它的親戚。（而它們在分類學上都屬於龍膽目〔Gentianales〕。）咖啡會產生厲害的毒素，能讓試圖吃它的昆蟲麻痺或死亡。這種毒素——咖啡因，正是七百年前吸引我們愛上這種植物的原因。雖然人類並未對咖啡因免疫，但必需連續喝下超過五十杯咖啡，才能達致死劑量。

阿拉伯商人最早在西元1500年左右，把咖啡從原產地非洲帶到歐洲。超過一世紀之後，咖啡才流行起來。到了十七世紀中葉，咖啡館在英國與歐洲各地已經十分常見。有個迷人的故事，一個衣索比亞牧羊人的山羊吃了咖啡灌木的果實，活力充沛，整天活蹦亂跳，晚上也睡不著。這

很可能只是商人胡謅的故事，卻一路流傳到十九世紀。植物能讓人不用睡覺，在當時是很大的科學突破。

　　十八世紀早期，荷蘭和法國的商人只帶了幾個品種的咖啡到美國的莊園，意外製造了某種遺傳上的瓶頸。咖啡灌木至今仍然非常缺乏多樣性。雖然已經超過一百個種，但世界各地種植的咖啡幾乎都是阿拉比卡咖啡（或稱小果咖啡〔*Coffea arabica*〕）無性繁殖的後代，其次則是羅布斯塔咖啡（或稱中果咖啡〔*C. canephora*〕）。這種單一作物的蟲害和寄生蟲問題，使得植物學家努力尋找其他種的咖啡，有些在原來的棲地已經瀕臨絕種。英國皇家植物園的植物探險家在過去十年裡找到了三十個先前未知的咖啡種，各有獨特的特性：有些幾乎不含咖啡因，有些種子則比從前看過的種子都大了一倍，而他們希望有些種子比較能抗病蟲害。

　　採收咖啡並不容易。咖啡果實不是同時成熟，因此需要人力採集。青綠色的種子必須和果實分離，分離的方式一種是「水洗」處理，從果實裡挑出種子來，在水裡發酵，除去殘餘的果肉。一種是「日曬」處理，果實乾燥之後，比較容易和種子分離。（一般認為水洗可以產生比較美味的咖啡豆，因此價格比較高。）綠色的種子一旦清理乾淨，就可以準備烘焙了。

　　咖啡現在種植地區遍及五十個國家，成為超越茶葉的全球飲料，我們生產的咖啡比茶葉多了足足三倍。十九世紀初，咖啡也被做成利口酒。大部分的配方不過是烘焙過的咖啡豆、糖和一些烈酒的組合。1862年，這樣的產品在倫敦萬國博覽會展示之後上市。二十世紀初的配方會加入肉桂、丁香、肉豆蔻皮和香草。

　　1950年代，以蘭姆酒為基底的墨西哥卡魯哇咖啡利口酒（Kahlúa）愈來愈受歡迎。這一家製造商和許多其他利口酒公司不同，他們大方公開配方，毫不保留。甘蔗酒在桶裡熟成七年，然後混合咖啡萃取物、香草和焦糖。當今全球可以買到幾十種咖啡利口酒，基酒有蘭姆酒、干邑白蘭地到龍舌蘭酒。手工精釀的蒸餾酒師和專業烘焙師合作，造出上等的咖啡烈

酒。例如加州的聖塔克魯茲（Santa Cruz）的螢火蟲咖啡館（Firefly）。他們把水洗處理的哥斯大黎加咖啡豆（Costa Rican）和一種希拉（Syrah）與金粉黛（Zinfandel）葡萄做的白蘭地混合。調酒師也在吧台後製造自己的咖啡浸泡酒，把咖啡豆搗碎加入調酒，用在香料味的飲料中加入咖啡苦酒。

不過咖啡豆和酒精最著名的組合，或許是愛爾蘭咖啡。愛爾蘭咖啡的歷史和其他赫赫有名的飲料一樣充滿爭議，其中一個版本認為飲料的發明人是愛爾蘭的一位調酒師香儂・艾波特（Shannon Airport）。去愛爾蘭旅遊回來的一位遊客請舊金山美景餐廳（Buena Vista）的調酒師重新創造這種飲料，經過許多次實驗後，比例完美的咖啡、威士忌、糖和鮮奶油終於聚到一杯了。

美景餐廳的愛爾蘭咖啡

- 熱咖啡
- 方糖 …… 2塊
- 愛爾蘭威士忌 …… 1½ 盎司
- 輕輕打出的打發鮮奶油 …… 2～3 盎司

把耐熱的玻璃杯或馬克杯注滿熱水，溫杯之後把水倒掉，注入咖啡到三分之二的高度。加入方糖，用力攪拌，然後倒入威士忌。最後小心地擠上打發鮮奶油。

HAZELNUT
榛果

歐洲榛樹　*Corylus avellana*

樺木科　Betulaceae

榛樹的起源可以追溯至亞洲和歐洲的部分地區，榛樹在這些地方已
經由人工栽植超過兩千年。法國人稱這種堅果為 filbert，這名字推
測是來自十七世紀的大修道院院長聖菲利貝（St. Philibert），他的紀念日
是八月二十日，恰巧是榛果成熟的日子。不過英國人稱之為 hazelnut。
植物學家最後終於弭平了紛爭，把 filbert 這個字用來稱呼南歐榛樹
（*Corylus maxima*）這個種，hazelnut 則用來稱呼另一個種，歐洲榛樹（*C.
avellana*）。大部分美國農民種植的都是歐洲榛樹，這兩個字在美國可以互
通，害得大家暈頭轉向。雖然有美洲原生種，但產量不如歐洲種。

　　雖然榛樹可以長到十五公尺高，但通常矮小而叢生，農民也鼓勵這樣
的情況。他們會進行矮林作業，砍下樹的主幹，鼓勵根部長出細枝，藉由

如此保持榛果的產量，而且較便於採收。

烤過的榛果特別有一種甜甜的焦糖化風味，這些風味來自至少七十九種不同的氣味分子。生堅果含有的氣味分子不到一半，必須經過烘烤才能帶出豐富的滋味。

富蘭葛利（Frangelico）和 Fratello 這些榛果利口酒，是混合了榛果和其他香料（如香草和巧克力）的甜酒。富蘭葛利酒廠把烤過的榛果壓碎，然後用水和酒的混合液萃取風味。有些浸泡酒經過蒸餾，因此最後的成品含有蒸餾和未蒸餾的浸泡酒。此外也添加了香草、巧克力和其他的萃取物。

以上是義式的榛果利口酒；法式的則比較像 Edmond Briottet 的榛果利口酒（Créme de Noisette），這種淡琥珀色的利口酒帶著明亮的榛果風味。太平洋西北地區的手工蒸餾酒師也開始用浸泡榛果的伏特加與榛果利口酒做實驗。榛果在吧台後也會加入一種小批次蒸餾的苦精，而純的榛果萃取物可以當作調酒材料，也可以加入鮮奶油打發，做成有堅果味的咖啡飲料。

KOLA NUT
可樂果

可樂果　　*Cola acuminata*

梧桐科　　Sterculiaceae

這種非洲樹木是做巧克力的南美可可的親戚，在天然棲地可以長到十八公尺以上，綻放一簇簇精緻的黃底紫紋花朵。花謝之後，結出叢生的革質發皺果實，每個果實裡有大約一打的種子。這些種子稱為可樂果，也是西非人很享受的低咖啡因點心。歐洲人發現之後，可樂果經歷了一段我們已經習以為常的旅程，從十八世紀的藥品、十九世紀的滋補藥，變成二十世紀的調味萃取物。

可樂藥酒（Kola elixir）是暈船時的藥方，作用是刺激食欲，時常和龍膽與奎寧結合。早期可樂果苦精的配方很簡單，結合了可樂果、酒、糖和柑橘類。到了十九世紀末，倫敦都買得到可樂果酒和可樂果苦精，法國和義大利的蒸餾酒師也調酒出了添加可樂果的香料酒和阿馬羅苦精。

Toni-Kola 這種開胃酒是一度風行但如今已不復見的品牌。

二十世紀初，汽水機有可樂果糖漿，可以製作類似調酒但沒有酒精的氣泡飲料，這些花俏的飲料被視為鼓勵禁酒的辦法。可口可樂公司為了用「可樂」這個詞在產品名稱裡，打了無數的商標官司，不過法官仍然堅持「可樂」是一般名詞，用來描述任何加入可樂果果萃取的飲料，因此不能變成商標。可樂果萃取至今仍然是合法的食物調味劑，許多天然汽水公司仍然用可樂果添加咖啡因與那種甜美圓潤的可樂風味。

南非人可以買到蘿絲（Rose）的可樂通寧（kola tonic）這款甜糖漿，英國、澳洲和紐西蘭的飲用者可以找克萊頓（Claytons）的可樂通寧，這種調配物主打的是不喝酒的人在酒吧裡點的飲料（就像其他可樂一樣）。英國的酒類零售商 Master of Malt 也賣深色蘭姆酒為基底的可樂果苦精，他們保證會賦予調酒有一種「深度、氣息和收斂性」。義大利的雅凡娜阿馬羅（Averna Amaro）和義老大阿馬羅（Vecchio Amaro del Capo）等阿馬羅苦精的描述是帶著「可樂滋味」，不過製造商不曾提供任何線索讓人確定他們祕密配方裡有沒有可樂果。

WALNUT
核桃

核桃　*Juglans regia*

胡桃科　Juglandaceae

沒有什麼比尚未成熟的青核桃吃起來更苦澀、更難以入口──不過這
是在核桃被泡進酒精和糖裡之前。Nocino 這種義大利核桃利口酒絕
對是利用過剩材料最巧妙的發明。

　　核桃樹原生於中國和東歐，現今仍然生長在吉爾吉斯（Kyrgyzstan）
的森林。方濟會的修士在 1769 年左右將核桃引入美國西岸，加州教會的
土地上至今仍種植著核桃。黑胡桃（Black wlanut, *J. nigra*）是美國東部的
原生種，除了果實，還有耐用的深色木材。因為也能耐寒，十七世紀的歐
洲探險家便把黑胡桃帶回了歐洲。

　　核桃樹外型壯觀，樹高可以達三十公尺以上，樹蔭寬闊。春天會綻放
長條叢聚的雄花（稱為荑葇花序）並且釋放花粉，讓毫不起眼的雌花授

粉。授粉之後，長出柔軟的綠色果實，初夏時樹上掛滿核桃，看起來幾乎超過能承受的重量。有許多會在入秋之前掉落。

　　以前的果農希望徹底利用他們果樹的產物，果實容易掉落，他們一定很苦惱。所幸，富含單寧酸的青核桃可以做成上好的黑色染料、木頭染色劑和墨水，而不能吃的果實做成的利口酒也很珍貴。

自製核桃利口酒

- 切成四等分的青核桃 …… 20 顆
- 糖 …… 1 杯
- 750 毫升裝的伏特加或 Everclear …… 1 瓶
- 檸檬或柳橙皮 …… 1 顆
- 視喜好加入香料：肉桂棒 1 根、丁香 1～2 顆、香草莢 1 根

青核桃可以在夏季採集，或在農夫市場買到。選購完整無瑕而可以輕易切開的核桃。切開之前徹底清洗。把糖倒入平底鍋，加水到剛好蓋過糖的高度，煮滾糖水，充分攪拌。糖融化之後裝進消毒過的大罐子，與其他材料混合，然後密封。在陰涼處靜置四十五天，偶爾搖盪。四十五天後，過濾除去核桃和香料，重新裝進另一個乾淨的罐子，靜置熟成兩個月。

有些人會在最後兩個月熟成之前再加一杯簡易糖漿。如果想實驗看看，可以把第一步驟的成品分成兩份，其中一份加進半杯簡易糖漿。兩種作法的風味都會在成熟之後改變。

核桃利口酒 Nocino（在法國稱為 liqueur de noix）的配方在幾世紀以來沒什麼改變。內容其實很簡單，只要把柔軟的青核桃切成四等分或壓碎，和糖一起泡進某種烈酒就好。也可以加進香草和香料，有些人會加入檸檬或柳橙皮。靜置一、兩個月後即可飲用，這時液體已經變成深濃的咖啡黑。

Nocino 不用在家自製。酒商 Haus Aplenz 從奧地利進口了 Nux Alpina 核桃利口酒，加州的 Charbay 酒廠製造「鄉愁」（Nostalgie）這種款黑胡桃利口酒，基酒用的是黑皮諾白蘭地。納帕谷（Napa Valley）的 Nocino della Cristina 是加州白蘭地為基底的核桃利口酒，大獲市場好評。雖然 Nocino 原來是讓人當餐後酒直接啜飲，或是倒在冰淇淋上享用，但調酒師也會加在咖啡裡，或需要充滿香料味和堅果味的利口酒裡。

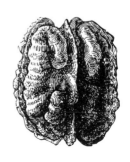

PART

進入花園，
遇上四季的植物調酒和裝飾

最後我們踏進花園，
遇見季節性的植物調配物和裝飾物，
這些成份將在在調酒的最後階段加入酒裡。

園藝愛好者是終極調酒師。即使最普通的菜園種出的農作物，也能調配、裝飾出最厲害的飲料——園藝愛好者輕而易舉就能種出檸檬馬鞭草、玫瑰天竺葵、甜的黃番茄和莖部深紅色的祖傳芹菜品種。一座菜園能調出一千種調酒。

園子裡一定要種植某些植物，例如調製莫希多用的薄荷。有些像自製石榴糖漿用的石榴，如果不是住在熱帶地區或有間溫室，加上對園藝興致十足可以悉心照料，否則不用自己種。

這部分不會針對可以當作調配物或裝飾物的每一種植物，介紹完整的歷史、生活史和種植指南，而是只挑出幾種強調，其他只會列出，加上少許種植的小訣竅。種植建議需要因地制宜，某種植物適不適合你所在地區的氣候、你的園藝經驗和投入程度，需要和當地的園藝中心討論，你可以在這些地方得到最適合當地的種植建議。

如果想得到更多資訊，可以請教你所在地方的園藝大師計畫組織（Master Gardener Group，通常透過郡的農業推廣處運作），或農夫市場裡經驗老道的農夫。歡迎到 DrunkenBotanist.com 參考郵購的資源、種植建議以及果菜種植的延伸閱讀資訊。

藥草

這些藥草可以搗碎加進調酒，泡進簡易糖漿，
或為伏特加調味，也可以用來裝飾。

　　　　年生的藥草只會活一年，需要夏季的溫暖、陽光並頻繁給水。木質的多年生藥草則需要太陽和夏季的氣溫才能生長茂盛，比較喜歡偏乾燥的土壤，如果溫度降到 –15～（–12）°C／5～10°F 以下，通常無法活過冬天。寒冷地區用心的園藝愛好者會把多年生藥草種進盆子裡，冬天存放在地下室，只給最基本的水分和光照。

　　所有的藥草都可以種在容器裡，大部分都種在光線明亮的室內。最理想的是溫室或日光室，甚至陽光充足的窗邊也需要室內的人工光源。基本的燈架加上螢光燈管，裝上定時器，是最經濟的解決辦法。園藝中心和水耕商店也賣特製的生長燈和LED燈泡，可以裝到一般的燈座上，也許比較美觀。

　　收成藥草最好的辦法是從基處剪下整枝莖，然後摘下莖上的葉片。如果不需要那麼多，可以剪去半枝莖。可別一片一片地拔葉子，植物無法從光禿禿的莖上重新長出葉子。一年生的藥草開花之後通常就停止生長，如果想要繼續收成羅勒、胡荽和其他藥草的葉子，就在開花時摘去花朵。

栽培重點

藥草

歐白芷 Angelica *Angelica archangelica*	二年生（第二年開花）。莖部用於浸泡酒。同屬的其他種可能有毒。要確認拿到的是歐白芷（garden angelica, *A. archangelica*）。（見 178 頁）
茴藿香 Anise hyssop *Agastache foeniculum*	多年生。剪去整枝花莖，促進重新開花。可以試試葉片淺黃的金色慶典（Golden Jubilee）或經典的藍色財富（Blue Fortune）。（見 231 頁）
羅勒 Basil *Ocimum basilicum*	一年生。熱納亞（Genovese）是葉片大的傳統品種。Pesto Perpetuo 和 Finissimo Verde 葉片較小，近似灌木，可以在室內度過冬天。
胡荽 Cilantro *Coriandrum sativum*	一年生。小葉芫荽（Slow Bolt）或山度胡荽（Santo）不會像其他品種那麼快開花結果。如果是為了胡荽子而不是胡荽葉而種植，可以種 *C. sativum* var. *microcarpum* 這個品種。種子應該徹底乾燥，變成金褐色，才能使用。（見 199 頁）

蒔蘿 Dill *Anethum graveolens*	一年生。杜卡特（Dukat）在結子之前長的葉子較多。羽葉（Fernleaf）是矮種。
茴香 Fennel *Feoniculum vulgare*	多年生。甘茴香（Florence fennel）和甜茴香（sweet fennel）都會產生美味的種子。Perfection 和 Zefa Fino 主要是食用球莖。
檸檬香茅 Lemongrass *Cymbopogon citratus*	多年生。西印度的品種主要取用莖部，東印度的品種則是取葉片。兩種都可以用於調酒。
檸檬馬鞭草 Lemon verbena *Aloysia citrodora*	多年生。木質灌木，可以長到約一·五公尺高。葉片帶有明亮強烈的柑橘類風味。（見226頁）
薄荷 Mint *Mentha spicata*	多年生。可以找綠薄荷，例如莫希多薄荷（*Mentha* × *villosa* 'Mojito Mint'），或肯塔基上校（Kentucky Colonel）。其他適合種種看的薄荷包括巧克力薄荷（chocolate mint）、柳橙薄荷（orange mint）和胡椒薄荷（peppermint）。（見405頁）
鳳梨鼠尾草 Pineapple sage *Salvia elegans*	多年生。這種堅韌的鼠尾草有著紅色的管狀花朵，葉片聞起來非常像鳳梨。

迷迭香 Rosemary *Rosmarinus officinalis*	多年生。阿爾琶迷迭香（Arp）是最耐寒的直立品種。羅馬美人（Roman Beauty）的精油含量比較高，植株比較矮小。避免選用匍匐性或蔓生的品種，這些品種的風味是不討喜的薄荷腦味。
鼠尾草 Sage *Salvia officinalis*	多年生。Holt's Mammoth 是傳統用於烹飪的品種。任何銀葉的品種都行，紫色和黃色的品種風味比較不足。
冬季香薄荷 Savory *Satureja montana*	多年生。冬季香薄荷是偏向木質的草本，風味接近迷迭香。夏季香薄荷（Summer savory, S. hortensis）通常用來替蛋或沙拉調味。
芳香天竺葵 Scented geranium *Pelargonium* sp.	多年生。雖然英文通常稱為 geranium，和老鸛草屬的屬名相同，但其實是天竺葵（pelargonium）。培育者創造出令人驚奇的氣味，有玫瑰、肉桂、杏仁到薑等等的味道。葉片有香氣和強烈的風味，可以用於簡易糖漿和浸泡酒。花朵也是很好的裝飾物。
百里香 Thyme *Thymus vulgaris*	多年生。英國百里香（English thyme）是標準的烹飪用百里香，不過檸檬百里香（lemon thyme）也很棒。爬地百里香（Creeping thyme）、假毛百里香（woolly thyme）的品種沒那麼美味。

藥草拍一拍

萃取薄荷科（包括薄荷、羅勒、鼠尾草和茴藿香）植物精油的方式，
是碰傷葉片，而不把葉片完全壓碎。如此一來，精油可以從葉表被破
壞的茸毛裡釋放出來，又不會讓多餘的葉綠素把飲料弄得一團糟。拍
打新鮮葉片，可以釋放出最多的風味，只要把葉子放在一手的掌心，
然後俐落地拍手一、兩下。看起來架勢十足又專業，而且可以把新鮮
的芳香物質釋放到飲料中。

花園萃取簡易糖漿

從檸檬皮、大黃（rhubarb）到迷迭香，幾乎所有的植物材料都能泡入簡易
糖漿裡。這是在基本的調酒酒譜裡加入一點變化特色，並展現季節性農產品
的簡單辦法。

- 藥草、花朵、果實或香料 …… ½ 杯
- 水 …… 1 杯
- 糖 …… 1 杯
- 伏特加（可省略） …… 1 盎司

除了伏特加，所有的材料倒進平底鍋裡混合。加熱到微沸，充分攪拌，直
到糖融解。放置冷卻，用細篩過濾。加入伏特加能拉長保存期限（也可省
略）。冷藏保存，可以使用二到三星期，冷凍可保存更久。

SPEARMINT
綠薄荷

綠薄荷　*Mentha spicata*

唇形花科　Lamiaceae

多虧了古巴回來的遊客在莫希多裡插著薄荷枝的英勇之舉，郵購的苗圃現在推出莫希多薄荷（*Mentha* × *villosa* 'Mojito Mint'）的特賣，他們標榜這和大部分的綠薄荷非常不同。這種藥草的型錄上寫道，「用很老套含蓄的古巴說法——它溫暖的擁抱揮之不去，最後你發覺自己還想要。」

別在看不到新鮮薄荷的酒吧裡點莫希多。薄荷非常容易種植，可以算是雜草了，沒理由不在手邊準備新鮮的薄荷。薄荷可以用盆栽種在停車場；可以種在窗邊的花箱；甚至可以從屋簷邊的雨水槽或人行道的裂縫裡冒出來。

如果讓薄荷有機會，它們會占據整個花園。要是想減慢薄荷的生長速

華克波西的薄荷朱利普

有些人認為調配得宜的薄荷朱利普可以喝上一整天,用不著有第二杯朱利普,只要一大杯味道強烈的飲料,隨著冰塊融解而逐漸變水、隨著糖和波本酒沉到杯底而逐漸變甜。

美國南方作家華克‧波西(Walker Percy)堅持,一杯好的朱利普應該至少有五盎司的波本酒,這分量剛好超過每人一天的飲用上限。這份酒譜忠於他的版本,不過如果想當個頂天立地的好國民,可以減少波本酒的用量。

- 波本酒 ⋯⋯ 5 盎司
- 新鮮的綠薄荷 ⋯⋯ 數枝
- 細砂糖 ⋯⋯ 4～5 大匙
- 碎冰

倒入銀製的朱利普杯、高球杯或廣口玻璃瓶,2～3 大匙的細砂糖和極少量的水一同碾壓,水量剛好足以形成糊狀。放上一層新鮮的綠薄荷葉。用攪拌棒或木匙輕壓,別壓碎。然後疊上一層剛剛壓成細碎的碎冰。波西先生希望你用毛巾包著冰塊,以木槌把冰塊敲得粉碎。在這層碎冰上加上細雪般的糖,再多加幾片拍過的薄荷葉。別把葉子碾碎,只要放在掌心大聲拍打就好。

接著加上一層碎冰,重複這個過程,直到杯子盛滿,看起來無法再加入一滴波本酒為止。接著盡量倒入波本酒,到真的無法容納為止,分量大約 5 盎司。然後就可以把你的朱利普端到門廊上,在那裡待到該上床睡覺的時間。你的這一天除了緩緩啜飲這杯飲料以及單調愉快的蟬鳴,別無其他。

度，可以種在容積一加侖的塑膠盆裡，把盆子埋進土中。匍匐莖終究會長出盆子，不過你至少超前了一步。薄荷需要充足的水分——漏水的水管旁永遠潮濕的位置是理想的選擇——並且要在開花或結子之前修剪，因為子代通常會重現其中一個親代的性狀，而且品質遠不如親代。風味會隨著植物的年齡而改變，所以有些園藝愛好者每過幾年會拔起一條匍匐莖，取代原先的植株。

我們要種的薄荷是綠薄荷。綠薄荷有一種甜而明亮的風味，似乎會和糖和蘭姆酒融合。可以找莫希多薄荷或肯塔基上校，這是南方人最愛用來製作薄荷朱利普（Mint Julep）的品種。

綠薄荷又稱留蘭香，來自中歐和南歐，已經在那裡栽種了幾世紀。老普林尼說綠薄荷的氣味「可以提神醒腦」。綠薄荷也能替許多飲料提味，在甜而帶水果味的調酒裡增添一點青綠、近乎花香的氣息，讓調酒不會顯得太甜膩。

花

花最常用來當裝飾品或凍在冰塊裡裝飾，不過有些可以加進簡易糖漿或伏特加浸酒，以增添風味或顏色。藥草部分（399頁）介紹的植物開的花朵可以吃，也可以放心使用。如果不確定某種花能不能吃，千萬別加進調酒裡，例如繡球花含有微量的氰化物，恐怕不大適合加進飲料。

栽培重點

花

琉璃苣 Borage *Borago officinalis*	一年生。深藍色花朵加進飲料或凍在冰塊裡十分美麗。葉子嚐起來有點像小黃瓜。傳統的皮姆之杯裝飾品。
金盞菊 Calendula *Calendula officinalis*	一年生。亮黃和橘色的花瓣可以浸泡在酒裡，展現美麗的色澤。阿爾法（Alpha）這個品種容易種植，花朵是橙色；陽光回憶（Sunshine Flashback）的花朵是深黃色；霓虹（Neon）則是橘紅色。
接骨木花 Elderflower *Sambucus nigra*	多年生。栽植的重點是花或果實。花朵可以加入浸泡酒和糖漿，試試誇張的黑色蕾絲或金黃蘇德蘭（Sutherland Gold）這兩種有蕁麻葉的品種。有些北美的種會產生氰化物，所以最好從果樹苗圃取得。（見 269 頁）
金光忍冬 Honeysuckle *Lonicera* × *heckrottii*	多年生。金焰（Gold Flame）強健，會開滿芳香的花朵。

茉莉 Jasmine *Jasminum officinale*	多年生。耐寒至 −18℃／0℉ 左右。大花茉莉需要比較溫暖的氣候，也可以種在室內。（見 282 頁）
薰衣草 Lavender *Lavandula angustifolia*	多年生。英國薰衣草（例如希德寇〔Hidcote〕和孟斯泰德〔Munstead〕）最適合食用，或者試試醒目薰衣草（L. × intermedia）的葛羅索（Grosso）和 Fred Boutin。（見 412 頁）
萬壽菊 Marigold *Tagetes erecta*	一年生。花瓣亮橙色、紅色或黃色，風味刺激而帶香料味。有許多品種，不過非洲萬壽菊（African Marigold）是最經典又強健的橙色品種。
金蓮花 Nasturtium *Tropaeolum majus*	一年生。Dwarf Cherry 這個品種會長成小丘狀，矮小得可以種在容器裡。其他品種可能變成四處蔓延的爬藤。所有的金蓮花都會產生帶有辛辣味的橙色、紅色、黃色、粉紅和白色花朵。
玫瑰 Rose *Rosa* spp.	多年生。選擇香氣濃郁的雜交種茶香玫瑰（例如林肯先生〔Mister Lincholn〕）製作玫瑰花瓣浸泡酒，或如果想培育玫瑰果，可以種植 rugosa 的品種。（見 286 頁）

印度金鈕釦 Schuan button *Acmella oleracea*	一年生。黃花芽裡有種物質叫作金鈕釦醇（spilanthol），嚼食的話會產生像跳跳糖的感覺。有點噱頭，不失為有趣的調酒裝飾品。
菫菜花 Viola *Viola tricolor*	一年生。菫菜花以及近親三色菫都可以吃，不過沒什麼特殊的風味。適合用來裝飾。
紫羅蘭 Violet *Viola odorata*	多年生。傳統的甜紫羅蘭有著濃郁的香氣和極短暫的生命。勿和非洲紫羅蘭混淆。（見290頁）

LAVENDER
薰衣草

真正薰衣草　*Lavandula*
angustifolia syn. *L.* × *intermedia*
唇形花科　Lamiaceae

薰衣草不常出現在吧台後，這和薰衣草不常入菜的原因一樣——強烈的花香似乎適合當香水，卻不適合出現在菜餚裡。不過喜歡種薰衣草的園藝愛好者遲早會想試試把薰衣草加在飲料裡。而薰衣草的確用於琴酒、浸泡的伏特加和利口酒中。

真正薰衣草（English lavender, Lavandula angustifolia）稍微甜一點，也比較適合調味，薰衣草的司康和餅乾加的就是這個品種的薰衣草。希德寇和孟斯泰德是兩個熱門品種，這兩個品種都會長到六十公分高，形成結實的樹籬。

可以考慮加進調酒的另一種薰衣草是醒目薰衣草，法國人種植這個雜交種，用來製作香水和肥皂。試試葛羅索、Fred Boutin 或 Abrialii。風味

可能比真正的薰衣草刺激，不過植株比較能忍受悶熱潮濕的夏天。許多其他種的薰衣草都含有微量有毒物質，不能食用。

薰衣草要種在全日照的環境裡，需要排水良好的土壤，在土表撒上碎豆子，不要覆蓋乾草。不需要施肥，只要補充些許水分。在秋末要修剪，使之繼續開花，剪掉大部分的葉片，但別剪到光禿禿。薰衣草喜歡地中海型氣候，不過，除了最冷的地區，在其他區域都可以設法使之存活，能忍受冬季最低溫到 –23°C／–10°F。

薰衣草那種不甜而帶收斂性的香氣，很適合琴酒這樣植物類的烈酒，也可以用來浸泡在簡易糖漿裡。

薰衣草接骨木花香檳雞尾酒

- 薰衣草簡易糖漿（作法參照 404 頁）…… 1 盎司
- 聖杰曼接骨木花酒 …… 1 盎司
- 香檳或其他氣泡酒
- 新鮮薰衣草 …… 1 枝

把簡易糖漿和聖杰曼接骨木花酒倒進香檳杯，加上香檳。用新鮮的薰衣草枝裝飾。

薰衣草馬丁尼

- 新鮮薰衣草 …… 4 枝
- 琴酒（試試華盛頓州 Dry Fly 酒廠的琴酒，酒裡有薰衣草） …… 1½ 盎司
- 利萊白開胃酒* …… ½ 盎司
- 檸檬皮

把三枝薰衣草和琴酒搗碎放進搖酒器裡。加入利萊酒，加冰塊搖盪，過濾倒入雞尾酒杯。倒進杯裡之前，用細孔的篩放在杯上再次過濾，濾除壓碎的薰衣草花芽。用檸檬皮和剩下的一枝薰衣草枝裝飾。

* 利萊酒可以在冰箱裡保鮮至少幾個星期。如果沒有利萊酒，這款調酒也可以用比較傳統的澀味苦艾酒調配。

果 樹

果樹很少是衝動購物的目標，樹木就像小狗一樣，小的時
候很可愛，可是會長大，而且需要照顧一輩子。

有些樹在冬天需要特定的冷激時數（溫度在 –18°C／0°F 左右的時間總合），才能完成休眠循環。有些容易感染病蟲害，需要噴藥，而且噴藥的量超出你覺得安心的程度，畢竟雞尾酒常常要用到果皮。找個專業的當地果樹苗圃，或是農業推廣處，這兩種組織都可能提供果樹工作坊，也可以詢問抗病蟲害的品種和有機的防治方式。

有些樹（包括柑橘類的樹）可以種在盆栽裡，如果冬天無法在室外存活，在室內過冬也無妨。總之，果樹常常嫁接到砧木上，因此砧木決定整棵果樹的大小。假使想要小一點的果樹，可以要求嫁接到矮種的砧木。

照顧一棵果樹、供給它的所需，也和照料其他植物不大一樣。有些品種是自花授粉，表示附近不需要有另一棵伴侶。不過除了這些品種，其他的都需要附近有棵遺傳親和的樹（稱為授粉樹）。提到授粉，大概不用什麼人為的努力，當地的蜜蜂就會替你完成，但是室內的植物可能需要幫點忙（和園藝中心的員工談談這個鳥和蜜蜂的問題）。果樹也需要特別的肥料，其中含有大量的微量養分如鐵、銅和硼。果樹需要特定的修枝處理，有些需要趁果實又小又青的時候進行，以確保收成。

不過這些因素都不該讓你怯步。果樹會給你無盡的回報。有些苗圃可以在一株砧木上嫁接一些新品種，讓你得到兩、三倍的成果。這些「三合一」或「四合一」的方案是在有限空間裡種植各種水果的好辦法。選擇適合你所在地區的品種時，做點功課，加上一點幫助，就能得到用自家園子裡當季的新鮮果汁，讓飲料更鮮活的獨特喜悅。

栽培重點

果樹

蘋果 Apple *Malus domestica*	關鍵是選擇在當地氣候可以長得很好的品種。在農夫市場多多試吃，請當地的果農幫忙選擇果樹。（見 40 頁）
杏 Apricot *Prunus armeniaca*	在美國，許多生產果實為主的杏樹，其杏仁苦而不能吃，如果只想用果實，選擇這些杏仁無妨。甜心（SweetHeart）這個甜的品種有著帶扁桃味的核，可以浸泡在白蘭地中。（見 331 頁）
馬拉斯加櫻桃 Cherry *Prunus cerasus* var. *marasca*	如果想自己做馬拉斯奇諾櫻桃，可以找酸而色深的 morello 櫻桃，又稱歐洲酸櫻桃（pie cherry）。（見 344 頁）
無花果 Fig *Ficus carica*	紫色波爾多（Violette de Bordeaux）是經典的法國品種，不過最重要的是選擇適合自己所在地區的品種。試吃當地農民種的無花果，再決定要種什麼品種。很適合用來製作簡易糖漿無花果醬。（見 342 頁）

檸檬 Lemon *Citrus limon*	適合種在盆栽裡。想用檸檬汁，就選擇改良過的梅爾檸檬；想用滋味豐富的檸檬皮，就用優利卡（Eureka）或李斯本檸檬（Lisbon）。（見 372 頁）
萊姆 Lime *Citrus aurantifolia*	也稱為 key lime、墨西哥萊姆（Maxican lime）或西印度萊姆（West Indian lime），是調配飲料的理想品種。泰國萊姆（C. hystrix）取用的是芳香的葉片，用於泰式風味的飲料中。（見 374 頁）
荔枝 Lychee *Litchi chinensis*	美妙的熱帶水果，果汁可以調配美味的調酒，果實則是可愛的裝飾物。荔枝樹無法在 −4℃／25℉ 以下存活，會長到十二公尺以上，因此不適合種植在寒冷的氣候或溫室裡。
橄欖 Olive *Olea europaea*	戈達爾（Gordal）是傳統的西班牙品種。阿貝金納（Arbequina）耐寒，樹型小。選擇能生產果實而培育的品種，不要選裝飾用的品種。要注意，橄欖花粉可能讓季節性過敏的人症狀加重。（見 420 頁）
柳橙 Orange *Citrus aurantium* 及其他	所謂的苦橙和香水檸檬一樣，用的是果皮。臍橙和血橙比較適合榨汁，而有些品種可以種在室內。如果要種在盆栽裡，不妨為了美觀而考慮金柑和金橘。（見 361、368 頁）

桃 Peach *Prunus persica*	選擇可以抗病的矮種。桃樹（和它的近親油桃〔nectarine〕）適合所謂的多頭嫁接，也就是把幾個品種嫁接在一棵砧木上。
歐洲李 Plum *Prunus domestica*	深藍色的西洋李、亮黃色的黃香李和青梅李都是傳統的歐洲品種，可以釀酒、做利口酒和生命之水。試試 Big Mackey 或 Jam Session，這些都是由康乃爾大學培育在北美種植的品種。（見 350 頁）
石榴 Pomegranate *Punica granatum*	月季石榴（P. granatum var. nana）的矮種很適合種在盆裡，不過果農比較喜歡 Wonderful，這個品種是由石榴紅果汁公司（POM Wonderful）種植，這家公司也把新鮮的石榴供應到世界各地。天使紅（Angel Red）和格瑞納達（Grenada）比 Wonderful 早成熟，比較可能在早霜之前結果。（見 421 頁）

自製醃橄欖

不好的橄欖會毀了一杯美味的馬丁尼。如果可以得到新鮮橄欖，只要水和鹽就能自己醃漬。

到農夫市場購買（或是從家裡種橄欖樹的朋友那裡取得）新鮮的綠橄欖，每一粒橄欖從頭到尾一刀剖開。用清水清洗，放在乾淨的罐子或碗裡。好好選擇你用的容器，之後需要重壓，所以挑個廣口的容器，找個放得進去的盤子或蓋子（牢固的塑膠袋裝水之後，也可以用來當重物），用清水浸泡橄欖二十四小時。確保橄欖都浸在水裡，過程中必須安置在涼快、乾燥的地方。每天換水，持續六天。之後在平底鍋裡用一份的鹽加上十份的水調出最後醃漬用的鹽水。把鹽水煮滾並放涼。橄欖倒進罐子裡，在罐裡倒滿鹽水。可以加入檸檬、大蒜、香料或藥草。緊緊密封罐子，再冷藏四天。可以直接吃，記得要冷藏保存。

POMEGRANATE
石榴

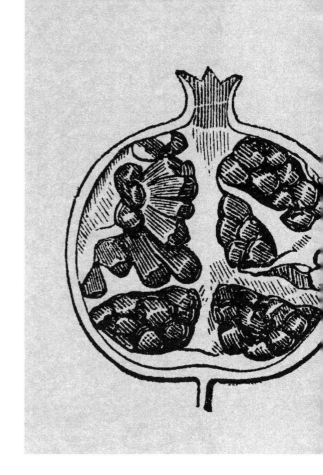

石榴　*Punica granatum*

千屈菜科　Lythraceae

　　本 1867 年的醫學期刊寫到石榴，如此解釋，「每天早晚服用一利口酒杯分量的酊劑，保證可以驅除黃條蟲。」這不是第一次有人報告石榴的驅蟲功效了，一位葡萄牙的醫生從 1820 年起為了相同的目的，用石榴樹皮泡茶。幸好在十九世紀下半，石榴糖漿已經成了一種寶石紅水果甜糖漿，用來替汽水和飲料調味，而不是殺死腸裡蟲子的樹皮茶。

　　石榴樹其實是亞洲和中東地區的大型灌木。石榴今日還在這些地區野生生長，不過也在歐洲和美洲各地以及全球的熱帶地區種植。雖然石榴樹起源很古老，但從前埃及人大量種植的其實只有兩個種。這兩種石榴曾經自成一科，直到新的分子生物學研究發現它們和千屈菜（purple loosestrife）、紫薇（crepe myrtle）、細葉雪茄花（cuphea）和其他看似沒

什麼相同點的植物有很近的遺傳關係。（它們最明顯的相同解剖特徵是皺巴巴的花瓣。）

　　石榴樹現在主要栽植於中東、印度和中國，不過也是地中海地區和墨西哥、加州的盛產的作物。石榴的果實讓它得到其種名 *granatum*，這個字在拉丁文是「種子繁多」之意。石榴的果實中的確有幾百粒種子，種子外包覆著鮮紅果肉。石榴做的糖漿「grenadine」這個字來自古法文石榴——grenade。手榴彈的英文名稱就是來自這種水果，或許是因為手榴彈和石榴的大小相同，而且裡面有著截然不同的爆裂物。

　　1880 年代，石榴糖漿在法國的小餐館很受歡迎，是加在水裡的甜味劑，不久之後，就出現在美國的汽水機和調酒酒吧。1910 年，紐約的聖瑞吉斯飯店（St. Regis hotel）供應了一款以琴酒、石榴糖漿、檸檬汁和蘇

自製石榴糖漿

- 新鮮的石榴 …… 5～6 顆
- 糖 …… 1～2 杯
- 伏特加 …… 1 加侖

剝開石榴的方式是拿把水果刀，像切柳丁一樣劃開果皮。小心把皮剝下，不要傷到裡面的膜和種子。用榨汁機或親手榨出果汁，用篩子過濾。應該會得到大約 2 杯果汁。

量 1 杯糖加進平底鍋裡，加入石榴汁，攪拌，煮到微沸。把糖放涼，嚐嚐味道；如果喜歡甜一點的糖漿，可以加多一點糖。攪拌加入伏特加幫助保存。倒進乾淨的罐子裡，存放在冰箱可保存大約一個月，也可以冰進冷凍庫。再加 1～2 盎司的伏特加可以防止結凍。

打水調配成的調酒，波利（Polly）。1913年，《紐約時報》派了一個多疑的男性記者到第六大道和四十街口一間專為女性設計的酒吧 Café de Beaux Arts。他在這個女性場所裡發現的許多驚奇，其中一個驚奇是顏色鮮豔的調酒，包括有粉紅泡的 Beaux Arts Fizz，這種調酒是用琴酒、杏仁（甜扁桃仁）糖漿、石榴糖漿和檸檬汁調合而成。

石榴糖漿的配方和使用純石榴糖漿的時期非常短暫。二十世紀初出現了人工的版本，1918年，製造商開始挑戰新的商品標示法，希望把所有的紅色糖漿都當成石榴糖漿。一位記者這麼描述當時的情況，「這種水果和以它為名的糖漿根本毫無瓜葛。」只不過，最後由人工版本勝出，石榴糖漿仍然留在吧台後，成為數百種調酒的基本材料（例如傑克玫瑰〔Jack Rose〕和龍舌蘭日出〔Tequila Sunrise〕這種經典提基調酒）。

多虧人們開始對正統材料重拾興趣，實際用石榴做出的石榴糖漿、石榴利口酒和浸泡石榴的伏特加，現在可以在比較高級的酒類和食物專賣店架上找到了。不過，用現榨石榴汁在自家做的石榴糖漿仍然無可取代。即使用瓶裝果汁取代新鮮果汁，風味也會差一截。石榴盛產的時候，很值得花一、兩個小時在廚房裡做點石榴糖漿，放入冰箱裡保存。

傑克玫瑰

- Applejack …… 1½ 盎司
- 新鮮檸檬汁 …… ½ 盎司
- 石榴糖漿 …… ½ 盎司

把所有材料加冰搖盪，過濾到雞尾酒杯裡。

莓果和藤蔓

果樹的情況幾乎都能套在莓果和藤蔓，只有一個例外：這些植物不喜歡被裝在容器裡，也不喜歡住在室內。

莓果通常不大需要照顧，只需要格子棚、一年修枝一次和偶爾施肥。大部分的莓果都可以在冬天或早春種下裸根苗（可以買只連著莖的一塊活根，不用買一整棵植物）。

可以請教當地專家，哪種品種最適合當地氣候，並且問問需不需要附近有授粉植物。請他們建議怎麼修剪你要種的品種，有些覆盆子每年結果兩次，只有兩年的生的藤會結果，表示需要在老藤結實之後剪掉，讓幼藤生長兩年之後結果。

栽培重點

莓果

黑莓 Blackberry *Rubus* spp.	為了你自己好，最好選擇沒刺的品種。選擇花期不同的幾個栽培種，可以延長生長季。例如阿拉帕荷（Arapaho）從六月中開始，黑鑽（Black Diamond）在八月結果。洛根莓（Loganberry）、馬里昂黑莓（Marionberry）、波森莓（boysenberry）和泰莓（tayberry，通常是黑莓和覆盆子的雜交種）都很值得種植。
藍莓 Blueberry *Vaccinium* spp.	藍莓偏好酸性潮濕的土壤，種在盆栽裡或許最能滿足它們需要的環境。禮帽（Top Hat）和齊佩瓦（Chippewa）是適合當盆栽的矮種。有些品種冬季可以耐寒到−29℃／−20℉。
黑醋栗 Currant *Ribes nigrum*	黑醋栗可以用來做黑醋栗利口酒，雖然新的抗病栽培種不會傳布可怕的白松泡鏽病，但在美國某些州仍然禁用。班羅蒙（Ben Lomond）是強健的蘇格蘭品種。紅醋栗和白醋栗都有明亮清爽的風味，也是飲料裡的美麗裝飾。（見 334 頁）

啤酒花 Hops *Humulus lupulus*	啤酒花需要一定的日數才會開花，所以最適合種植在南、北緯 35～55 度之間。啤酒花藤「金黃」（Aureus）有著介於黃色和萊姆綠的葉片，常當成觀葉植物販售；比安卡（Bianca）這個品種有淡綠葉子，成熟時會轉為深綠，也是觀葉植物。（見 274 頁）
覆盆子 Raspberry *Rubus idaeus*	選擇不斷結實，結實季很長的品種。修枝不難，因為冬天時所有的藤都要剪去。試試卡洛琳（Caroline）或紅點（Polka Red）。
黑刺李 Sloe *Prunus spinosa*	這種高大帶刺的灌木可以耐寒到 –34.5℃／–30℉。果實可以做黑刺李琴酒──前提沒被鳥搶先吃掉。（見 355 頁）

伏特加萃取

把藥草、香料和水果浸泡在伏特加裡，做你自己的調酒用加味烈酒，大概是天底下最簡單的事了。只有一個要訣：有些植物（尤其是羅勒或胡荽這些特別柔嫩的綠色藥草）如果浸泡太久，會產生奇怪苦澀的味道。為了避免這種情形，可以先做一小份測試，浸泡幾小時之後開始時嚐嚐味道。藥草浸泡八到十二小時應該足夠；水果浸泡一星期應該就可以了；柑橘類的果皮和香料可以浸泡一個月。重點是，一旦味道變得很棒，就可以過濾了。時間拉長，未必能讓浸泡酒的味道變得更好。

步驟如下：
在乾淨的罐子裡裝進藥草、香料或水果。選擇價格能負擔但不會太差的伏特加（例如思美洛）。緊緊密封，存放在陰涼的地方。時常試喝，直到判斷風味完美就可以過濾了，在幾個月內使用完畢。

檸檬酒及其他利口酒

這個酒譜可以當成其他甜浸泡酒的基本款。檸檬可以換成咖啡豆、可可豆或任何柑橘類，做出其他在餐後飲用的甜利口酒。

- 新鮮檸檬* ⋯⋯ 12 顆
- 750 毫升的伏特加 ⋯⋯ 1 瓶
- 糖 ⋯⋯ 3 杯
- 水 ⋯⋯ 3 杯

小心削下檸檬皮，只取黃色的果皮。（如果暫時不會用到果肉，可以擠出果汁凍成冰塊，之後用在調酒裡。）把檸檬皮和伏特加裝進一個玻璃大水壺或罐子裡。加蓋並靜置一星期。

一星期後，加熱糖和水，冷卻之後加進伏特加和檸檬的混合物。靜置二十四小時後過濾。冷藏一夜，接著就能飲用了。

＊選擇有機或無農藥、自家種的柑橘類，以避免化學物質和人造蠟。

蔬果

儲備充足的菜園就能輕易地滿足調酒師的需要，不過如果純粹以飲料為目標，可以跳過一些烹飪時不可或缺的材料（例如沙拉用蔬菜和夏南瓜）。設計一個專門為調酒而栽培的蔬果園，可以找產季長的品種，或是同一種蔬果選用產季早和晚的品種，拉長可以收成的時間。選用果實小的品種，畢竟大部分的飲料只需要一點點果實。

而雞尾酒杯只能裝進少少的裝飾品，否則會增加飲用困難。以下介紹一些常用蔬果。

栽培重點

蔬果

芹菜 Celery *Apium graveolens*	信不信由你，如果有又長又涼快的生長季，很值得種芹菜。自家種的莖部可能比較稀疏，不如店裡的品種飽滿，因此是完美的攪拌棒。可以考慮莖部鮮紅的 Redventure。
黃瓜 Cucumber *Cucumis sativus*	Spacemaster 80 和 Iznik 適合種在盆栽裡。Corinto 可以耐受熱浪或意外的寒冷；Sweet Success 能抗蟲害，是「免打嗝」（burpless）的品種（又稱英國品種），也就是比較容易消化的意思。
甜瓜 Melon *Cucumis melo*	選擇要栽植哪個品種，最好的辦法是在農夫市場買各式的甜瓜，把最愛的種子留下來。Ambrosia 可以抗白粉病；Charentais 則是經典的法國品種。
神祕果 Miracle fruit *Synsepalum dulcificum*	很好的盆栽植物，可以在熱帶植物苗圃買到。這種原生於西非的灌木會產生深紅色的小漿果，漿果中的醣蛋白（glycoprotein）對舌頭有一種奇妙的影響——吃下去之後，醣蛋白會和味蕾結合，改變受器感覺風味的方式。大約過一小時，直到消化酵素分解這些醣蛋白為止，酸的食物嚐起來都是甜的。

	調酒師把握了這種奧妙；檸檬或萊姆調成的酸味飲料可以用神祕果裝飾，這個搭配的概念是酒吧的顧客啜飲幾口，吃下神祕果，就能享用完全不同的調酒。除非自己種，否則新鮮的神祕果很難取得。
辣椒及彩椒 Pepper *Capsicum annuum*	盆栽栽培很簡單，只需要溫暖和陽光。試試 Cherry Pick 和 Pimento-L 之類的甜品種，或是 Cherry Bomb 和 Peguis jalapeño 等辣的品種。很適合當作裝飾，或浸泡在伏特加裡。（見 438 頁）
鳳梨 Pineapple *Ananus comosus*	鳳梨是從葉片狹長聚生的小型植物中央長出來的。最適合種在室內的盆栽裡，兩年後才能產生果實。皇家（Royale）這個品種比較小，適合自家種植。
大黃 Rhubarb *Rheum rhabarbarum*	大黃簡易糖漿是必備的調酒材料。給它一個壤土肥沃的永久位置，就能連著幾年採收。只吃莖部，葉子有毒。
草莓 Strawberry *Fragaria × ananassa*	完美的盆栽植物，只要經常澆水，草莓可以在吊籃或草莓盆裡長得很好。種在地上的草莓要覆蓋乾草，以免果實接觸土壤而腐壞。選擇產季長，四季結果或日中性的品種。迷你的野草莓（alpine strawberry, *F. vesca*）這個又小又酸的品種是漂亮的裝飾物，產季也很長。（見 436 頁）

黏果酸漿 Tomatillo *Physalis philadelphica*	酸溜溜的綠色果實是製作青醬不可或缺的材料，如果能搗碎加進龍舌蘭調酒，也很美妙。綠番茄（Toma verde）是經典的綠色品種；鳳梨（Pineapple）是明亮的黃色品種，有著類似鳳梨的熱帶風味。
番茄 Tomato *Solanum lycopersicum*	成熟多汁的番茄和伏特加、龍舌蘭酒是完美的搭配。金太陽（Sungold）是人見人愛的櫻桃番茄，黃梨（Yellow Pear）也是好看的裝飾。新接枝的品種可以嫁接到抗病的健壯砧木上，雖然售價較高，但質地比較強韌，產量也較佳。
西瓜 Watermelon *Citrullus lanatus*	蘭姆酒、龍舌蘭酒或伏特加飲料裡加入西瓜裡，美妙無比。秀金（Faerie）是黃皮紅肉的品種，果實小，能抗病害。迷你花（Little Baby Flower）是另一個抗病害的品種，會結出許多小果實，而不是少少幾顆巨大的西瓜。

花園調酒：調配範本

有個長滿新鮮蔬果的園子，幾乎不用調配炫麗調酒的酒譜。只要用基本的比例結合材料，做出風味均衡的飲料就好。以下幾個例子供參考：

1½盎司的	摻入搗碎	再加一點	如果想要炫一點，加入少許	製作方式
波本酒	桃子和薄荷	簡易糖漿	桃子苦精	倒入裝著碎冰的廣口玻璃瓶
琴酒	小黃瓜和百里香	檸檬汁	聖杰曼接骨木花酒	搖盪，倒在冰塊上，加上通寧水
蘭姆酒	草莓和薄荷	萊姆汁和簡易糖漿	絲絨法勒南	倒在冰塊上，加上蘇打水或氣泡酒
龍舌蘭酒	西瓜和羅勒	萊姆汁	君度利口酒	在雞尾酒杯裡搖盪
伏特加	番茄和胡荽葉	萊姆汁	芹菜苦精	在雞尾酒杯裡搖盪

冷藏酸黃瓜

小黃瓜、四季豆、蘆筍、胡蘿蔔、抱子甘藍（Brussel sprout）、西洋芹菜、綠番茄、櫛瓜、珍珠洋蔥、黃甜菜根和秋葵都很適合裝飾調酒。這個快速做出泡菜的食譜不需要特別的器具，只要記得泡菜必須冷藏，只能放兩到三星期。

- 切片或切塊的蔬果 ⋯⋯ 2 杯
- 非碘粗鹽 ⋯⋯ 2 茶匙
- 糖 ⋯⋯ 2 杯
- 蘋果汁或白醋 ⋯⋯ 1 杯
- 醃漬用香料（例如蒔蘿、芹菜、黃芥末、茴香的子，可各加 1 茶匙）
  ⋯⋯ 1 茶匙
- 檸檬皮、洋蔥絲、大蒜切片（可省略）

把蔬菜依據想要的形狀切片或切塊。撒鹽靜置三十到四十五分鐘。把糖和醋在平底鍋裡加熱，直到糖溶解，靜置冷卻。

在乾淨的罐子裡裝滿蔬菜、醃漬香料和想加入的材料。把調好的醋倒進罐子直到倒滿，緊緊密封，冷藏過夜。

STRAWBERRY
草莓

草莓　*Fragaria × ananassa*

薔薇科　Rosaceae

你啜飲的夏季調酒裡碩大多汁的鮮紅草莓，其實是一個法國間諜、一場環遊世界之旅和一連串性別混淆的結果。

　　1712年，法國政府派工程師阿梅代·弗朗索瓦·弗雷齊耶（Amédée François Frézier）去祕魯和智利繪製可靠的海岸線圖。那個地區屬於西班牙的占領範圍，因此他為了得到自己所需的資訊而假扮成商人。他繪製了一些有用的地圖，同時也在那裡做了些植物調查。歐洲雖然已種有原生種的迷你野草莓（包括野草莓〔Fragaria vesca〕，以及風味強烈的麝香草莓〔F. moschata〕），不過從來沒人看過像智利草莓（F. chiloensis）這麼大的。

　　他盡可能收集，但只有五株在他返鄉的航程中存活了下來。兩株給了

船上的貨物長，感謝貨物長讓他使用船上有限的清水照料植物。一株給了他的上司，一株交給巴黎植物園，他自己只留下一株。

歐洲植物學家很高興得到智利的草莓，然而有個問題——這種草莓不孕，只有分株才能得到更多的草莓。弗雷齊耶不知道的是，智利草莓有些是雄株，有些是雌株，有些則是雌雄同株。他選的是果實最大的植株，正巧是雌株，需要附近有雄株才能繁殖，得到更大顆、更美味的果實。

最後農人發現其他草莓的雄株也派得上用場。十九世紀中，智利草莓和也被帶到歐洲的維吉尼亞州原生種維州草莓（F. verginiana）雜交，於是產生了現代的草莓。

弗雷齊耶韻事

這種黛琦莉（daiquiri）的變化版使用蕁麻酒，向阿梅代·弗朗索瓦·弗雷齊耶的法國身分致意。黃蕁麻酒會比較甜，不過如果你只有綠蕁麻酒，還是可以加入簡易糖漿調配。聖杰曼接骨木花酒是另一個選擇。

- 成熟草莓切片 ⋯⋯ 3 片
- 白蘭姆 ⋯⋯ 1½ 盎司
- 黃蕁麻酒 ⋯⋯ ½ 盎司
- 新鮮檸檬角榨汁 ⋯⋯ 1 枚

留下一片草莓最後裝飾。將其餘材料在搖酒杯裡混合，用攪拌棒壓碎草莓。加冰搖盪，過濾倒進雞尾酒杯。用留下的草莓片裝飾。

PEPPER
辣椒

辣椒　*Capsicum annuum,*
C. frutescens

茄科　Solanaceae

原住民在五千五百年前馴化了這種熱帶的美洲植物。番椒（Wild bird pepper, *Capsicum annuum* var. *aviculare*）這個種仍然在中南美洲種植，據信是最接近原先純野生狀態的辣椒。這種辣椒會產生小型的果實，每個大約如葡萄乾大小，辣味驚人。

阿茲提克人稱這些辣椒為 chilli。哥倫布來到美洲時以為自己到了印度，因為這些又乾又皺的果實很像印度的黑胡椒，而稱之為「pepper」。辣椒傳到歐洲之後，西班牙人將之改名為 pimento 以防止混淆。這名字現在仍然用來稱呼西班牙仍然流行的一種甜椒，除此之外，pepper（or chili pepper）的稱呼已經難以動搖。

辣椒的果實裡沒有多汁的果肉，只有空氣。嚴格說來，辣椒是漿果，而漿果是一個含有種子的子房，但是植物學家才會這麼講。果實的辣味來自辣椒素（capsaicin），這種物質在果實內側的膜和種子的濃度最高。辣椒素雖然不會真的灼傷人，卻會傳遞被火燒到的訊息到腦部。於是腦部發出疼痛的訊號，勸身體離開火源，而且要逃要快。

頭腦判斷身體受到灼傷之類的傷害時，也會釋放一波腦內啡（endorphin），也就是天然的止痛劑。所以吃辣椒可以讓人有種由衷的愉悅感——即使沒加在調酒裡。

辣椒需要肥沃的土壤、溫暖的溫度、明亮的陽光和經常溉灌，才能長得好。園藝愛好者可以按個人喜好來選擇用在調酒的品種，如果受不了辣度，就不需要自己種植新鮮的墨西哥辣椒。

Peppadew 之謎

Peppadew 是一種醃漬過的甜椒品名，製造商稱這種甜椒為 sweet piquanté pepper。依據製造商的說法，尤漢・史汀坎普（Johan Steenkamp）在他南非查嫩（Tzaneen）的避暑別墅後院發現這種植物。把罐裝的辣椒加在調酒和開胃酒裡太受歡迎，園藝愛好者瘋狂想找到種子，但製造商不肯透露這個品種的名字，而且占有國際育種者權，控制取得這種辣椒的權力。Peppadew 揭露祕密之前，可以種種看 Cherry Pick，或是辣一點的 Cherry Bomb。

卡宴辣椒（Cayenne pepper）：乾燥磨成粉製成的辛香料。

匈牙利紅椒粉（Paprika）：甜椒乾燥磨成粉製成的溫和香料。

臉紅瑪麗

- 伏特加或龍舌蘭酒 …… 1½ 盎司
- 櫻桃番茄剖半 …… 4～5 顆
- 溫和或辣的辣椒切片 …… 1 條
- 伍斯特辣醬（Worcestershire sauce） …… 少許適量
- 羅勒、西洋芹、胡荽或蒔蘿葉 …… 2～3 片
- 通寧水 …… 4 盎司
- 芹菜苦精
- 壓碎的黑胡椒（可省略）
- 用辣椒片、櫻桃番茄、藥草葉、芹菜梗或橄欖裝飾

留下一片草莓待最後裝飾。將其餘材料放入搖酒杯裡混合，用攪拌棒壓碎草莓。加冰搖盪，過濾倒進雞尾酒杯。用留下的草莓片裝飾。

餐後酒

葡萄酒商、釀造師、蒸餾酒師和調酒師有著無盡的創造力。二十一世紀初的調酒復興，加上當地新鮮材料再次受到重視，飲酒的人因此得到一份不斷更新的有趣酒單。古怪的植物開始流行，早被遺忘的藥草原料會再度上場，而且出現改良的新品種，讓你能更輕鬆在自家院子裡種植西洋李或黑醋栗。

這本書的尾聲，只是植物和酒之間的對話的開始。請到筆者的DrunkenBotanist.com網站，參考植物和酒可以從哪裡取得，看看本書的參考書目和推薦書單、植物調酒的活動、農場與蒸餾酒廠的參訪行程、酒譜、園藝和調酒的技巧，或是你自己的園藝發現，請在網站留下訊息給我。我很樂意喝杯好酒，繼續談話。乾杯！

推薦閱讀

酒譜

Beattie, Scott, and Sara Remington. *Artisanal Cocktails: Drinks Inspired by the Seasons from the Bar at Cyrus*. Berkeley, CA: Ten Speed Press, 2008.

Craddock, Harry, and Peter Dorelli. *The Savoy Cocktail Book*. London: Pavilion, 1999.

DeGroff, Dale, and George Erml. *The Craft of the Cocktail: Everything You Need to Know to Be a Master Bartender, with 500 Recipes*. New York: Clarkson Potter, 2002.   ,

Dominé, André, Armin Faber, and Martina Schlagenhaufer. *The Ultimate Guide to Spirits & Cocktails*. Königswinter, Germany: H. F. Ullmann, 2008.

Farrell, John Patrick. *Making Cordials and Liqueurs at Home*. New York: Harper & Row, 1974.

Haigh, Ted. *Vintage Spirits and Forgotten Cocktails: From the Alamagoozlum to the Zombie and Beyond: 100 Rediscovered Recipes and the Stories Behind Them*. Beverly, MA: Quarry Books, 2009.

Meehan, Jim. *The PDT Cocktail Book: The Complete Bartender's Guide from the Celebrated Speakeasy*. New York: Sterling Epicure, 2011.

Proulx, Annie, and Lew Nichols. *Cider: Making, Using & Enjoying Sweet & Hard Cider*. North Adams, MA: Storey, 2003.

Regan, Gary. *The Joy of Mixology*. New York: Clarkson Potter, 2003.

Thomas, Jerry. *How to Mix Drinks, or, The Bon Vivant's Companion: The*

Bartender's Guide. London: Hesperus, 2009.

Vargas, Pattie, and Rich Gulling. *Making Wild Wines & Meads: 125 Unusual Recipes Using Herbs, Fruits, Flowers & More*. North Adams, MA: Storey, 1999.

Wondrich, David. *Imbibe! From Absinthe Cocktail to Whiskey Smash, a Salute in Stories and Drinks to "Professor" Jerry Thomas, Pioneer of the American Bar*. New York: Perigee, 2007.

園藝

Bartley, Jennifer R. *The Kitchen Gardener's Handbook*. Portland, OR: Timber Press, 2010.

Bowling, Barbara L. *The Berry Grower's Companion*. Portland, OR: Timber Press, 2008.

Eierman, Colby, and Mike Emanuel. *Fruit Trees in Small Spaces: Abundant Harvests from Your Own Backyard*. Portland, OR: Timber Press, 2012.

Fisher, Joe, and Dennis Fisher. *The Homebrewer's Garden: How to Easily Grow, Prepare, and Use Your Own Hops, Brewing Herbs, Malts*. North Adams, MA: Storey, 1998.

Hartung, Tammi. *Homegrown Herbs: A Complete Guide to Growing, Using, and Enjoying More Than 100 Herbs*. North Adams, MA: Storey, 2011.

Martin, Byron, and Laurelynn G. Martin. *Growing Tasty Tropical Plants in Any Home, Anywhere*. North Adams, MA: Storey, 2010.

Otto, Stella. *The Backyard Orchardist: A Complete Guide to Growing Fruit Trees in the Home Garden*. Maple City, MI: OttoGraphics, 1993.

Otto, Stella. *The Backyard Berry Book: A Hands-on Guide to Growing Berries, Brambles, and Vine Fruit in the Home Garden*. Maple City, MI: OttoGraphics, 1995.

Page, Martin. *Growing Citrus: The Essential Gardener's Guide*. Portland, OR: Timber Press, 2008.

Reich, Lee, and Vicki Herzfeld Arlein. *Uncommon Fruits for Every Garden*. Portland, OR: Timber Press, 2008.

Soler, Ivette. *The Edible Front Yard: The Mow-Less, Grow-More Plan for a Beautiful, Bountiful Garden*. Portland, OR: Timber Press, 2011.

Tucker, Arthur O., Thomas DeBaggio, and Francesco DeBaggio. *The Encyclopedia of Herbs: A Comprehensive Reference to Herbs of Flavor and Fragrance*. Portland, OR: Timber Press, 2009.

致謝

　　我要舉杯感謝許多蒸餾酒師、調酒師、植物學家、人類學家、歷史學家和圖書館員，他們耐心回答我的問題，分享他們的研究成果，幫我追查混沌的真相。我要感謝的人族繁不及備載，以下只列出一部分：酒的世界裡，我要感謝 Alain Royer 和他的法國人脈，南非米勒（SABMiller）的 Bianca Shevlin、Dry Fly Distilling 酒廠的 Don Poffenroth、古拉索（Curaçao）的 Loes van der Woude 女士、Greenbar 的 Melkon Khosrovian、彭布頓酒廠（Pemberton Distillery）的泰勒・施拉姆（Tyler Schramm）、New Deal Distillery 的 Tom Burkleaux、House Spirits 的 Matt Mount、Haus Alpenz 的 Eric Seed 和 Scott Krahn、圖西爾鎮酒廠（Tuthilltown）的 Joel Elder 和 Gable Erenzo、Verviene du Velay and the Cassissium 的 Isabella D'anna、清溪河酒廠（Clear Creek Distillery）傳奇的史蒂分・麥卡西（Stephen McCarthy）、利萊酒廠無人能及的 Jacqueline Patterson、Square One 的艾麗森・伊萬諾（Allison Evanow）、聖喬治酒廠（St. George Spirits）的所有人、國際葡萄酒及烈酒研究中心（International Wine & Spirit Research）的 Jose Hermoso、蘇格蘭威士忌協會（Scotch Whisky Association）的 David Williamson、Sorgrhum fame 的 Matt Colglazier、沃福（Woodford Reserve）的首席蒸餾師克里斯・莫利斯（Chris Morris）、Cadre Noir Imports 的 Scott Goldman、Sierra Azul 的大衛・蘇羅・皮涅拉（David Suro-Piñero）、SakeOne 的 Greg Lorenz、DrinkPR 的 Debbie Rizzo、舊糖蒸餾酒廠（Old Sugar Distillery）的 Nathan Greenawalt，以及 Bittermens 的 Avery Glasser。

　　學術和植物的方面，要感謝的是：Suny Buffalo 的法律教授 Mark Bartholomew 關於商標的有趣討論；美國農業部的 David H. Gent 提供與

啤酒花有關的幫助；密西根州大學的 Amy Iezzoni 分享了對櫻桃的洞見；史考特・卡宏（Scott Calhoun）、Greg Starr 和 Randy Baldwin 提供了仙人掌和龍舌蘭的專業知識；Stark Bros. 苗圃對歐洲李的解答；哥倫比亞大學的麥克・布雷克（Michael Blake）分享了甘蔗研究；肯塔基大學的 Alan Fryar 的石灰石專業；蘇格蘭作物研究中心（Scottish Crop Reasearch Institute）的 Stuart Swanson；啤酒花種植者 Darren Gamache 和蓋爾・葛斯基（Gayle Goschie）；考古學家派屈克・麥高文（Patrick McGovern）；明尼蘇達大學的 James Luby 為葡萄解惑；羅格斯大學（Rutgers）的蕾娜・史卓威（Lena Struwe）和 Rocky Graziose 對龍膽的知識；明尼蘇達大學的 Jeff Gillman 回答各種植物學的問題；康乃爾的果樹栽培學家伊恩・默文（Ian Merwin）和 Susan Brown；康乃爾的黑醋栗權威史蒂芬・麥凱（Steven McKay）；法國自然史博物館（Muséum National d'Histoire Naturelle）的 Véronique Van de Ponseele；洪保德州（Humboldt State）的化學教授 Kjirsten Wayman；紐約植物園的 Tom Elias 和 Jacquelyn Kallunky 分享安格斯圖拉的知識；Laura Ackley 在 Panama Exposition 的專長；Filomel 的德國翻譯小組和 Vic Stewart 與 Guy Vicente 的法國翻譯小組；德州州務卿辦公室的 Kandie Adkinson；UC Davis 的王牌圖書館員 Axel Borg；密蘇里植物園的 Linda L. Oestry；Bancroft Library 的工作人員；洪保德郡圖書館和洪保德州立大學圖書館的 Matthew Miles 和其他所有人。

國家圖書館出版品預行編目（CIP）資料

醉人植物博覽會：香蕉、椰棗、蘆薈、番紅花……如何成為製酒原料，釀造啜飲歷史／艾米・史都華（Amy Stewart）著；周沛郁譯.
-- 二版. -- 新北市：臺灣商務印書館股份有限公司, 2022.02
448 面；17×23 公分（Thales）
譯自：The drunken botanist : the plants that create the world's great drinks.

ISBN 978-957-05-3383-5（平裝）

1. 食用植物　2. 製酒

376.14　　　　　　　　　　　　　　　　　　110020491

Thales

醉人植物博覽會
香蕉、椰棗、蘆薈、番紅花……
如何成為製酒原料，釀造啜飲歷史
THE DRUNKEN BOTANIST: The Plants That Create the World's Great Drinks

作　　　者—艾米‧史都華（Amy Stewart）
譯　　　者—周沛郁
發 行 人—王春申
選書顧問—陳建守
總 編 輯—林碧琪
責任編輯—何宣儀
特約編輯—陳思帆
封面設計—許晉維
內頁排版—黃淑華
資訊行銷—劉艾琳、孫若屏
影音組長—謝宜華
電商平臺
業務組長—王建棠
出版發行—臺灣商務印書館股份有限公司
　　　　　23103 新北市新店區民權路 108-3 號 5 樓（同門市地址）
　　　　　電話：（02）8667-3712　　傳真：（02）8667-3709
　　　　　讀者服務專線：0800056193
　　　　　郵撥：0000165-1
　　　　　E-mail：ecptw@cptw.com.tw
　　　　　網路書店網址：www.cptw.com.tw
　　　　　Facebook：facebook.com.tw/ecptw

局版北市業字第 993 號
初　　　版—2015 年 06 月
二版一刷—2022 年 02 月
二版一點七刷—2024 年 07 月
印 刷 廠—鴻霖印刷傳媒股份有限公司
定　　　價—新臺幣 560 元